珠江流域水库及水库调度

金占伟 孙 波 农 珊 著

黄河水利出版社
·郑 州·

内 容 提 要

本书内容包括绪论、水库调度基本资料、珠江流域水库、珠江流域水库调度实例,其中珠江流域水库调度实例均为作者近年来承担过的水库调度项目,涉及珠江流域内主要干支流生态流量(水量)调度、防洪调度、东塔产卵场试验性生态调度、龙滩水电站水库防洪调度、柳江流域落久水利枢纽水库调度规程编制等。

本书可供高等院校水文与水资源工程专业、水利水电工程专业师生学习及教学使用,也可供水库运行管理单位及各级水行政主管部门阅读参考。

图书在版编目(CIP)数据

珠江流域水库及水库调度/金占伟,孙波,农珊著
. —郑州:黄河水利出版社,2024.1
ISBN 978-7-5509-3818-2

Ⅰ.①珠… Ⅱ.①金… ②孙… ③农… Ⅲ.①珠江流域–水库调度–研究 Ⅳ.①TV697.1

中国国家版本馆 CIP 数据核字(2024)第 009592 号

组稿编辑:王志宽 电话:0371-66024331 E-mail:278773941@qq.com

责任编辑:郭 琼 责任校对:王单飞 封面设计:张心怡 责任监制:常红昕
出版发行:黄河水利出版社
　　　　地址:河南省郑州市顺河路 49 号 邮政编码:450003
　　　　网址:www.yrcp.com E-mail:hhslcbs@126.com
　　　　发行部电话:0371-66020550
承印单位:河南新华印刷集团有限公司
开本:787 mm×1 092 mm 1/16
印张:12
字数:280 千字
版次:2024 年 1 月第 1 版 印次:2024 年 1 月第 1 次印刷
定价:96.00 元

前　言

珠江是我国七大江河之一，由西江、北江、东江及珠江三角洲诸河组成。珠江流域地处我国低纬度热带、亚热带季风区，水汽充足，降雨丰沛，水资源丰富，但因降雨、径流时空分布不均，导致洪、涝、旱等自然灾害频繁，建设水库工程对洪水及径流进行有效调节已经成为珠江流域兴水利除水害的有效措施之一。水库调度工作关系到国民经济各部门的发展，调度得当不但可以发挥设计效益，还可以增加相当可观的超额效益；如果调度失误，将造成十分严重的损失，甚至引起十分严重的洪水灾害；同时，随着水生态文明建设的不断深入，通过水库调度改善生态环境逐渐受到重视。因此，做好水库调度具有十分重要的意义。

珠江流域建成水库 1.05 万座，其中有龙滩、大藤峡、百色、天生桥一级、光照、长洲、飞来峡、新丰江、枫树坝、白盆珠等一大批重大工程。自 2005 年以来，珠江流域先后实施了珠江枯水期水量调度、主要干支流生态流量保障调度、东塔产卵场试验性生态调度、水库防洪调度等一系列的水库调度工作，全面保证了流域供水安全、防洪安全、生态安全，形成了供水、发电、航运、生态等多方共赢局面。

本书以作者近年来承担过的水库调度项目为主线，在对水库基本知识、水库调度基本资料、珠江流域水库概况介绍的基础上成书，共分四章。第一章主要介绍了水库基本知识、水库调度的意义与内容、水库调度管理、水库调度现状及发展趋势。第二章主要介绍了水库调度基本资料。第三章主要介绍了珠江流域水库概况。第四章主要介绍了珠江流域水库调度实例，具体有珠江枯水期水量调度、西江干流生态流量保障调度、东塔产卵场试验性生态调度、北盘江流域水量调度、黄泥河流域水资源年度调度、龙滩水电站水库防洪调度、柳江流域落久水利枢纽工程水库调度规程、西江水库群洪水联合调度、柳江流域落久水库防洪调度等。

由于水库调度涉及的专业领域多，水库调度任务、目标、方式多样，调度理论和方法不断发展，加上作者水平等因素所限，书中难免存在不足之处，敬请读者批评指正。

作　者

2023 年 12 月

目　录

第一章　绪　论

第一节　水库基本知识

水库是指在河流上建造拦河闸坝形成的人工水域,因其能够拦洪蓄水和调节水流而具有防洪、灌溉、供水、发电等多种作用。水库工程是我国目前利用水利水能资源、发挥兴利除害目的的最有效的水利水电工程措施之一,其主要由挡水、泄水、取水、输水等不同水工建筑物及其配套设施组成;按照水库总库容大小,水库可分为大型、中型、小型等不同规模;为实现不同开发任务与作用,水库设置了各种特征水位,相应地形成了各种特征库容。

一、水库工程建筑物

(一) 水工建筑物

水利水电工程包括水库、水电站、水闸、堤防、泵站、塘坝、水窖、渠道、引调水等多种类型。任何一种类型的水利水电工程都是由单个或若干个作用不同、型式不同的建筑物组成的,又因这些建筑物常常在水的静力或动力作用下工作,并与水相互作用与影响,因此称其为水工建筑物。由多种水工建筑物组成,并且各水工建筑物发挥不同功能的建筑综合体,通常被称为水利枢纽工程。

一般情况下,水工建筑物可以按照使用期限和功能进行分类。按使用期限,水工建筑物可分为永久性水工建筑物和临时性水工建筑物,前者是指工程运用期间长期使用的水工建筑物,如拦河坝、挡水闸、溢洪道等;后者是指仅在工程施工及维修期间使用的水工建筑物,如施工围堰、导流隧洞、导流明渠等。根据水工建筑物的重要性,永久性水工建筑物又分为主要建筑物和次要建筑物,主要建筑物是指失事后造成下游灾害或严重影响工程效益发挥的建筑物,如拦河坝、泄洪闸、输水洞等;次要建筑物是指失事后不致造成下游灾害或对工程效益影响不大并容易修复的建筑物,如失事后不影响主要建筑物和设备运行的导流墙、护岸等。

按功能,水工建筑物可分为通用性水工建筑物和专门性水工建筑物。通用性水工建筑物主要有:①挡水建筑物,主要起挡水拦蓄作用,如各种坝体、水闸、堤防等;②泄水建筑物,主要起控制水流、泄放水作用,如各种溢流坝、溢洪道、泄水隧洞、分洪闸等;③取水建筑物,也称进水建筑物,如进水闸、深式进水口、泵站取水口等;④输水建筑物,如引(供)水隧洞、渡槽、输水管道、渠道等。专门性水工建筑物主要有:①水电站建筑物,如压力前池、调压室、压力管道、水电站厂房等;②渠系建筑物,如节制闸、分水闸、冲沙闸、渡槽、沉沙池、虹吸管等;③过坝设施,如船闸、升船机、放木道、筏道及鱼道等。

应当指出,上述分类仅是大略分类。实际上,有些水工建筑物功能并不单一,难以严格区分其类型,如各种溢流坝,既是挡水建筑物,又是泄水建筑物;闸门既能挡水和泄水,又是水力发电、灌溉、供水和航运等工程的重要组成部分;有时施工期的导流隧洞可以与运行期的取水或泄水隧洞相结合,施工期其被视为临时性泄水建筑物,运行期其被视为永久性取水或泄水建筑物;河床式水电站厂房既是挡水建筑物,又是专门性的发电建筑物。

水库是指在河流上建造拦河闸坝形成的人工水域,因其能够拦洪蓄水和调节水流而具有防洪、灌溉、供水、发电等多种作用。水库工程是我国目前利用水利水能资源、发挥兴利除害目的的最有效的水利水电工程措施之一,其涉及的水工建筑物主要有:挡水建筑物、泄水建筑物、取水(输水)建筑物、发电厂房(泵站)及开关站(变电站、换流站)、通航建筑物等。此外,为运行管理需要,水库还建有办公用房、防汛仓库、水文及安全监测设施、防汛道路、水运码头、通信设备等;为了保护水库安全和水库水质,水库库区及建筑物周边划定管理与保护范围。

(二)挡水建筑物

水库挡水建筑物是指横控河道的水坝(闸),用以控泄水流、拦蓄水量、抬高水位。水坝按照受力条件不同,可分为重力坝、拱坝、土石坝等;按建筑材料不同,可分为混凝土坝、浆砌石坝、土石坝、橡胶坝、钢坝和木坝等。重力坝、拱坝、土石坝为常见坝型。

1. 重力坝

重力坝是用混凝土或浆砌石修筑的大体积挡水建筑物,主要依靠自身重量在地基上产生的摩擦力和坝与地基之间的凝聚力来抵抗坝上游侧的水推力以保持稳定。重力坝对地形、地质条件适应性强,任何形状的河谷都可以修建重力坝,且泄洪问题容易解决。但是,重力坝坝体剖面尺寸大、材料用量多,且坝体应力较低、材料强度不能充分发挥,因此坝体容易产生不利的温度应力和收缩应力,施工时需要有较严格的温度控制措施。

重力坝按建筑材料可分为混凝土重力坝和浆砌石重力坝,采用碾压施工的混凝土重力坝又称为碾压混凝土重力坝;按坝顶是否溢流可分为非溢流重力坝和溢流重力坝;按结构型式可分为实体重力坝、宽缝重力坝、空腹(心)重力坝、预应力重力坝。

珠江流域比较典型的重力坝有:西江长洲水利枢纽大坝(钢筋混凝土重力坝)、南盘江龙滩水电站大坝(碾压混凝土重力坝)、北盘江光照水电站大坝(碾压混凝土重力坝)、珠江三角洲锦江水库大坝(浆砌石重力坝)、郁江西津水电站大坝(钢筋混凝土宽缝重力坝)、东江支流西枝江白盆珠水电站大坝(钢筋混凝土空心重力坝)。

2. 拱坝

拱坝是指将上游坝面所承受的大部分水压力和泥沙压力通过拱的作用传至两岸岩壁,只有小部分或部分水压力通过悬臂梁的作用传至坝基的一种坝体。拱坝对地形、地质条件要求较高,坝址要求河谷狭窄,两岸地形雄厚、对称,基岩均匀、坚固完整,并有足够强度、不透水性和抗风化性等。同时,拱坝的施工技术要求高。

拱坝按最大高度处的坝底厚度(T_B)和坝高(H)的比值可分为薄拱坝($T_B/H < 0.2$)、中厚拱坝($T_B/H = 0.2 \sim 0.35$)和重力拱坝($T_B/H > 0.35$);按体形可分为单曲拱坝和双曲拱坝。单曲拱坝只在水平截面上呈拱形,而铅直悬臂梁断面不弯曲或曲率很小;双曲拱坝又称穹形拱坝,在水平和铅直截面内都呈拱形。

珠江流域比较典型的拱坝有:贺江支流太平河爽岛水电站大坝(钢筋混凝土双曲拱坝)。

3. 土石坝

土石坝泛指由当地土料、石料或土石混合料,经过碾压或抛填等方法堆筑成的挡水坝。坝体中以土和沙砾为主时称土坝,以石渣、卵石和爆破石料为主时称堆石坝,两类材料均占相当比例时称土石混合坝。土石坝一直以来是被广泛采用的坝型,优点是可以就地取材,节约大量的水泥、钢材、木材等建筑材料;结构简单,便于加高、扩建和管理维修;施工技术简单,工序少,便于组织机械化快速施工;能适应各种复杂的自然条件,可在较差地质条件下建坝。但其缺点是土石坝坝身不能进水,需另开溢洪道或泄洪洞,坝身需要设置防渗墙;施工导流不如混凝土坝方便,黏性土料防渗墙的填筑受气候影响较大等。

土石坝按筑坝施工方法可分为碾压土石坝、水力冲填坝、抛填坝、定向爆破坝等;按坝体材料可分为土坝、土石混合坝和堆石坝;按坝身防渗墙防渗体材料和相对位置可分为均质坝、心墙坝、斜墙坝和面板坝等。

珠江流域比较典型的土石坝有:南盘江柴石滩水库大坝(钢筋混凝土面板堆石坝)、南盘江天生桥一级水电站大坝(混凝土面板堆石坝)、黄泥河鲁布革水库大坝(风化料心墙堆石坝)、桂江青狮潭水库大坝(钢筋混凝土心墙坝)、右江澄碧河水库大坝(黏土与钢筋混凝土心墙坝)、黄泥河独木水库大坝(均质土坝)。

(三)泄水建筑物

水库泄水建筑物是指用以宣泄洪水的水工建筑物,其承担着宣泄超过水库拦蓄能力的洪水、防止洪水漫过坝顶、确保工程安全的任务,主要型式有坝身泄洪和岸边泄洪。

1. 坝身泄洪

混凝土坝一般采用坝身泄流,此时坝体既是挡水建筑物又是泄水建筑物。坝身泄洪形式有溢流坝及溢流表孔、中孔、底孔和坝下涵管。溢流坝是坝顶可泄洪的坝,亦称滚水坝。

2. 岸边泄洪

土石坝一般不容许从坝身泄流或大量泄洪,往往需要在坝体外岸边或水库周边天然垭口处建筑岸边溢洪道或开挖泄洪隧洞。岸边溢洪道一般有正槽式、侧槽式、井式和虹吸式等形式。溢洪的布置一般根据地形和地质条件、工程特点、枢纽布置要求及施工运行条件等,通过技术经济比较确定。

泄水建筑物是否设置闸门,需根据水库是否承担防洪任务、库区淹没情况、运行调度管理要求等综合分析确定。不设置闸门的,运行调度较为简单,坝顶可以排冰及其他漂浮物,但不能预泄;设置闸门的,运行调度较为复杂,但可以起到控泄洪水、减少淹没的作用。

小型水库的溢洪道一般不设闸门,多布置在河岸处,且其泄流水面通常都是开敞的,故称为岸边开敞式溢洪道。岸边开敞式溢洪道具有结构简单、水流平顺、容易施工、管理方便和安全可靠的特点;这种溢洪道由引水渠、溢流堰和泄水陡槽等几部分组成,陡槽后一般还设置消力池和尾水渠,以减轻溢流洪水的冲刷作用。中型水库和大型水库库容大,常因承担下游防洪任务和受库区淹没等需要和限制,一般需要设置闸门,以便于调节洪水和降低汛期运行水位。

3. 非常溢洪道

由于水文现象的随机性和不确定性,为了保证水库大坝的绝对安全,有时需考虑出现特大洪水时(频率较小的超标准洪水)水库的泄洪问题。这种为应对特大洪水而修建的泄洪设施称为非常溢洪道。非常溢洪道一般建在库岸有通往天然河道的垭口处或平缓的岸坡处,可根据实际情况设闸控制或设自溃式、爆破式、引冲式土坝。

4. 泄洪洞

泄洪洞按其位置可分为建在坝内的泄洪洞和建在挡水建筑物一侧的山体内泄洪洞两种;按其洞内水流状态可分为无压洞和有压洞两种。无压洞是指过流时洞内水流有自由水面,有压洞则指过流时洞内水流无自由水面。有的水库泄洪洞兼有排沙功能,用以减轻多沙河流上的水库淤积;有的水库泄洪洞兼有放空水库功能,用以放空库水以利检修等。

(四) 输水建筑物

水库输水建筑物是指从水库向下游输送灌溉、发电用水或供水的建筑物,如输水洞、坝下涵管、渠道、管道、涵洞、渡槽、倒虹吸等。取水建筑物是输水建筑物的首部,如进水口、进水闸和抽水站等。输水建筑物需要设置闸阀或闸门以控制放水。

(五) 水电站厂房

水电站厂房是水电站中安装水轮机、发电机和各种辅助设备的建筑物。一般由水电站主厂房和水电站副厂房两部分组成。它是水工建筑物、机械和电气设备的综合体,又是运行人员进行生产活动的场所。

按厂房结构及布置特点,水电站厂房分为地面式厂房、地下式厂房、坝内式厂房和溢流式厂房。地面式厂房建于地面,按其位置不同,又分为河床式厂房、坝后式厂房、岸边式厂房;地下式厂房位于地下洞室内,也有部分地下式厂房的上部露出地面;坝内式厂房位于坝体空腔内;溢流式厂房位于溢流坝坝趾,坝上溢出水流流经或越过厂房顶,泄入尾水渠。

(六) 工程总体布置

水库工程总体布置是水库工程中各种水工建筑物的相互位置,合理的总体布置既要满足水库各项任务和功能要求,又要适应工程区自然条件、便于施工和导流、有利于节省投资和缩短工期,最终达到协调各建筑物的位置关系,更好地发挥预定功能,以及运行安全可靠、经济合理可行、移民占地可接受、减少环境影响等目标。

规划设计阶段,水库工程总体布置的一般原则有:一是应满足各个建筑物在布置上的要求,保证其在任何工作条件下都能正常工作,避免相互之间的干扰;二是各个建筑物应尽可能紧凑布置,在满足功能要求的前提下,减少工程投资,方便运行管理;三是尽量使用一个建筑物发挥多种用途或临时建筑物和永久建筑物相结合布置,充分发挥综合效益;四是在满足建筑物强度和稳定的条件下,工程布置应考虑降低枢纽总造价和年运行费用;五是要做到施工方便、工期短、造价低;六是尽可能使枢纽中的部分建筑物早投产,提前发挥效益;七是建筑物外观与周围环境相协调,在可能的条件下注意美观;八是库区淹没区及坝址占地要避让生态环境敏感区、人口集中居住地、永久基本农田和矿产资源,减少环境影响、人员搬迁和资源损失。水库建成运行后,应全面掌握各种水工建筑物的运行条件及相互影响,保证其在任何工作条件下都能正常工作,避免相互之间的干扰,充分发挥工程的综合效益。

二、等别、级别与洪水标准

水利水电工程需按照一定建设标准实施建设,建设标准主要为工程等别、水工建设物级别及其洪水标准。规划设计阶段,一般是先确定水利水电工程的工程等别,然后确定水利水电工程中各组成水工建筑物的级别,最后由水工建筑物级别确定相应的洪水标准。水库建成运行后,必须按照工程建设标准开展相应的调度运行。

(一)工程等别

工程等别是为适应建设项目不同设计安全标准和分级管理的要求,按一定的分类标准,对不同工程规模所进行的分类。对于水库工程而言,除按水库工程规模外,还需要考虑水库承担的防洪、治涝、灌溉、发电、供水任务,以及其在经济社会中的重要性。

根据《水利水电工程等级划分及洪水标准》(SL 252—2017),按照水库总库容大小,可将水库划分为大(1)型水库、大(2)型水库、中型水库、小(1)型水库、小(2)型水库等不同工程规模,相应的工程等别具体划分指标与标准见表 1-1。

表 1-1 水利水电工程分等指标

工程等别	工程规模	水库总库容/亿 m^3	防洪			治涝	灌溉	供水		发电
			保护人口/万人	保护农田面积/万亩❶	保护区当量经济规模/万人	治涝面积/万亩	灌溉面积/万亩	供水对象重要性	年引水量/亿 m^3	发电装机容量/MW
I	大(1)型	≥10	≥150	≥500	≥300	≥200	≥150	特别重要	≥10	≥1 200
II	大(2)型	<10,≥1.0	<150,≥50	<500,≥100	<300,≥100	<200,≥60	<150,≥50	重要	<10,≥3	<1 200,≥300
III	中型	<1.0,≥0.1	<50,≥20	<100,≥30	<100,≥40	<60,≥15	<50,≥5	比较重要	<3,≥1	<300,≥50
IV	小(1)型	<0.1,≥0.01	<20,≥5	<30,≥5	<40,≥10	<15,≥3	<5,≥0.5	一般	<1,≥0.3	<50,≥10
V	小(2)型	<0.01,≥0.001	<5	<5	<10	<3	<0.5		<0.3	<10

注:1. 水库总库容指水库最高水位以下的净库容;治涝面积指设计治涝面积;灌溉面积指设计灌溉面积;年引水量指供水工程渠首设计年均引(取)水量。

2. 保护区当量经济规模为防洪保护区人均 GDP 与全国人均 GDP 的比值乘以防护区人口数量,该指标仅限于城市保护区;防洪、供水中的多项指标满足 1 项即可。

3. 按供水对象的重要性确定工程等别时,该工程应为供水对象的主要水源。

水库同时具有防洪、治涝、灌溉、发电、供水等多种任务,当按各分项任务的分等指标确定的等别不同时,其工程等别应按其中最高等别确定。

---

❶ 1 亩约为 667 m^2。

（二）建筑物级别

水工建筑物级别是指根据水工建筑物所属工程等别及其在该工程中的作用和重要性所体现的对设计安全标准的不同技术要求和安全要求。水库工程的永久性水工建筑物级别应根据其所在工程等别和永久性水工建筑物的重要性，按表 1-2 确定。

表 1-2 永久性水工建筑物级别

工程等别	主要建筑物	次要建筑物
Ⅰ	1	3
Ⅱ	2	3
Ⅲ	3	4
Ⅳ	4	5
Ⅴ	5	5

水库大坝按表 1-2 规定为 2 级、3 级，如坝高超过表 1-3 规定的指标时，其级别可提高一级，但洪水标准可不提高。水库工程中最大高度超过 200 m 的大坝建筑物，其级别应为 1 级，其设计标准应专门研究论证，并报上级主管部门审查批准。

表 1-3 水库大坝提级指标

级别	坝型	坝高/m
2	土石坝	90
	混凝土坝、浆砌石坝	130
3	土石坝	70
	混凝土坝、浆砌石坝	100

当水电站厂房永久性水工建筑物与水库工程挡水建筑物共同挡水时，其建筑物级别应与挡水建筑物的级别一致，按表 1-2 确定。当水电站厂房永久性水工建筑物不承担挡水任务、失事后不影响挡水建筑物安全时，其建筑物级别应根据水电站装机容量按表 1-4 确定。

表 1-4 水电站厂房永久性水工建筑物级别

发电装机容量/MW	主要建筑物	次要建筑物
≥1 200	1	3
<1 200，≥300	2	3
<300，≥50	3	4
<50，≥10	4	5
<10	5	5

水利水电工程施工期使用的临时性挡水、泄水等水工建筑物的级别，应根据保护对象、失事后果、使用年限和临时性挡水建筑物规模按表 1-5 确定。当临时性水工建筑物根

据表 1-5 中指标分属不同级别时,应取其中最高级别。但列为 3 级临时性水工建筑物时,符合该级别规定的指标不得少于两项。利用临时性水工建筑物挡水发电、通航时,经技术经济论证,临时性水工建筑物级别可提高一级。失事后造成损失不大的 3 级、4 级临时性水工建筑物,其级别经论证后可适当降低。

表 1-5 临时性水工建筑物级别

级别	保护对象	失事后果	使用年限/年	临时性挡水建筑物规模	
				围堰高度/m	库容/亿 m³
3	有特殊要求的 1 级永久性水工建筑物	淹没重要城镇、工矿企业、交通干线或推迟工程总工期及第一台(批)机组发电,推迟工程发挥效益,造成重大灾害和损失	>3	>50	>1.0
4	1 级、2 级永久性水工建筑物	淹没一般城镇、工矿企业或影响工程总工期和第一台(批)机组发电,推迟工程发挥效益,造成较大经济损失	≤3,≥1.5	≤50,≥15	≤1.0,≥0.1
5	3 级、4 级永久性水工建筑物	淹没基坑,但对总工期及第一台(批)机组发电影响不大,对工程发挥效益影响不大,经济损失较小	<1.5	<15	<0.1

水库工程涉及的办公用房、公路、桥梁、码头等其他建筑物执行国家现行有关行业标准。

(三) 洪水标准

洪水标准是为维护水工建筑物自身安全所需要防御的洪水大小,一般以某一频率或重现期洪水表示。永久性水工建筑物所采用的洪水标准,分为设计洪水标准和校核洪水标准。设计洪水标准又称正常运用洪水,当出现该标准洪水时,能够保证水工建筑物的安全或防洪设施的正常运用;校核洪水又称非常运用洪水,当出现该标准洪水时,采用非常运用措施,在保证主要建筑物安全的前提下,允许次要建筑物遭受破坏。校核洪水标准是为了提高工程安全和可靠程度所拟定的高于设计洪水的标准,用以对主要水工建筑物的安全性进行校核,在这种情况下,安全系数允许适当降低。水工建筑物安全系数取值见有关设计规范。

《水利水电工程等级划分及洪水标准》(SL 252—2017)规定:水利水电工程永久性水工建筑物的洪水标准,应按山区、丘陵区和平原、滨海区分别确定。当山区、丘陵区水库工程永久性挡水建筑物的挡水高度低于 15 m,且上下游最大水头差小于 10 m 时,其洪水标准宜按平原、滨海区标准确定;当平原、滨海区水库工程永久性挡水建筑物的挡水高度高于 15 m,且上下游最大水头差大于 10 m 时,其洪水标准宜按山区、丘陵区标准确定,其消能防冲洪水标准不低于平原、滨海区标准。山区、丘陵区水库工程的永久性水工建筑物的洪水标准见表 1-6;平原、滨海区水库工程的永久性水工建筑物洪水标准见表 1-7。

表 1-6　山区、丘陵区水库工程的永久性水工建筑物洪水标准

项目		永久性水工建筑物级别				
		1	2	3	4	5
设计洪水标准(重现期)/年		1 000~500	500~100	100~50	50~30	30~20
校核洪水标准(重现期)/年	土石坝	可能最大洪水(PMF)或 10 000~5 000	5 000~2 000	2 000~1 000	1 000~300	300~200
	混凝土坝、浆砌石坝	5 000~2 000	2 000~1 000	1 000~500	500~200	200~100

表 1-7　平原、滨海区水库工程的永久性水工建筑物洪水标准

项目	永久性水工建筑物级别				
	1	2	3	4	5
设计洪水标准(重现期)/年	300~100	100~50	50~20	20~10	10
校核洪水标准(重现期)/年	2 000~1 000	1 000~300	300~100	100~50	50~20

　　江河采取梯级开发方式,在确定各梯级水库工程的永久性水工建筑物的设计洪水与校核洪水标准时,还应结合江河治理和开发利用规划,统筹研究,相互协调。在梯级水库中起控制作用的水库,经专题论证并报主管部门批准,其洪水标准可适当提高。

　　挡水建筑物采用土石坝和混凝土坝混合坝型时,其洪水标准应采用土石坝的洪水标准。对土石坝,如失事后对下游将造成特别重大灾害时,1 级永久性水工建筑物的校核洪水标准,应取可能最大洪水(PMF)或重现期 10 000 年一遇;2~4 级永久性水工建筑物的校核洪水标准可提高一级。对混凝土坝、浆砌石坝永久性水工建筑物,如洪水漫顶将造成极严重的损失时,1 级永久性水工建筑物的校核洪水标准,经专门论证并报主管部门批准,可取可能最大洪水(PMF)或重现期 10 000 年标准。

　　山区、丘陵区水库工程的永久性泄水建筑物消能防冲设计的洪水标准可低于泄水建筑物的洪水标准,根据永久性泄水建筑物的级别,按表 1-8 确定,并应考虑在低于消能防冲设计洪水标准时可能出现的不利情况。对超过消能防冲设计标准的洪水,允许消能防冲建筑物出现局部破坏,但必须不危及挡水建筑物及其他主要建筑物的安全,且易于修复,不致长期影响工程运行。平原、滨海区水库工程的永久性泄水建筑物消能防冲设计洪水标准,应与相应级别泄水建筑物的洪水标准一致,按表 1-7 确定。

表 1-8　山区、丘陵区水库工程的消能防冲建筑物设计洪水标准

永久性泄水建筑物级别	1	2	3	4	5
设计洪水标准(重现期)/年	100	50	30	20	10

水电站厂房永久性水工建筑物洪水标准,应根据其级别,按表1-9确定。河床式水电站厂房挡水部分或水电站厂房进水口作为挡水结构组成部分的洪水标准,应与工程挡水前沿永久性水工建筑物的洪水标准一致,按表1-6确定。水电站副厂房、主变压器场、开关站、进厂交通设施等洪水标准,应按照表1-9确定。

表 1-9　水电站厂房永久性水工建筑物洪水标准

水电站厂房级别		1	2	3	4	5
山区、丘陵区	设计洪水标准（重现期）/年	200	200～100	100～50	50～30	30～20
	校核洪水标准（重现期）/年	1 000	500	200	100	50
平原、滨海区	设计洪水标准（重现期）/年	300～100	100～50	50～20	20～10	10
	校核洪水标准（重现期）/年	2 000～1 000	1 000～300	300～100	100～50	50～20

当水库大坝施工高程超过临时性挡水建筑物顶部高程时,坝体施工期临时度汛的洪水标准,应根据坝型及坝前拦洪库容,按表1-10确定。根据失事后对下游的影响,其洪水标准可适当提高或降低。

表 1-10　水库大坝施工期洪水标准

坝型	拦洪库容/亿 m^3			
	≥10	<10,≥1.0	<1.0,≥0.1	<0.1
土石坝洪水标准(重现期)/年	≥200	200～100	100～50	50～20
混凝土坝、浆砌石坝洪水标准(重现期)/年	≥100	100～50	50～20	20～10

水库工程导流泄水建筑物封堵期间,进口临时挡水设施的洪水标准应与相应时段的大坝施工期洪水标准一致。水库工程导流泄水建筑物封堵后,如永久泄洪建筑物尚未具备设计泄洪能力,坝体洪水标准分析坝体施工和运行要求后按表1-11确定。

表 1-11　水库工程导流泄水建筑物封堵后坝体洪水标准

坝型		大坝级别		
		1	2	3
混凝土坝、浆砌石坝	设计洪水标准（重现期）/年	200～100	100～50	50～20
	校核洪水标准（重现期）/年	500～200	200～100	100～50

续表 1-11

坝型		大坝级别		
		1	2	3
土石坝	设计洪水标准（重现期）/年	500～200	200～100	100～50
	校核洪水标准（重现期）/年	1 000～500	500～200	200～100

临时性水工建筑物洪水标准,应根据建筑物的结构类型和级别,按表 1-12 的规定综合分析确定。临时性水工建筑物失事后果严重时,应考虑发生超标准洪水时的应急措施。临时性水工建筑物用于挡水发电、通航,其级别提高为 2 级时,其洪水标准应综合分析确定。封堵工程出口临时挡水设施在施工期内的导流设计洪水标准,可根据工程重要性、失事后果等因素,在该时段 5～20 年重现期范围内选定。封堵施工期临近或跨入汛期时应适当提高标准。

表 1-12 临时性水工建筑物洪水标准

建筑物结构类型	临时性水工建筑物级别		
	3	4	5
土石结构洪水标准（重现期）/年	50～20	20～10	10～5
混凝土、浆砌石结构洪水标准（重现期）/年	20～10	10～5	5～3

三、水库特征水位及特征库容

为完成水库承担的防洪、灌溉、供水、发电等任务,水库在不同时期和各种水文组合情况下需控制达到或允许消落的各种库水位称为水库特征水位,相应于水库特征水位以下或两特征水位之间的水库容积称为水库特征库容。水库特征水位和特征库容在工程规划设计阶段经论证确定;在水库运行管理阶段,它是指示水库运行的重要依据。

(一)死水位与死库容

死水位指水库正常运行情况下,允许水库消落的最低水位,该水位以下的库容称死库容或垫底库容。死库容一般用于容纳水库泥沙、抬高坝前水位和库内水深,除遇到特别枯水年、备战、检修等特殊情况,死库容所蓄水量不动用,不参与径流调节、对外供水。

死水位的确定一般需要考虑满足供水与灌溉的最低水位要求、抬高发电水头要求、保证取水口适宜淹没深度要求,以及预留泥沙淤积高程要求等。

(二)正常蓄水位与兴利库容

正常蓄水位是在正常运用情况下,水库为满足兴利要求而在开始供水时蓄到的最高水位,也称正常高水位、兴利水位或设计蓄水位,它是保证水库兴利的允许最高水位。水库采用坝身表孔溢洪时,泄洪建筑物不设闸门的,正常蓄水位与溢洪道堰顶高程齐平;泄洪建筑物设闸门的,正常蓄水位是闸门关闭时长期维持的最高水位,也是闸门稳定计算的主要工况之一。

正常蓄水位是水库重要的参数之一,其决定了水库规模、效益和调节方式,在很大程度上取决于组成水库的各种水工建筑物的尺寸、形式和水库淹没损失以及与水库所承担任务相应的用水和库容需求。

正常蓄水位与死水位之间的高程差,称水库消落深度或工作深度。正常蓄水位至死水位之间的库容称兴利库容,也称调节库容或有效库容。兴利库容与水库坝址多年平均入库径流量比值,称为库容系数,以 β 表示,它是初步判断水库调节性能和调节周期的重要参数。

水库调节性能是水库对坝址来水量的调节能力,调节周期是指水库由死水位至蓄满,再放水至死水位,循环一次所经历的平均时间,根据时间长短,水库调节周期可分为无调节、日调节、周调节、年调节和多年调节。当 $\beta > 30\%$ 时,水库便可进行多年调节,可将丰水年来水量存蓄至枯水年使用;当 $\beta = 8\% \sim 30\%$ 时,一般可进行年调节;当天然径流年内分配较为均匀时,$\beta = 3\% \sim 8\%$,亦可进行年调节,年调节水库可以将丰水期来水量存蓄至枯水期使用;当 $\beta = 2\% \sim 3\%$ 时,水库仅能进行周调节或日调节,仅能对一周、一日内的来水按照用水部门的周内、日内需水过程进行调节;当 $\beta < 2\%$ 时,水库基本为无调节能力。调节周期长的水库可同时进行短周期的调节。

(三)防洪限制水位、防洪高水位与防洪库容

防洪限制水位是指水库在汛期允许蓄水的上限水位,也是水库在汛期防洪运用时的起调水位。只有在出现洪水时,水库水位才允许短期超过防洪限制水位;当洪水消退时,水库水位应及时回降到防洪限制水位。防洪限制水位有时也被称为汛期限制水位(简称汛限水位),但汛期限制水位不止防洪限制水位一种,也可能是为了其他目的而设置的控制运行水位,如汛期排沙限制水位、库区控制运行水位等。

防洪限制水位是个很重要的参数,它牵涉面广,其既可能是为避免引起库区过大淹没而设置,也可能是为实现下游防洪任务需保留相应的防洪库容而设置,同时防洪限制水位的拟定还关系到水库防洪与兴利的结合问题,具体研究时要兼顾各方面要求。当汛期不同时段的洪水特性有明显差异时,可考虑分期采用不同的防洪限制水位。

防洪高水位是指水库承担下游防洪任务,在调节下游防护对象的防洪标准洪水时,坝前达到的最高水位。只有当水库承担下游防洪任务时,才需确定这一水位。

防洪库容是防洪高水位至防洪限制水位之间的水库容积,用以控制洪水,达到下游防护对象的防洪标准。当汛期各时段分别拟定不同的防洪限制水位时,这一库容指其中最低的防洪限制水位至防洪高水位之间的水库库容。规划设计阶段,防洪限制水位及防洪库容采用下游防洪标准的各种典型洪水,按拟定的防洪调度方式,自防洪限制水位开始进行水库调洪计算求得。由于各种典型洪水过程及地区组成不同,每种典型洪水求得的防洪高水位及其对应的防洪库容差别较大,一般取计算的最大值作为防洪高水位及防洪库容。

当防洪限制水位低于正常蓄水位时,防洪库容与兴利库容的重叠部分,称为重叠库容,也称结合库容或共用库容。此库容在汛期腾空作为防洪库容的一部分,汛末蓄水,作为兴利库容的一部分。规划设计阶段,根据水库及水文特性,有防洪库容和兴利库容完全重叠(防洪限制水位即为死水位、防洪高水位即为正常蓄水位)、部分重叠(防洪限制水位低于正常蓄水位,但高于死水位)、不重叠(防洪限制水位即为正常蓄水位)三种形式可供研究。珠江流域修建的水库多采用前两种形式,这样的设置实现了一库多用,达到了减少工程投资的目的,但受珠江流域径流年内丰枯变化显著的影响,也导致部分水库个别年份汛后蓄水不足,限制了水库供水、发电、灌溉等兴利效果。也正因此,加强水库雨水情监测与预报,充分发挥预报在水库调度中的作用就显得十分迫切和必要。

西江干流长洲水利枢纽工程不承担下游防洪任务,汛期限制水位为 18.6 m,主要目的是减小枢纽建设对上游淹没的影响;西江干流上游红水河龙滩水电站水库是珠江流域西北江中下游防洪工程体系中的主要防洪水库,为了保证汛期水库预留库容以备下游防洪需要,设置了防洪限制水位,并按照汛期洪水发生规律,主汛期 5 月 20 日至 7 月 15 日防洪限制水位为 359.2 m,后汛期 7 月 16 日至 8 月 30 日防洪限制水位为 366.0 m。

(四)设计洪水位与拦洪库容

水库遇到大坝的设计洪水时,经水库调洪后,在坝前达到的最高水位,称设计洪水位。它是水库在正常运用情况下允许达到的最高洪水位,也是挡水建筑物稳定计算的主要依据之一,此水位采用相应大坝设计标准的各种典型洪水,按拟定的调度方式,自防洪限制水位开始进行洪水调节计算求得。与防洪限制水位及防洪库容计算类似,因各种典型洪水的洪水过程不同,导致在同一调度方式下,水库坝前最高的水位也不同,其中最大者即为设计洪水位。

设计洪水位至防洪限制水位之间的水库容积称为拦洪库容。

(五)校核洪水位与调洪库容

水库遇到大坝的校核洪水时,经水库调洪后,在坝前达到的最高水位,称校核洪水位。它是水库在非常运用情况下,允许临时达到的最高洪水位,是确定大坝坝顶高程及进行大坝安全校核的主要依据。此水位采用相应大坝校核标准的各种典型洪水,按拟定的调洪方式,自防洪限制水位开始进行洪水调节计算求得。与设计洪水位确定方法相同,也是采用各种典型洪水相应水库最高蓄水位中的最大值。

校核洪水位至防洪限制水位之间的水库容积称为调洪库容,其用以拦蓄洪水,确保大坝安全。

水库特征水位及其相应库容示意图见图 1-1。

(六)其他控制运行特征水位

为满足水库库区及枢纽特定要求与任务,设置的坝前水位叫作控制运行水位,一般有防凌控制水位、汛期排沙限制水位、库区控制运行水位等。防凌控制水位是指为满足下游防凌要求,凌汛期所允许的兴利蓄水上限水位。在多泥沙河流上,水库汛期来水来沙大增,为避免水库水深过大、库内水动力不足、泥沙大量落淤占用有效库容,采用汛期降低水库水位运行方式,一般要设置汛期排沙限制水位,以利于增加库区水动力条件、便于泄洪冲沙、减少水库淤积。水库库区控制运行水位一般是为了满足库区取水、水库岸坡稳定、水库大坝稳定等设定的水位。有些水库因建筑物设计缺陷、维修缺失、管理不善等造成水库病险,为避免水库漫坝、溃坝造成的危险,将病险水库运行水位限定在较低的水位,病险严重的水库放空水库运行,这些都是因特定要求与任务而设定的水库运行控制水位。

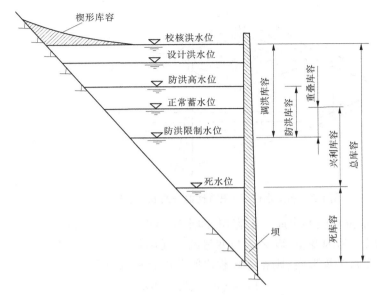

图 1-1　水库特征水位及其相应库容示意图

　　珠江流域南盘江支流黄泥河干流上的鲁布革水电站水库,因水库库容小、来水来沙量大,为了控制泥沙淤积,长期保持调节库容,根据水库来沙集中于汛期的特点,设计要求汛期降低水位运行,设置的排沙限制水位与死水位相同,为 1 105.0 m。

　　调度水库时,一定要熟悉这些控制运用水位的设置目的与限制条件,只有这样才能提出科学合理、安全可靠的水库调度方案,确保水库的安全运行和发挥水库效益。

四、水库特性

(一)水位面积特性

　　水库水位高程的等值线和坝轴线所包围的面积,即为该水位的水库水面面积。水库水位面积特性即指水库水位与水面面积的关系曲线,曲线表达式为

$$F = s(Z) \tag{1-1}$$

式中:F 为某一水位对应的水库水面面积,m^2;Z 为水库坝前水位高程,m;$s(Z)$ 为以 F 为因变量、以 Z 为自变量的一元函数。

　　水库水面面积随水库水位的升高而增加,但具体变化情况取决于水库库区河谷地形。因水库水位-面积关系曲线反映了水库库区的地形特征,在 1/5 000～1/10 000 比例尺的地形图上,利用量图工具(求积仪)或软件可十分方便、快速地得出水库水位-面积关系曲线。水库水位-面积关系曲线是计算水库蒸发损失的重要依据之一。

　　水库水位-面积特性曲线绘制示意图见图 1-2。

(二)水位容积特性

　　水库水位容积特性是指水库水位与蓄水容积的关系曲线,它可直接由水库面积特性逐条等高线间水层容积累加推求出,关系曲线表达式为

$$V = f(Z) \tag{1-2}$$

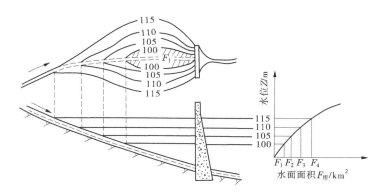

图 1-2　水库水位－面积特性曲线绘制示意图　（单位:m）

式中:V 为某一水位对应的水库蓄水容积,即水库容积或蓄水量,m^3;Z 为水库坝前水位高程,m;$f(Z)$ 为以 V 为因变量、以 Z 为自变量的一元函数。

假设水库形状为梯形台,则相邻高程之间分层容积计算公式为

$$\Delta V = (F_i + F_{i+1}) \Delta Z / 2 \tag{1-3}$$

式中:ΔV 为相邻高程之间分层容积,m^3;F_i、F_{i+1} 为相邻两高程的水库水面面积,m^2;ΔZ 为相邻两高程间距,m。

或者用较为精确的公式计算,即

$$\Delta V = (F_i + \sqrt{F_i F_{i+1}} + F_{i+1}) \Delta Z / 3 \tag{1-4}$$

然后自下而上按式(1-5)依次叠加,即可求出水库各水位对应的库容,从而绘制出水库库容曲线。

$$V = \sum_{i=1}^{n} \Delta V_i \tag{1-5}$$

应该指出,这样计算的水位－库容关系曲线是水库水面按照水平面进行计算的,而这种情况仅当库中水流流速为零时,库水面才呈水平状态,此时计算所得的库容相应为静库容。实际上,库中水面由坝址起沿程上溯呈回水曲线,越靠上游水面越上翘,直至进库端与天然水面相交为止。因此,每一坝前水位所对应的实际库容比静库容大,而增加的这部分库容为楔形库容,静库容与楔形库容合计为动库容。动库容是坝前水位 Z、水库入库流量 Q、水库蓄水量 V 之间的一组关系曲线,表达式为 $V = f(Z, Q)$,计算较为复杂。

水库动库容、静库容及真实库容示意图见图 1-3,水库水位－流量－动库容关系曲线见图 1-4。

一般情况下,按照水库静库容进行水库调度已经能够满足要求,但需要详细研究水库淹没、浸没等问题和梯级水库衔接情况时,特别是河道型水库出现较大洪水时,应考虑回水曲线对库容的影响。珠江流域大藤峡、红花、长洲、飞来峡、老口、西津等水利枢纽均具有河道型水库的特点,其调度运行宜考虑动库容的影响及作用。

水库在校核洪水位以下的静库容称为总库容,它是划分水库规模的重要指标。

(三)水量平衡特性

水库因具有蓄水容积进而可以对入库径流进行径流调节。所谓径流调节;就是按照

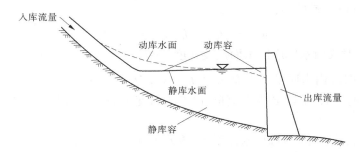

图 1-3 水库动库容、静库容及真实库容示意图

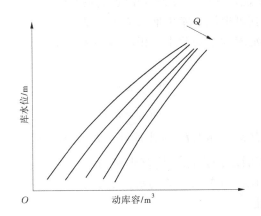

图 1-4 水库水位-流量-动库容关系曲线

人们的需求,通过水库的蓄水、泄水作用,控制径流和重新分配径流。为供水、灌溉、发电等兴利目的而进行的径流调节,称为兴利调节;为拦蓄洪水、削减洪峰而进行的径流调节,称为洪水调节。

水库径流调节的主要依据是水量平衡原理。单位计算时段的水库水量平衡方程为

$$V_{末} = V_{初} + W_{入} - W_{出} \tag{1-6}$$

$$\Delta V = V_{末} - V_{初} = W_{入} - W_{出} = \pm \Delta W \tag{1-7}$$

式中:$V_{末}$为计算时段末水库蓄水量,m^3;$V_{初}$为计算时段初水库蓄水量,m^3;$W_{入}$为计算时段入库水量,m^3;$W_{出}$为计算时段出库水量,包括向各用水部门提供的水量、弃水量及水库水量损失等,m^3。

水库水量平衡方程表明:在一个计算时段内,入库水量与出库水量之差 ΔW 即为该时段内水库的蓄水变化量 ΔV,实际上即水库在该时段必须具备的库容值。采用的计算时段长短取决于水库调节周期及径流、用水随时间的变化程度,一般以时、日、周、旬、月等为单位;汛期水库入库径流不稳定,入库洪水过程变化剧烈,宜以 h 为计算时段,一般取 1~6 h。

水库蓄水后,改变了河流的天然过程和库内外水流关系,从而引起额外的水量损失。水库水量损失主要包括蒸发损失和渗漏损失,在冰冻地区可能还有结冰损失。计算时段

内的蒸发损失可按下式计算:

$$W_{蒸} = (h_{水} - h_{陆}) \times (\overline{F} - \theta) \qquad (1\text{-}8)$$

式中: $h_{水}$ 为计算时段内水库库区水面蒸发深度, m; $h_{陆}$ 为计算时段内水库库区陆面蒸发深度, m; $\overline{F}$ 为计算时段内水库平均水面面积, $\overline{F} = \{s[f'(V_{末})] + s[f'(V_{初})]\}/2$, m²; $f'(V)$ 为 $f(V)$ 函数的逆函数, 即以 Z 为因变量、以 V 为自变量的一元函数; θ 为原天然河道水面面积, m²。

水库蓄水后, 库区水位抬高, 水压增大, 渗水面积扩大, 地下水情况也将发生变化, 从而产生渗漏损失, 具体包括水工建筑物止水不严漏损、绕坝(基、肩)渗漏、库底及库周渗漏。现代修建的挡水建筑物采取了较为可靠的防渗措施, 在水库调度计算过程中, 一般仅考虑库底及库周渗漏, 其可根据水库坝址河段水文地质条件, 参照相似地区已建水库的实测资料推算, 或按每年水库的平均蓄水面积渗漏损失的水层计或按水库平均蓄水量的百分比计, 其经验公式为

$$W_{年渗} = k_1 \overline{F}_{年} \qquad (1\text{-}9)$$

$$W_{渗} = k_2 \overline{V} \qquad (1\text{-}10)$$

式中: $W_{年渗}$ 为水库年渗漏损失, m³; $\overline{F}_{年}$ 为水库年平均蓄水面积, m²; $W_{渗}$ 为计算时段内水库渗漏损失, m³; $\overline{V}$ 为计算时段内水库平均蓄水量, $\overline{V} = (V_{末} + V_{初})/2$, m³; k_1、k_2 为经验系数, $k_1 = 0 \sim 2.0\%$, $k_2 = 0 \sim 3.0\%$, 可参阅有关的水文地质手册。

(四)能量转换特性

水库能量转换特性是指水电站水库利用水流从高处流到低处的落差所具备的位能做功, 将水能转换为电能的性质。能量转换过程可以分为三个阶段: 一是获取水能阶段, 即由水库大坝汇集河川径流, 抬高上游水位, 集中河段落差, 形成水头; 二是水能传输阶段, 即通过水库调节流量, 并由取水、输水建筑物将水流引入水轮机; 三是能量转换阶段, 即通过水轮机将水能转换成机械能, 再由发电机将机械能转换成电能。输出电能指标为电力(出力)和电量(发电量)。

水电站的发电出力是指发电机的出线端送出的功率, 一般以千瓦(kW)作为计算单位, 出力计算公式为

$$N = 9.81\eta QH = AQH \qquad (1\text{-}11)$$

式中: N 为水电站发电出力, kW; Q 为发电机组发电流量, m³/s; H 为水电站的净水头, 为水电站水库坝前水位与厂房尾水位之差减去发电引水系统的各种水头损失, m; η 为水电站效率, 其值小于 1.0, 等于水轮机效率 $\eta_{机}$、发电机效率 $\eta_{发}$ 及机组传动效率 $\eta_{传}$ 的乘积; A 为出力系数, 一般采用 6.5~8.5, 大型水电站取大值, 小型水电站取小值。

发电量则指水电站出力与相应时间的乘积, 一般以千瓦时(kW·h)作为计算单位。水电站在不同时刻 t 的出力, 常常因电力系统负荷的变化、国民经济各部门用水量的变化或天然来水流量的变化而不断变化。因此, 水电站在 $t_1 \sim t_2$ 时间内的发电量用式(1-12)计算:

$$E = \overline{N}\Delta t = \overline{N}(t_2 - t_1) \qquad (1\text{-}12)$$

式中：E 为水电站发电量，$kW \cdot h$；$\overline{N}$ 为计算时段 Δt 内的平均出力，kW。

水电站保证出力是指水电站在长期工作中符合水电站设计保证率要求的枯水期（供水期）内的平均出力。保证出力在规划设计阶段是确定水电站装机容量的重要依据，也是水电站在运行阶段的一项重要效益指标，其对维护和保证电网安全、机组稳定运行具有重要意义。

（五）供水保证特性

河川径流过程每年不同，年际水量也不相等，若要求遭遇特别枯水年仍能够保证水库供水、灌溉、发电等兴利部门的正常用水，往往需要修建较大规模的水库工程，这在技术上可能是困难的，也会因为水库满负荷运用机会较少而导致经济上的不合理。为科学合理确定水库规模，提出了设计保证率的概念。水库供水保证特性是指水库仅能保证设计保证率内水文条件下的用水需求。

保证率（P）是正常工作的保证程度，通常按数学期望公式计算的百分数表示，有年保证率和历时保证率两种。年保证率是指多年期间正常工作年数占运行总年数的百分比，即

$$P = 正常工作年数 / 运行总年数 \times 100\% \qquad (1-13)$$

历时保证率是指多年期间正常工作历时占运行总历时的百分比，即

$$P' = 正常工作历时 / 运行总历时 \times 100\% \qquad (1-14)$$

式中：正常工作历时可以是日、旬、月或者其他特定时段，比如水电站正常工作历时为发电供水期，其时间长度根据水电站水库调节性能确定，在长系列兴利调节计算中每一年的发电供水期都不同，短则 1~3 个月，长则 8~11 个月，遭遇个别连续枯水年组时可长达 1~3 年。

年保证率与历时保证率之间的换算关系为

$$P = \left[1 - (1 - P')/m \right] \times 100\% \qquad (1-15)$$

式中：m 为破坏年份的破坏历时与总历时之比，可近似按枯水年份供水期持续时间与全年时间的比值来确定。一般情况下，$m \leqslant 1.0$，故此历时保证率大于年保证率。

水库设计过程中采用哪种形式的保证率，需要视用水部门的用水特性、水库调节性能及设计要求等因素而定。一般情况下，水库调节性能较好的水库、以灌溉用水为主的水库等，一般可采用年保证率；径流式水电站水库、航运用水和其他不进行径流调节的用水部门，其工作多按日进行计算，故多采用历时保证率。

设计保证率的确定是一个复杂的技术经济问题。设计保证率选得太低，正常工作遭受破坏的概率将加大，破坏所带来的国民经济损失及其他不良后果加重；相反，设计保证率定得过高，虽然可以减轻破坏带来的损失，但工程投资和其他费用将增加，或者不得不减小工程效益。目前，设计保证率主要根据生产实践经验，总结形成规程规范推荐值，供设计采用。

城镇供水设计保证率是指在长期供水中，城镇用水部门正常用水得到保证的程度，通常采用历时保证率。城镇供水是城镇居民日常生活和国民经济发展的基础，供水一旦被破坏，将直接影响正常生产生活和工业企业正常生产，因此供水设计保证率要求较高；同时，由于城镇供水工程的水源不同（地表水水源、地下水水源）和用水户不同（居民生活、

公共设施、工业企业等),并受经济、社会、环境影响,供水设计保证率计算更为复杂。《城市给水工程项目规范》(GB 55026—2022)规定,城市给水水源为地表水时,设计枯水流量年保证率和设计枯水位保证率不应低于90%。《城市给水工程规划规范》(GB 50282—2016)规定,以地表水为城市给水水源时,取水量应符合流域水资源开发利用规划的规定,供水保证率宜达到90%~97%。《村镇供水工程技术规范》(SL 310—2019)规定,地表水水源的设计枯水期流量的年保证率,严重缺水地区不得低于90%,其他地区不得低于95%。城镇供水随着用水户的不同,其供水保证程度也不相同。居民用水的供水保证率较高,一般在95%以上;公共设施与居民生活密切相关,其供水保证率也在95%以上;工业用水的供水保证率在90%以上。需要注意的是,城镇供水管网(即自来水系统)很难控制要向哪些部门供水、不给哪些部门供水,实际中常常将自来水作为一个保证率最高的部门来处理。

灌溉设计保证率是指灌溉设施多年运营期间,灌溉用水量能够得到保证供给的概率,通常用年保证率表示。《灌溉与排水工程设计标准》(GB 50288—2018)规定,灌溉设计保证率可根据水文气象、水土资源、作物组成、灌区规模、灌溉方式及经济效益等因素确定,一般取值为50%~95%。湿润地区或水资源丰富地区高于干旱地区或水资源紧缺地区,以水稻为主的灌区高于以旱作物为主的灌区;采用喷灌、滴灌方式灌溉的灌区高于地面灌溉的灌区。

水电站设计保证率是指水电工程多年运行期间正常发电用水得到保证的程度。《水电工程动能设计规范》(NB/T 35061—2015)、《小型水力发电站设计规范》(GB 50071—2014)规定,水电站设计保证率应根据用电地区的电力电量需求特性、水电比重及整体调节能力、设计水电站的河川径流特性、水库调节性能、装机规模及其在电量系统中的作用,以及设计保证率以外时段出力降低程度和保证系统用电可能采取的措施等因素进行分析,宜按85%~95%选取,水电比重大的系统取较高值,水电比重小的系统取较低值;年调节和多年调节水电站宜采用年保证率,年调节以下水电站可采用历时保证率。

通航设计保证率一般指最低通航水位(水深)的保证程度,以计算时期内通航获得满足的历时保证率表示。《内河通航标准》(GB 50139—2014)规定,不受潮汐影响和潮汐影响不明显的河段,设计最低通航水位应采用综合历时曲线法计算确定,其多年历时保证率不小于90%;采用保证率频率法计算确定,其年保证率为90%~98%、重现期为2~10年。

河湖生态流量设计保证率是指河湖生态流量计算使用的来水频率。《河湖生态环境需水计算规范》(SL/T 712—2021)规定,河湖生态流量设计保证率应根据河湖水文情势和水资源条件、生态保护目标重要性、工程调控能力以及河湖设计生态流量保障的可能性等因素合理确定。生态基流设计保证率应不低于90%;敏感期生态流量保证率应根据敏感对象的功能要求,结合区域水文变化规律和生态特性确定;基本生态流量的年内不同时段值和全年值保证率原则上应不低于75%;目标生态流量设计保证率原则上不低于50%。

在运行阶段,设计保证率是指导水库调度运行的重要参数之一。当来水频率小于设计保证率时,水库需要确保各兴利部门的正常用水需求,相反,水库正常供水遭遇破坏,水库可以适当降低供水量。为避免供水破坏造成较大的不利影响,应控制供水破坏深度,减少的城镇供水量应不超过正常供水量的 20%~30%,减少的灌溉水量应不超过正常灌溉水量的 50%。

(六)动态淹没特性

修建水库,特别是高坝大库,往往会引起淹没和浸没问题。水库蓄水后,将会直接淹没水库库区内的土地、森林、村镇、交通、电力和通信设备及文物古迹,甚至是城区建筑物等。由于水库周边地下水位抬高,水库附近受到浸没影响,使库周植被死亡、旱田作物受涝,耕地盐碱化、沼泽化,建筑物地基出现沉陷或返浆等;受风浪、船行波冲击及水流冲刷,库岸土壤风化速度加快,抗剪强度减弱及库水位涨落引起库岸地下水压力变化而造成库岸变形,甚至引起崩塌、坍塌、滑坡等。在规划设计阶段,确定水库淹没处理范围是水库规模论证的重要内容之一,水库淹没处理范围内所有受损或受影响对象都应按照规定标准给予补偿或进行防护,补偿与防护费用加上各种资源损失,统称为淹没损失,计入水库总投资;水库运行管理阶段,水库库区实际淹没与浸没影响范围应限定在设计洪水标准的征收与防护界限内。

水库淹没处理范围包括水库淹没区及因水库蓄水而引起的浸没、塌岸、滑坡、岩溶地区排洪不畅和其他受水库蓄水影响的地区。水库淹没区又常分为经常淹没区和临时淹没区。一般根据水库不同设计水位的淹没特征,正常蓄水位以下的淹没区和坝前回水不显著地段安全超高区域称为经常淹没区;正常蓄水位以上受洪水回水、风浪和船行波、冰塞壅水等临时受淹没的区域称为临时淹没区。水库淹没区按上述区域的外包范围确定。

水库正常蓄水位以下的淹没区域,按照正常蓄水位高程,以坝轴线为起始断面,水平延伸至与天然河道多年平均流量水面线相交处。

风浪和船行波影响区域,应在坝前回水不显著地段,根据正常蓄水位以上库岸受风浪和船行波爬高影响分析确定。不计风浪爬高、船行波爬高或坝前正常蓄水位回水不显著地段,居民迁移和耕地(园地)征收界限可分别按照高于正常蓄水位 1.0 m 和 0.5 m 确定。

水库洪水回水区域,应考虑不同淹没对象设计洪水标准,计算设计洪水回水水面线,分析回水终止末端,综合不同回水范围确定。水库淹没涉及各类土地、村庄、城(集)镇和交通、电力、电信、工矿企业等对象,不同淹没对象的水库淹没处理设计洪水标准不同,一般以设计洪水的重现期表示。根据《水利水电工程建设征地移民安置规划设计规范》(SL 290—2009)规定,耕地、园地设计洪水重现期为 2~5 年,林地草地为正常蓄水位,农村居民点、集镇、一般城镇和一般工矿区为 10~20 年,中等城市、中等工矿区为 20~50 年,重要城市、重要工矿区为 50~100 年;铁路、公路、电力、电信、水利设施、文物古迹等淹没对象,其设计洪水标准按照《防洪标准》(GB 50201—2014)及相应行业技术标准的规定确定。

水库淹没处理范围的设计洪水标准,除上述规定外,还需要考虑水库调节性能及运用方式。水库调节性能高(如多年调节水库),淹没处理设计洪水标准宜取低值;反之,水库调节性能低(如日调节水库、季调节水库),标准宜取高值。水库运用方式:如汛期是否降低水位运行?若降低,则需要分别计算汛期和非汛期相同频率设计洪水的回水位,然后以两者的外包线作为征地移民线。

综上所述,水库动态淹没特性是指水库实际运行过程中,受水库入库洪水情况以及当时水库运行水位影响,每年每场洪水的实际淹没范围均有差别,水库库区淹没状况呈动态变化的状态。当实际入库洪水小于设计淹没洪水标准洪水时,一般不会形成临时淹没;但是当水库调度管理不当,洪水来临时水库水位高于设计工况下水库的起调水位,也会引起临时淹没,而这种临时淹没增加了库区淹没损失,实际调度过程中必须予以避免。当入库洪水大于设计淹没洪水标准洪水时,水库形成临时淹没,这种情况一般按照自然灾害处理。

第二节 水库调度的意义与内容

水库调度又称水库控制运用,其是根据水库承担的开发任务和主次及规定的调度原则,运用水库的调节能力,在保证水库安全的前提下,有计划地对入库的洪水和径流进行蓄泄,达到除害兴利、综合利用水资源、最大限度地满足国民经济各部门发展需要的目的。水库调度是水库管理的重要工作,做好水库调度对于保障水库安全、发挥水库效益、保护生态环境都具有重要意义。按照不同方式,水库调度可以进行多种分类,并有其相应的调度目的、任务和主要工作内容。

一、水库调度的意义

水库工程建成以后,如何将水库工程的设计效益充分发挥出来是工程管理单位最为关心的问题之一。水库调度工作关系到国民经济各部门的发展,调度得当不但可以发挥设计效益,甚至可以增加相当可观的超额效益;如果调度失误,将造成十分严重的损失,甚至引起十分严重的洪水灾害;同时,随着水生态文明建设的不断深入,通过水库调度改善生态环境逐渐受到重视。因此,做好水库调度具有十分重要的意义。

(一)科学合理的水库调度是发挥工程效益的重要前提

水库调度工作与所在河流的水文情况密切相关,而天然的水文情况是多变的,即使有较长的水文资料,也不可能完全掌握未来的水文变化。在难以确切掌握天然来水的情况下,水库调度面临各种问题。例如:担负防洪任务的综合利用水利枢纽,若仅从防洪安全的角度出发,在整个汛期内都留出全部防洪库容,等待洪水的来临,这样在一般的水文年份中,水库到汛末可能蓄不到正常蓄水位,因此减少了利用兴利库容获利的可能性,得不到最大的综合效益。反之,若单纯从提高兴利效益的角度出发,过早将防洪库容蓄满,则汛中再出现较大洪水时,就会措手不及,甚至造成损失严重的洪灾。从水电站水库供水期的工作来看,也可能出现类似的问题。在供水期初若水电站过分地增大出力,则水库运行水位降低,当后期来水不足时不得不降低出力运行,电力系统正常工作将遭受破坏;相反,若供水期初水电站出力过小,到枯水期末还不能腾空水库,而随后的天然来水流量又可能很快蓄满水库并开始弃水,这样就白白浪费了大量水能资源。

水库调度就是按照设计的调度规则,针对水库面临的水文条件,通过权衡水库防洪与兴利、蓄水与供水之间的利弊,科学合理地控制、指导水库的实际运行,以避免调度失误,最终达到实现设计预期效益的目的。国内外实践也表明,科学合理的水库调度还可以增加相当可观的额外效益,例如:以发电为主的水库采用优化调度一般可增加1%~7%的发电量。

（二）安全可靠的水库调度是避免工程事故的重要基础

我国是洪水灾害频繁的国家。据史书记载，从公元前 206 年至 1949 年的 2 155 年间，大水灾发生 1 029 次，几乎每两年一次；中华人民共和国成立后全国性的大水灾主要有 1954 年和 1998 年，均给国民经济社会发展造成了重大影响。作为应对洪水灾害的重要手段，水库是我国广泛采用的工程措施之一，也是防汛工作的重要组成部分。根据《2020 年全国水利发展统计公报》，全国已建成各类水库 98 566 座，水库总库容为 9 306 亿 m^3，其中大型水库 774 座，总库容为 7 410 亿 m^3；中型水库 4 098 座，总库容为 1 179 亿 m^3。这些水库在抵御洪涝灾害中发挥了不可替代的作用。然而由于种种原因，我国水库质量及水库大坝安全却远滞后于国民经济和社会发展水平，仍然存在相当数量的病险水库。水库设计缺陷、调度不当、管理缺失、维修不善等，极易造成水库的溃坝事故，形成远远超过天然洪水的溃坝洪水。1975 年 8 月淮河上游大水，冲毁板桥、石漫滩两座大型水库，板桥水库入库洪峰流量为 13 100 m^3/s，溃坝流量竟达 79 000 m^3/s，造成了极大的洪灾损失。

水库设计中明确了保坝运行与兴利、除害运行的规则，只有在实际调度运行过程中严格执行调度规则，才能确保水库的安全可靠；只有安全可靠的水库调度才能避免工程事故，才不至于因调度不当发生漫坝、溃坝。以防洪为主的水库，当水库水位达到或超过设计防洪高水位时，必须坚决执行保坝运行策略，不能心存侥幸，否则适得其反。

（三）自然和谐的水库调度是保护生态环境的有效途径

修建水库无疑会带来巨大的经济效益和社会效益，但也会对周围生态环境产生相当大的影响。这些影响中有的是积极的，有的却是消极的。例如：水库大坝建成后，过度追求经济效益，下泄生态流量和水位无法满足最低生态需水量的要求，导致河水断流、干涸等，对沿岸的植被、哺乳动物和鱼类造成了毁灭性的破坏；枯水期完全按照用水需求调度，将会导致水文情势变化，改变自然的生态水文条件，因生态对环境改变的适应不能及时地调整而受到影响；库容大、调节性能高的水库，一般都存在或强或弱的垂向水温分层现象，水库低温水下泄对下游的生态结构将造成严重威胁。所有这些消极的影响，有的必须通过工程措施才能解决，有的则可以通过改变水库调度方式来改善。目前，一些水库在调度上较少对生态与水环境进行考虑，造成了一些安全隐患。这些安全问题违背了科学发展的原则，不符合水生态文明建设的要求。

为减少水库建设对生态环境的影响，水库调度过程中既要充分考虑河道内生态环境的用水需求，又要充分协调居民生活、生产发展和生态环境保护对水资源的需求，这关乎河流生态系统的健康发展，更是保护生态环境的有效途径，对我国水资源的有效保护和经济社会的可持续发展具有深刻意义。

二、水库调度分类

按照不同方式，水库调度可以进行多种分类，一般有以下几种方式。

（一）按调度目标分

按调度目标，水库调度可分为防洪调度、供水调度、灌溉调度、发电调度、航运调度等，其中涉及供水、灌溉、发电、航运等为了兴利目的调度,统称为兴利调度。当水库同时具有防洪、供水、灌溉、发电、航运等两种以上任务的调度,则称为综合调度。

此外,为了控制水库泥沙淤积、防凌以及保障河道内主要断面或水生物生态水文条件等开展的调度,又分别称为泥沙调度、防凌调度、生态环境调度等。生态环境调度是近年来逐步兴起的一种调度,目前还处于研究、探索与不断总结经验的阶段。

1. 防洪调度

防洪调度可分为水库对下游无防洪任务和有防洪任务两类。前者只需解决大坝安全度汛问题,后者需统一考虑大坝安全度汛及下游防洪安全。基于此,水库调度均涉及防洪调度,只是考虑的对象不同,有下游防洪任务的水库防洪调度更为复杂,除需要兼顾下游防洪安全、自身安全外,调度过程中还需要明确保证自身防洪安全调度转为保证大坝防洪安全调度的判别条件,处理好两者的衔接过渡,减小泄量的大幅突变对下游河道、堤防的不利影响。

2. 兴利调度

兴利调度是根据水库承担的灌溉、发电、工业及城镇供水、航运等兴利任务,在防洪调度要求的前提下,运用水库的调蓄能力,有计划地对入库天然径流进行蓄泄,最大限度地满足各用水部门的要求。正常年份水库以保证正常供水为目标,丰水年份水库以充分利用多余水量扩大效益为目标,枯水年份水库应降低供水量幅度以尽量减少损失为目的。对于以发电为主的水库,除尽可能减少弃水、充分利用水量外,还要十分注意利用水头的问题。

3. 综合调度

针对承担防洪或两种以上兴利任务的水库所开展的调度称为综合调度。综合调度除了考虑以上所述防洪调度、兴利调度之外,还要着重研究处理防洪与兴利的结合及兴利各任务之间结合的问题,调度中根据"一库多用、一水多用"的原则,依据水库开发任务的主次关系及各开发任务、各项取用水工程布置的不同特点,在水库库容及来水条件约束条件下,使国民经济各部门用水要求均得到较好的协调,水库获得较好的综合利用效益。

4. 泥沙调度

在多沙河流上建设水库后,入库泥沙不断淤积,带来严重的泥沙问题。多沙河流水库的排沙减淤是水库调度运用中应十分重视的问题。为了控制泥沙淤积,在径流调节的同时,必须根据河流水沙基本特性、水库泥沙冲淤规律,选择水库水沙调节的运用方式、泥沙调度方式与排沙措施,进行水库泥沙调度。在很多情况下,水库泥沙调度已经成为多沙河流水库运用方式的控制因素。

5. 生态环境调度

生态环境调度是通过调整水库的调度方式来减轻筑坝对生态环境的负面影响,又可分为环境调度和生态调度。环境调度以改善水质为主要目标,生态调度以水库工程建设运行的生态补偿为主要目标,两者相互联系并各有侧重。以改善水质为重点的工程调度是指水库在保证工程和防洪安全的前提下多蓄水,增加流域水资源供给量,保持河流生态与环境需水量,通过湖库联合调度,为污染物稀释、自净创造有利的水文、水力条件,从而改善区域水体环境。以生态补偿为重点的水库调度是指针对水库工程对水陆生态系统、生物群落的不利影响,并根据河流及湖泊水文特征变化的生物学作用,通过河流水文过程频率与时间的调整来减轻水库工程对生态系统的胁迫。

(二)按调度周期分

水库调度实际是确定水库运用周期内的供蓄水量和调节方式。根据水库一个调度周期的长短,可以分为长期调度、中期调度和短期调度。因为不同周期的水库调度需要以相应周期的水文预报作为基础,所以可将水文预报周期作为大致划分水库调度周期的依据。一般情况下,长期水文预报是指1年以内的水文预报,中期水文预报是指1旬、1月、1季度以内的水文预报,短期水文预报是指1天、1周以内的水文预报。

1.长期调度

对于具有年调节以上性能的水库,首先要安排调节年度内的运行方式和供水、蓄水情况。具体是以一个年度或一个年度以上为调度周期,制订一个调度周期内的供水、灌溉、航运等用水起止时间和用水量计划,以及水电站机组在电量系统中位置(基荷、腰荷、峰荷)、机组备用容量、机电设备检修计划等。长期调度是短期调度的基础。

2.短期调度

短期调度通常又称为短期经济运行,主要是制订日(周)内的供水、灌溉、航运、发电等用水计划及机电设备检修计划等。供水、灌溉、航运等日(周)内用水变化相对较小,而发电日(周)内用水变化较大,水电站水库的短期调度内容更为复杂,其主要研究的是电力系统的日(周)电力电量平衡、水火电厂有功负荷和无功负荷的合理分配、水电厂机组之间负荷分配、电网负荷预测、电网潮流和调频调压方式、备用容量的确定和合理接入方式,以及水库的日调节和上游水位变动、下游不稳定流对河道的影响等。

3.中期调度

中期调度是介于长期调度与短期调度之间的调度,即安排1旬、1月、1季度以内的水库运行方式和供水、蓄水情况。

(三)按水库数目分

按照参与调度的水库数目分,水库调度可以分为单一水库调度和水库群联合调度。根据水库在干支流上的位置及相互关系,水库群联合调度又有串联水库群联合调度、并联水库群联合调度和混合水库群联合调度。

1.单一水库调度

单一水库调度即针对单座水库开展的调度,水库调度中只考虑水库自身的调度任务,调度指示参数仅需考虑自身指标和受益对象,不需要考虑对其他水库调度的影响与作用。

2.水库群联合调度

水库群联合调度即针对两座及两座以上水库开展的调度,其结构形式一般可分为以下三种:

(1)串联水库群。位于同一条河流的上下游,形成串联形式的水库群。各水库之间有着直接的径流联系,有时在落差和水头上也互有影响。对于处于同一个电力系统的或者有相同水电站运行管理单位的,水电站水库之间还存在着电力联系。

(2)并联水库群。位于不同河流上或位于同一条河流的不同支流上,形成并联形式的水库群。各水库之间可能有径流联系、电力联系,有时水库群共同保证下游部门的防洪与兴利任务,因此常有水力联系。

(3)混合水库群。是串联与并联的组合形式,是位于同一河流或不同河流上的更加一般的水库布置形式。这些水库及库群之间,有的有水力联系,有的有径流联系,有的有电力联系,情况是多种多样的。

(四)按调度方法分

按照水库调度方法,水库调度可以分为常规调度和优化调度。

1. 常规调度

常规调度又称为调度图调度,主要是借助于调度图或者调度函数进行水库兴利调度。调度图则是根据实测的径流时历特性资料而计算和绘制的一组调度线及由这些调度线和水库特征水位划分的若干调度区组成的。它是水库调度工作的原则和依据,它以月份为横坐标,以库水位为纵坐标,包含由防弃水线、上调度线、下调度线等几条指示线划分出的正常工作区、防弃水区、加大出力区、降低出力区等指示区的曲线图。调度函数是在调度图基础上,运用统计学原理,拟合分析调度函数并指导水库的调度运行。

2. 优化调度

优化调度是利用优化算法,以目标函数最优,建立水库优化调度模型,求解水库最优调度策略,用于指导水库的调度运行。

水库优化调度在以发电为主的水电站水库中开展得较多,根据水电站在电力系统中的作用,水电站(群)优化调度研究有着不同的优化准则,也将产生不同的优化结果。常用的优化准则有:发电量最大准则、总耗水量最小准则、总蓄能最大准则、发电效益最大准则等。开展水电站水库的优化调度,几乎在不增加任何额外投资的条件下,便可获得显著的经济效益。实践证明,长期优化调度可增加2.0%~5.5%的发电量,短期优化调度可增加1.5%~5.0%的发电量。在水库防洪调度的优化方面,常用的优化准则有:最大削峰准则、最小淹没历时准则、最小淹没损失准则、最小防洪费用准则等。

水库优化算法有传统方法和现代智能方法。传统方法有线性规划法、混合整数规划法、非线性规划法、网络流规划法、动态规划法、递推优选法、拉格朗日松弛法等;现代智能算法包括禁忌搜索算法、人工神经网络、模拟退化算法、遗传算法、免疫算法、粒子群算法、蚁群算法、混沌优化算法等。

(五)按是否采用水文预报成果分

按照水库调度中是否采用水文预报成果,水库调度可以分为规程调度和预报调度。

1. 规程调度

水库调度规程是依据历史实测资料,选取典型设计洪水,根据工程设计标准和规范,通过比选确定特征水位而制定的,按照调度规程进行防洪调度,通常称为规程调度。这种调度方式通常不考虑水文气象预报信息,面对不同来水情况及防洪形势均按照统一的调度方式进行调度。我国现行的水库调度设计中,规定采用规程调度进行防洪调度,一般不考虑水文预报,而是把水文预报的潜力留给运行管理部门去掌握。

2. 预报调度

根据气象预报和水文预报进行的水库调度即为预报调度。水库调度的复杂性主要表现于未来径流的随机性。采用预报手段用确定性的预报值及其误差分布来描述未来径流,从而拟订接近实际的蓄泄计划,达到保证防洪安全,做好各用水部门水量的预分配,提高综合利用效益的目的。由于水文气象预报技术水平的限制,预报调度在使用中要十分慎重,留有余地。

承担供水、灌溉、发电等任务的水库,在汛末应根据当时水库蓄水情况,以及气象、水文预报,包括参照多年径流及其影响因素的统计规律,对汛末至翌年汛前的非汛期的水库径流量及分配过程作出定量预测,并由此计算出这一时期总的可供水量及其过程,作为拟定调度计划的主要参考。我国较广泛地采用长期预报和水库调度图相结合的方法来编制水库非汛期调度计划。水库非汛期调度计划主要包括:非汛期水库总效益(供水量、发电量)的估计,各时期特征水位的预测,可能调度方式的拟定以及各项设备检修计划的安排等。在具体应用中,常采取以下方式:一是根据非汛期径流量的预报,考虑误差,选用年水量相当的年份的实测逐月径流过程为典型,作为编制非汛期调度计划的依据。为方便起见,可先采用不同频率的年水量分配典型过程线,编制出相应的非汛期库水位控制线,再根据预报中非汛期水量保证率,选用偏枯一级的调度线,作为编制非汛期调度计划的依据。二是根据非汛期径流量预报值和可能误差估计,选用非汛期水量相当于预报值及允许误差范围的上、下限值的实测非汛期逐月径流过程为典型,分别编制非汛期计划,即拟定非汛期水库水位控制线,作为编制非汛期调度计划的依据。

水库实时洪水调度主要将中短期气象预报或洪水预报作为调度的参考。一是利用中短期洪水预报调度,增加水库防洪能力和综合利用效益,即在一次洪水过程的前期,根据中短期洪水预报,提前加大水库下泄量,以腾空部分兴利库容,增加调洪能力,保证工程及下游安全,并减少弃水。当预报入库洪水较大时,下泄量应服从下游河道安全泄量限制(区间洪水应按预报正误差计)。二是利用中短期洪水预报拦蓄洪水尾部水量,即根据一次洪水退水过程的短期预报,在洪峰过后,水库水位未超过当时的汛期限制水位时及时关闸蓄水,保证水库后期正常供水运用。

三、水库调度的目的与任务

水库调度的目的是根据水库的规划设计标准,结合实际情况,充分利用水库库容、调节水源,在满足工程安全的前提下,妥善处理蓄泄关系,发挥水库兴利与除害的作用。科学的水库调度可以协调防洪与兴利的矛盾,既保证水库大坝安全,又对洪水起调蓄作用,削减洪峰,减少水库下游的损失;同时达到防洪、兴利的目的,最大限度地满足国民经济各部门的用水需要。当防洪安全与兴利二者发生矛盾时,兴利必须服从防洪。

水库调度的基本任务有:一是确保水库大坝安全,并承担水库下游的防洪任务。二是保证满足电力系统的正常用电和其他有关部门的正常用水要求。三是在保证各用水部门正常用水的基础上,尽可能充分利用河流水能多发电,使电力系统供电更经济;尽可能利用河流水量资源,为枯水期及枯水年各用水部门用水做好储备或者增加河道内生态环境流量;尽可能减少蓄水对河道径流的干扰,维持河道内水生生物良好的生存、繁衍条件。具体到每个水库,因为水库承担的防洪、供水、灌溉、发电、航运等功能的主次顺序不同,其调度任务亦有所侧重。

水库防洪调度的任务是根据规划设计确定或上级主管部门核定的水库安全标准和下

游防护对象的防洪标准、防洪调度方式及各防洪特征水位对入库洪水进行调蓄,保障大坝和下游防洪安全。遇超标准洪水,应力求保证大坝安全并尽量减轻下游的洪水灾害。开展防洪调度的原则为:①在保证大坝安全的前提下,按下游防洪需要对洪水进行调蓄。②水库与下游河道堤防和分、滞洪区防洪体系联合运用,充分发挥水库的调洪作用。③防洪调度方式的判别条件要简明易行,在实时调度中对各种可能影响泄洪的因素要有足够的估计。④防洪限制水位以上的防洪库容调度运用,应按各级防汛指挥部门的调度权限,实行分级调度。

水库兴利调度的任务是依据规划设计确定的开发目标,合理调配水量,充分发挥水库的综合利用效益。开展兴利调度的原则为:①兴利必须服从防洪。②在制订计划时,要首先满足城乡居民生活用水,既要保重点任务,又要尽可能兼顾其他方面的要求,最大限度地综合利用水资源。③要在计划用水、节约用水的基础上核定各用水部门的供水量,贯彻"一水多用"的原则,提高水的重复利用率。④兴利调度方式,要根据水库调节性能和兴利各部门用水特点拟定。⑤库内引水,要纳入水库水量的统一分配和统一调度。

四、水库调度的主要内容

对于一个具体的水库或水库群而言,水库调度的主要内容有:开展水文预报、编制年度调度运行计划、实施面临时段的实时调度运用及年度调度总结等。

(一)开展水文预报

水文预报是做好水库调度的重要基础和前提。水文预报是根据前期或现时已经出现的水文、气象等信息,运用水文学、气象学、水力学的原理和方法,对河流、湖泊、水库等水体未来一定时段内的水文情势做出定量或定性的预报。根据预报项目的不同,水文预报通常包括径流预报、水位预报、潮汐预报、冰情预报、泥沙预报、墒情预报、地下水预报等。根据从发布预报起至预报事件发生的时间间隔,水文预报又分为短期水文预报、中长期水文预报和超长期水文预报。短期水文预报的预见期不超过流域汇流时间,通常为数小时至数天;中长期水文预报的预见期通常为3天以上至1年以内;超长期水文预报的预见期在1年以上。

水库调度的目的与任务不同,其水文预报需求也有所差别。水库防洪调度中更侧重于短期的入库洪水预报,水库供水、灌溉、发电等兴利调度中更侧重于中长期的入库径流预报。水库调度中水文预报工作的具体内容有:①实时掌握当前时段水库集水面积范围内降雨站实测的降雨量及其分布情况。②实时掌握当前时段水库上下游主要控制性水文站实测的水位、流量。③实时掌握当前时段水库实测水位、出库流量(溢洪道泄流量、电厂发电流量、河道外取水流量等)。④对未来一定时段内的水库入库流量的定量或定性的预报。

(二)编制年度调度运行计划

水库年度调度运行计划是依据入库径流量及径流过程、水库运行调度方式及各种控制运行水位、洪水遭遇调度规则、兴利计划供水过程及计划效益指标而做出的,并明确调度中应注意的事项。水库调度计划还可以根据长期径流预报,结合水库调度图拟定年内水库运行控制水位过程线及其可能的变幅,作为指导执行年度调度运行计划的重要依据。

编制防洪调度计划,一般应包括以下内容:①核定(或明确)各防洪特征水位。②制定实时防洪调度运用方式及判别条件。③制定防御超标准洪水的非常措施及其使用条件,重要水库要绘制垮坝淹没范围图。④编制快速调洪辅助图表。⑤明确实施水库防洪调度计划的组织措施和调度权限。

编制兴利调度计划,一般应包括以下内容:①当年(期、月)来水的预测。②协调有关各部门对水库供水的要求。③拟定各时段的水库控制运用指标。④根据上述条件,制订年(期、月)的具体供水计划。

在水库调度中,水库控制运行指标主要是一系列特征水位与控制条件,主要有:设计、校核水位,防洪限制水位,正常蓄水位,死水位,防洪高水位,防洪运行标准(为水库本身及为下游防洪安全制定的防洪标准),水库下游河道的安全泄流量,水库入库洪水指示站及实测洪峰流量。

(三)实时调度

水库实时调度就是根据水库当前的运行状态(包括水库水位、入库与出库流量、出力信息、供用水量等)以及上下游控制站实测与预报流量,实时调整水库出入库流量,它是水库调度运行计划的具体执行。主要任务有:①实时监控水库水工建筑物及设备设施的运行状态,检验短期计划合理性。②监视并收集上游雨情、水情,机组运行工况,协调下游水管部门的用水,进行流域平均雨量计算、水库水量平衡计算,编制洪水预报和泄洪方案,提出调度意见与建议等。

(四)年度调度总结

水库调度一般每年都要进行总结,总结的内容应包括:对当年来水情况(雨情、水情,多沙河流包括沙情)的分析;水文气象预报成果及其误差评定;水库防洪、兴利调度合理性分析;综合利用经济效益、生态效益评价;调度中发现的主要问题及不足,总结经验教训及今后的改进意见。

五、水库调度方式

水库调度方式是为满足既定的防洪、兴利任务和要求拟定的具体蓄泄规则,它是水库安全、经济运行的关键。水库调度方式的确定是水库规划设计阶段的重要工作,水库建成后的调度运行必须依据经审查批准的流域规划、水库设计、竣工验收及有关协议等文件。水库设计中规定的综合利用任务的主、次关系和调度运用原则及指标,在实际调度运用中必须遵守,不得任意改变,情况发生变化需改变时,要进行重新论证并报上级主管部门批准。

(一)防洪调度方式

防洪调度方式可分为水库对下游无防洪任务和有防洪任务两类。前者只需要解决大坝安全度汛问题,一般采取库水位到一定高程后即敞泄的调度方式,此时需要控制最大下泄流量小于场次洪水的洪峰流量,以避免对下游造成人为的洪水损失;后者应统一考虑大坝安全度汛及下游防洪安全,在调度中严守安全所用的判别条件(如防洪特征水位、入库流量等)决定水库的蓄泄量,在水库防洪标准以内按下游防洪要求调度,来水超过水库防洪标准,则以保证大坝安全为主进行调度。下游有防洪任务的水库的防洪调度方式一般有固定泄量、补偿调度。补偿调度又进一步分为预报调度、经验性补偿调度（也称错峰调度）。

对于承担下游防洪任务的水库，应明确水库由保证下游防洪安全调度转为保证大坝防洪安全调度的判别条件，处理好两者的衔接过渡，减小泄量的大幅度突变对下游河道、堤防的不利影响。同时，应在确保大坝安全的前提下，依据水库泄流能力、起调水位、最高洪水位等运用条件，上游洪水及其与下游区间洪水的遭遇组合特性，防洪对象的防洪标准和防御能力情况，选择合适的调度方式。水库由保证下游防洪安全调度转为保证大坝防洪安全调度的判别条件可采用水库水位、入库流量单独判别方式，也可采用水库水位与入库流量双重判别方式。判别条件所依据的水位、入库流量必须具备实时监测条件，以便具体实施调度中进行调度决策。

固定泄量调度方式适用于水库坝址距离下游防洪控制点区间来水较小或变化平稳、防洪对象的洪水威胁基本取决于水库泄量的情况。根据下游保护对象的重要性和抗洪能力，当下游有不同防洪标准或安全泄量时，固定泄量可分为一级或多级，但是分级不宜过多，以免造成调度上的困难。实施固定泄量调度时，应由一场洪水的小洪段到大洪段逐级控制水库泄量。当来水标准不超过下游防洪标准时，按下游河道安全流量下泄；当来水超过下游防洪标准后，不再满足下游防洪要求，按水工建筑物防洪安全进行调度。

补偿调度方式适用于水库坝址距离下游防洪控制点区间面积较大、防洪控制点洪水的遭遇组合多变的情况。对于采用预报调度方式的，需要有经实际资料验证的预报方案作为依据。预报方案包括：①反映水库上、下游洪水成因的预报方法。预报方法分为气象预报、降雨径流预报、上下游洪水演进合成预报等。②与预报方法相适应的洪水预见期，并要求预见期大于洪水从坝址至防洪控制站的传播时间。③与预见期相适应的预报精度，并在调度方式中予以偏安全考虑。④与预报精度要求（如甲等、乙等、丙等）对应的预报合格率，拟定调度方式时也要考虑预报合格率以外的洪水。

对于采用经验性补偿调度方式的，为使经验性补偿调度方式具有可操作性，一般在分析坝址和区间洪水遭遇组合特性的前提下，拟定整体设计洪水，采用以防洪控制站已出现的水情决定水库蓄水时机和蓄泄水量。利用已发生的各种典型洪水，不依据预报的经验性补偿调度方式有：涨率控制法、等蓄量法、区间补偿法、等泄量和等蓄量双重控制法等。

（1）涨率控制法。涨率控制法的具体调度方法为：采用防洪控制站已发生的各种典型洪水过程及其时段洪水涨率，经试算后并综合拟定考虑区间流量后、满足防洪控制站要求、面临时段的水库蓄泄水量调度图（横坐标为防洪控制站前时段的洪水涨率，纵坐标为防洪控制站前时段的洪水流量）。该调度方法的思路为：当防洪控制站的流量大（洪水等级高，下游防洪紧张）、涨率大（洪水来势迅猛，峰型尖瘦，历时短）时，面临时段水库应多蓄水、快蓄水，以使下游被保护区达到防洪要求；反之，当防洪控制站的流量小（洪水等级低，下游防洪未到紧张局面）、涨率小（洪水来势平缓，峰型肥胖，历时长）时，面临时段水库应少蓄水、慢蓄水，以留出库容满足后期需要。当下游有两个需要防洪的对象时，亦可分别拟定涨率控制调度方式。使用时，两防洪对象同时要求设计水库蓄水时，取其大者作为水库蓄水量采用值；腾空水库防洪库容时，取其小者作为水库泄水量采用值。

（2）等蓄量法。等蓄量调度方式是根据防洪控制站已出现的水情拟定水库蓄水时机和等蓄流量。调度过程中,当防洪控制站流量大于起蓄流量 $Q_{始}$(也可增加用 $Q_{始}$ 前时段的洪水涨率判断)时,水库开始蓄水,蓄水流量为 $Q_{等}$,直至洪水消落阶段流量小于或等于 $Q_{始}$。起蓄流量 $Q_{始}$ 的选择:要求防洪控制站洪水过程线中, $Q_{始}$ 至洪峰流量(各种典型和设计标准)的时间大于洪水从坝址至防洪控制站的传播时间。等蓄流量 $Q_{等}$ 的选择:等于防洪控制站相应防洪标准洪峰流量与允许流量 $Q_{允}$ 的差值。

（3）区间补偿法。当有较好的区间洪水测流资料时,可采用此法。该调度方法的思路为:当面临时段初区间流量(等于前时段末流量)为 $Q_{区}$、前时段区间洪水流量增加值为 ΔQ 时,水库泄量为: $Q_{泄} = Q_{允} - (Q_{区} + \Delta Q \times K)$。其中, K 为扩大系数,是用前时段区间洪水流量增加值推算面临时段区间洪水流量增加值需要的安全系数。须采用试算法确定适当的 K 值,此值一般为 1.2 以上。

确定 K 值时,把各种典型洪水的区间洪水和水库泄量过程,通过洪水演进到防洪控制站,按满足允许流量要求试算不同的 K 值,取大值。

（4）等泄量和等蓄量双重控制法。

①先等泄量、后等蓄量调度方式。当防洪控制站洪水流量较小(相应低防洪标准)时,先控制水库按等泄量(固定泄量法)进行调度,满足水库下游地区低防洪标准相应防护对象(如农田)的要求;当防洪控制站洪水流量较大(相应高防洪标准)时,再按其水情采用等蓄量法(已确定的蓄水时机和等蓄流量)进行调度。该调度方式适用于水库下游有两个高低防洪标准的防洪对象的情况。

②先等蓄量、后等泄量调度方式。当防洪控制站流量达到起蓄流量 $Q_{始}$ 时,水库开始蓄水,蓄水流量为等蓄流量 $Q_{等}$;当水库入库流量超过防洪控制站允许流量与区间流量之和时,水库按允许流量与区间流量之差(固定泄量)泄水。

当水库下游防洪控制点洪水遭遇组合多变时,拟定的调度方式应适用于可能的不同洪水遭遇组合情况。同时,需要研究水库至防洪控制点的区间洪水传播规律,以及水库内洪水与区间洪水的不利遭遇组合情况,并经洪水演进后满足防洪控制点的防洪要求。

对于具有承担下游直接保护对象并配合其他水库承担下游共同保护对象防洪双重任务的水库,一般宜分别拟定适合于对直接保护对象和共同保护对象的调度方式,调度方式应明确主次关系和运用条件,划分出各自的水库库容、水位运用范围等。

防洪高水位线以上至校核洪水位线的水库调洪区,按保证大坝安全的调度方式运用;防洪高水位线以下至防洪限制水位线之间的下游防洪调度区,按拟定的满足下游要求的防洪调度方式运用,在区内各部位应制定相配套的防洪调度运用方式,主要包括:①水库发生常遇洪水(低于防洪标准洪水)、防洪标准洪水、大坝设计标准洪水及特大稀遇洪水的判别条件,相应控制泄量、采用的相应措施等规定;②水库进行防洪调度时,泄洪设施及闸门启闭的决策程序;③汛前水库消落和汛末水库回蓄的有关规定;④汛期需要采取预泄的有关措施和规定。

（二）兴利调度方式

灌溉、供水、发电、航运等兴利调度,一般要求尽量提高需水期(用水期)的供水量,常采用以实测入库径流资料为依据绘制的水库调度图进行调度,以具体控制水库的供水量。调度图由调度线划分为若干运行区间,当水库水位在相应的运行区间时,需要执行该运行区间的调度方式。

1. 灌溉与供水水库调度

灌溉与供水水库调度图由水库特征水位和水库调度线划分为保证供水区、降低供水区和加大供水区三个供水区域。各供水区水库供水方式应符合下列规定：

（1）保证供水区。上限为保证供水线，下限为降低供水线。当水库水位位于此区时，水库按保证供水量方式供水。

（2）降低供水区。上限为降低供水线，下限为死水位。当水库水位位于此区时，水库按降低供水量方式供水。

（3）加大供水区。上限为水库允许最高蓄水位，下限为保证供水线。当水库水位位于此区时，水库可视需要按加大供水量方式供水。

灌溉与供水水库调度图绘制方法如下：

（1）年调节水库。一般选取年来水量或年用水量接近灌溉或供水设计保证率的几个代表年份，在同一图中绘出各年逐月的库水位过程线，其上包线为保证供水线，下包线为降低供水线。上、下包线之间即为保证供水区；在上包线以上至水库允许最高蓄水位之间为加大供水区；在下包线以下至死水位水平线之间为降低供水区。

代表年份选择时注意以下两点：①代表年份的来水量应等于或略大于当年灌溉或供水的需水量。对于来水量略小于需水量的年份，一般修正年来水量，使其等于灌溉年需水量。②代表年份应包括来水量年内分配与用水量年内分配组合较不利的情况。

（2）多年调节水库。多年调节水库宜按时历法绘制调度图：将长系列调节计算成果中灌溉或供水设计保证率以内年份的同月水位，点绘在同一图上，其上包线为保证供水线，下包线为降低供水线，上、下包线之间即为保证供水区。

（3）调度图绘制后需要按照拟定的调度方式和调度图进行长系列径流调节计算，分析调度结果的合理性，主要内容包括：①灌溉与供水设计保证率的满足情况；②丰水年份，水库加大供水及弃水的情况；③设计保证率以外年份，水库降低供水量的程度；④设计水库其他开发任务的满足程度。当调度结果不满足设计保证率要求时，应修改调度图或调整破坏深度，直至满足设计保证率要求。

承担坝下灌溉与供水任务的水库，应将保证灌溉与供水引水位对水库下泄流量的要求，作为绘制水库调度图的限制条件。

2. 发电水库调度

发电水库调度图由水库特征水位、防弃水线、防破坏线、降低出力线划分为预想出力区、加大出力区、保证出力区、降低出力区 4 个区域。各出力区的划分及调度发电方式如下：

（1）预想出力区。上限为正常蓄水位或防洪限制水位，下限为防弃水线。当库水位位于此区时，按装机容量发电。

（2）加大出力区。上限为防弃水线，下限为防破坏线。当库水位位于此区时，水库按装机容量与保证出力之间的出力发电，可以采用 1.1 倍保证出力、1.2 倍保证出力或者更大倍比直至装机容量。

（3）保证出力区。上限为防破坏线，下限为降低出力线。当库水位位于此区时，按保证出力发电。

（4）降低出力区。上限为降低出力线，下限为死水位线。当库水位位于此区时，按小于保证出力的出力发电，但最小发电出力应满足机组的运行条件。

发电水库调度图的绘制方法如下：

（1）年调节水库。

①防破坏线和降低出力线的绘制：选取年水量（或供水期水量）接近设计保证率（P_0）年水量（或供水期水量）、年内分配不同的几个典型年，并按设计保证率年水量（或供水期水量）控制修正；从供水期末由死水位开始进行逆时序径流调节计算，在同一图中作出各年各计算时段的库水位过程线，其上包线即为防破坏线，下包线即为降低出力线。

②防弃水线绘制：选取年水量或丰水期水量接近（$1-P_0$）频率的几个年份，按电站最大过水能力放水（或按装机容量工作），从供水期末由死水位开始，至水库水位上升到正常蓄水位止，逆时序反推各计算时段蓄水位，在同一图中作出各年各计算时段的库水位过程线，其上包线即为防弃水线。

（2）多年调节水库。多年调节水库调度图可仿照年调节水库调度图绘制方法进行绘制，其防破坏线及防弃水线的起始水位和终止水位与正常蓄水位之间的库容为年库容；其降低出力线可平行下移，使起始水位和终止水位与死水位重合。

（3）根据长系列径流资料，按拟定的水库调度图进行以下检验计算：①保证出力满足设计保证率要求。在来水频率小于或等于设计保证率的水文年份，水电站的出力不应小于水电站的保证出力；在来水频率大于设计保证率的水文年份，宜减小水电站的出力破坏深度。②特枯年份出力降低幅度在允许范围内。③水量利用合理。当不满足上述需求时需要进一步修改调度图。

（三）综合调度方式

综合调度方式是承担防洪、兴利两种以上水利任务的水库调度方式，除考虑以上所述防洪、兴利的调度方式外，还要着重研究处理防洪与兴利的结合及兴利各任务之间结合的问题。综合利用水库调度图由调度线划分各开发任务的工作范围，反映各调度区域的调度方式，其调度方式包括：不同开发任务区的相应调度方式、专门任务调度区的调度方式、两开发任务结合公共区相应调度方式。

1.防洪与兴利结合调度图

绘制防洪与兴利相结合水库的调度图过程中，应按水库开发任务的主次关系进行调整，使防洪调度线和兴利调度线相协调。

（1）对于防洪库容与兴利库容不结合的水库调度图，由正常蓄水位线划分防洪和兴利任务的调度区域：①防洪调度区位于正常蓄水位上方，由正常蓄水位线、防洪高水位线、校核洪水位线组成两个区，即防洪高水位线和正常蓄水位线组成下游防洪区，当水库水位位于该区域时，按下游防洪调度方式进行调度；防洪高水位线至校核洪水位线之间为大坝安全调洪区，当水库水位位于此区域时，按大坝安全调洪方式进行调度。②兴利调度区位于正常蓄水位下方，由防弃水线、保证供水线、限制供水线等组成各兴利调度分区。

（2）对于防洪库容和兴利库容部分结合的水库调度图，防洪高水位线位于正常蓄水位线以上,两线之间为专门防洪区;防洪限制水位线位于死水位线上方,两线之间为专门兴利区;防洪限制水位线又低于正常蓄水位,正常蓄水位线和防洪限制水位线之间为防洪和兴利公用区,由汛前迫降线和汛后回蓄线组成。

2. 多种兴利任务调度图

承担供水、灌溉、发电和航运等两种或多种兴利任务的水库调度图,宜根据开发任务的主次、供水方式、用水保证率、用水量比重的需要,绘制以下一级、两级或多级调度图:①承担的主要兴利任务用水比重较大、其他任务用水比重较小时,宜按主要任务要求绘制一级调度图。②各开发任务用水可结合的,宜按主要任务或保证率高的任务的要求绘制一级调度图。③多个兴利任务用水比重相近时,宜根据兴利任务主次关系,绘制两级或多级调度图。

根据长系列计算结果,宜绘制各种参数的历时过程及保证率曲线,以分析这些参数的变化情况。应检验拟定的调度方式和绘制的调度图是否满足各开发任务的要求,对调度效果和效益指标进行分析,提出调度设计结论。

第三节　水库调度管理

目前,我国水库调度管理法律法规体系不断建立,调度管理制度不断完善。主要的法律法规有《中华人民共和国水法》《中华人民共和国防洪法》《中华人民共和国防汛条例》《水库大坝安全管理条例》,部门规章有《综合利用水库调度通则》(水管〔1993〕61号)、《汛限水位监督管理规定(试行)》(水防〔2020〕99号)、《大中型水库汛期调度运用规定(试行)》(水防〔2021〕189号),技术标准有《大中型水电站水库调度规范》(GB 17621—1998)、《水库调度规程编制导则》(SL 706—2015)、《水库调度设计规范》(GB/T 50587—2010)、《水库洪水调度考评规定》(SL 224—98)等。

根据有关法律法规及部门规章,结合水库管理实际和发展要求,水库管理制度主要包括:水库大坝注册登记制度;水库运行、维护与监测制度;水库大坝安全鉴定制度;病险水库除险加固制度;水库降等报废制度;水库大坝突发事件应急管理制度;水库工程管理考核制度;水库运行管理督查制度;水库大坝安全管理责任制、档案管理、信息管理等制度。水库管理单位内部自行制定的主要是各种岗位制度,如水情测报制度、大坝巡视检查和安全监测制度、设备操作与维护制度等。

《水库调度规程编制导则》(SL 706—2015)规定,水库调度单位应组织制定水库调度运用计划、下达水库调度指令、组织实施应急调度等,并收集掌握流域水雨情、水库工程情况、供水区用水需求等情报资料。水库运行管理单位应执行水库调度指令,建立调度值班、巡视检查与安全监测、水情测报、运行维护等制度,做好水库调度信息通报和调度值班记录。水库调度各方应严格按照水库调度规程进行水库调度运行,建立有效的信息沟通和调度会商机制,编制年度调度总结并报上级主管部门,妥善保管水库调度运行有关资料并归档。

第四节　水库调度现状及发展趋势

一、水库调度现状

水库调度理论与方法是随着 20 世纪初水库和水电站的大量兴建而逐步发展起来的，并逐步实现综合利用和水库群的水库调度。在调度方法上，1926 年苏联 A·A·莫洛佐夫提出水电站水库调配调节的概念，并逐步发展形成了水库调度图。这种图至今仍被广泛应用。20 世纪 50 年代以来，现代应用数学、径流调节理论、电子计算机技术的迅速发展，使得以最大经济效益为目标的水库优化调度理论得到迅速发展与应用。20 世纪 80 年代以来，随着遥测、遥控、通信、电子计算机等先进技术的发展，部分国家水库实时调度方面逐步实现自动化。

我国自 20 世纪 50 年代以来，水库调度工作随着大规模水利建设而逐步发展。大中型水库比较普遍地编制了年度调度计划和较完善的水库调度规程，研究和拟定了适合本水库的调度方式，逐步由单一目标的调度走向综合利用调度，由单独水库调度开始向水库群调度方向发展，考虑水情预报进行的水库预报调度也有不少实践经验，使水库效益得到了进一步发挥。对多沙河流上的水库，为使其能延长使用年限而采取的水沙调度方式已经取得了成果。由于水库的大量兴建，对于水库优化调度在理论上作了探讨，在实践上不断实施与深化，并取得了较好的效果。从 20 世纪 80 年代开始，已先后在许多大中型水库及重要地区初步建立起防洪调度自动化系统。在供水调度自动化方面，首先根据供水对象及其用水特性、水库的水文及调节特性，拟订出优化调度方案。在实时调度中，通过建立的供水调度自动化系统，根据实时信息，发出调度指令，控制各种供水设施自动调节供水。

纵观水库调度发展的历程，可以划分为三个主要阶段：单库或小规模水库群的优化求解技术、大规模水库群调度中长期尺度下的多目标决策分析以及耦合预报信息的实时调度。三个阶段在时间轴上有所交织，充分反映了具有时代特征的水库调度实践需求与科技发展趋势。

二、水库调度发展趋势

随着经济社会发展用水需求的多样化，我国水库调度的任务与目标将不断的拓展，由最初的防洪调度、供水灌溉发电调度等兴利调度，以及处理、协调防洪和兴利矛盾以及兴利任务之间利益的调度，不断向防洪、兴利以及生态环境的水库群综合调度方向发展；同时，随着水文气象预报水平的不断提高、水情自动测报系统的日益完善、对设计标准要求的提高，水情自动测报系统、大坝自动监测系统、闸门启闭系统可靠和水文预报技术力量较强的大中型水库，在确保防汛安全的情况下，实现预报调度一体化成为可能，特别是随着"预报、预警、预演、预案"四预体系的不断完善和数字孪生流域、数字孪生水利工程的建成，预报调度一体化必将取得重大成果。

水库群联合调度方面，有关学者做了很全面的研究、总结及梳理，提出未来水库群调度关键技术研究的前沿问题主要有：变化环境下气象水文预报调度技术、面向生态环境的水库群调度技术、大规模水库群联合防洪体系调度技术、风光水多能互补调度技术、"水–能源–粮食安全"纽带作用下引导的水库群调度技术、多主体博弈下的互补调度技术、大数据时代的水库群调度通用平台搭建技术。这些关键技术的研究与应用必将进一步提升水库调度水平。

第二章　水库调度基本资料

　　水库调度是一项涉及多个部门、很多专门学科的工作。在实际工作中,需要多方面的基本资料和数据,这是开展水库调度的基础。水库调度所需要的资料是逐步积累的。从规划设计阶段开始,有关的设计、施工验收文件及竣工图纸均是重要的资料;进入运行阶段后,更要注意积累,务必把有关历史资料及现状情况分析清楚,有针对性地开展库容曲线、泄流曲线、能力指标的复核,才能有助于做好水库调度工作。一般来说,水库调度需要水库所在流域特征资料、气象水文资料、水库设计资料、受益对象资料及水库管理资料等。在水库防洪调度中,河道洪水演进参数及河道安全泄流至关重要,需要重点关注。

第一节　流域特征资料

　　流域指由分水线所包围的河流集水区,分地面集水区和地下集水区两类。如果地面集水区和地下集水区相重合,称为闭合流域;如果地面集水区和地下集水区不重合,则称为非闭合流域。平时所称的流域,一般都指地面集水区。流域特征资料主要包括流域的几何特征和自然地理特征。

一、流域的几何特征

　　(1)流域面积(F):流域地面分水线和出口断面所包围的面积,在水文上又称集水面积,单位是 km^2。这是河流的重要特征之一,其大小直接影响河流水量大小及径流的形成过程。流量、洪峰流量、蓄水量多少及集流时间、汇流时间、稽延时间长短皆与流域面积大小成正比。

　　(2)流域长度(L):一般指流域轴线长度,单位为 km。从河口到河源画若干条大致垂直于干流的直线与分水岭相割,连接各割线的中点就得到流域长度,通常也会用干流长度代替。

　　(3)流域平均宽度(B):是流域面积 F 与流域长度 L 的比值,单位为 km。

　　(4)流域形状系数(K):是流域平均宽度 B 与流域长度的比值,K 值越小,流域越狭长。

　　(5)干流长度(L_0):指流域内在水平面上投影最长的河流之长度。

　　(6)流域周长(P):指流域沿分水岭之长度。

　　(7)河溪级序(J):发源小溪为一级河溪,两条以上一级河溪汇合为二级河溪,两条以上第 $j-1$ 级河溪汇合成 j 级河溪,一般河溪级序愈大,流域面积愈大,河道断面流量愈大。

　　(8)分岔比(R):是指 $j-1$ 级河溪级序数目与其大一级 j 级河溪级序数目的比值,其影响流量曲线的分布及形状。一般情况下,河床比降大,河水汇流快、传播时间短。

　　(9)河床比降(S):是指河床上、下游两断面的落差与其长度的比值,山区河床比降大,常用千分率表示;平原河床比降小,常用万分率表示。

(10)河网密度(D):是指流域中干支流总长度和流域面积的比值,即单位流域面积内河川分布情形,或称排水密度,单位是 km/km^2。其大小说明水系发育的疏密程度,受到气候、植被、地貌特征、岩石土壤等因素的控制。D 值大者表示为高度河川切割之区域,降水可迅速排出;D 值小者表示排水不良,降水排出缓慢。由观测得知,D 值大者,其土壤容易被冲蚀或不易渗透,坡度陡,植物覆盖少;D 值小者,其土壤能抗冲蚀或易渗透,坡度小。

水文学家常将流量参数(洪峰流量、洪峰时间、稽延时间、集流时间)与流域特性参数(面积、干流长度、平均坡度、河网密度、分岔比)等资料经由统计分析,形成复回归公式使用,而这些公式对于做好水库调度具有很大的帮助。

二、自然地理特征

流域自然地理特征包括流域的地理位置、气候条件、地形特征、地质构造与土壤特性、植被覆盖、湖泊、沼泽、塘库等。

(1)地理位置。主要指流域所处的经纬度及距离海洋的远近。一般是低纬度和近海地区雨水多,高纬度地区和内陆地区降水少。珠江流域东西跨度大,东部广东、广西沿海一带雨水多,而远离沿海的云南、贵州地区降水少。

(2)气候条件。主要包括降水、蒸发、温度、风等,其中对径流作用最大的是降水和蒸发。

(3)地形特征。流域的地形可分为高山、高原、丘陵、盆地和平原等,其特征可用流域平均高度和流域平均坡度来反映。同一地理区域,不同的地形特征将对降雨径流产生不同的影响。

(4)地质构造与土壤特性。流域地质构造、岩石和土壤的类型及水理性质等都将对降水形成的河川径流产生影响,同时也影响流域的水土流失和河流泥沙。

(5)植被覆盖。流域内植被可以增大地面糙率,延长地面径流的汇流时间,同时加大下渗量,从而使地下径流增多,洪水过程变得平缓。另外,植被还能减少水土流失,降低河流泥沙含量,涵养水源;大面积的植被还可以调节流域小气候,改善生态环境等。植被的覆盖程度一般用植被面积与流域面积之比(植被覆盖率)表示。

(6)湖泊、沼泽、塘库。流域内的大面积水体对河川径流起调节作用,使其在时间上的变化趋于均匀;还能增大水面蒸发量,增强局部小循环,改善流域小气候。通常用湖泊、沼泽、塘库的水面面积与流域面积之比来表示湖沼率。

第二节 气象水文资料

气象水文资料包括水库集水面积及有关地区内的降水、蒸发、气温、风向、风力和冰冻情况等,坝址上下游水文站网布设,各站降水量、水位、流量、流速、水质、含沙量和径流等特征资料,人类活动对径流的影响,各种频率水文分析计算成果,水文预报方案与评定结果等。这方面的资料大部分以统计数据的形式给出,并随着运行时间不断补充修正。

一、站网布设

水文测站(特别是那些与水库紧密相关的测站)水尺位置的变动情况、历年使用的水准基面、冻结基面与国家统一采用的基面的关系必须考证得十分清楚。

水库所在流域各水文站位置、监测项目及其水文要素的统计值、设计值,特别是水文站、水库坝址、防洪控制断面之间洪水传播时间、流量坦化规律以及上下游测站水位流量关系,是开展水库防洪调度的重要基础之一。同时,在水库防洪调度中,入库洪水监测站的实时监测成果是水库实施调度中下达调度指令的依据,必须要考证清楚且十分可靠。

二、设计成果

水文设计成果一般由设计部门提供,包括水文站、水库坝址、防洪控制断面等设计洪水、设计径流成果,流域暴雨洪水特性、径流特性,干支流洪水组成情况、遭遇规律,汛期、枯期划分及其径流占比,流域入汛日期确定方法、入汛和出汛规律等。了解和掌握这些水文设计成果,对于水库调度十分重要。

在水库所在流域发生特大暴雨或洪水后,水库一般都做过设计洪水复核和水库除险加固设计,应收集有关设计洪水的变化情况资料。为保护大坝安全,设计、校核洪水资料是必备的,如果水库承担下游防洪任务,还应具备相应频率的设计洪水资料,如果水库是采用补偿调节方式,还应具备相应的区间设计洪水资料。

各种气象及水文要素的统计值,应尽可能包括所有的历史资料,但应除去经过考证属于伪造的资料。这里特别要提出的是入库流量的统计资料,对于有一定调节能力的水库来说,坝下的出流已经过水库的调节,与原来建库前的入流不属同一基础,不能合并统计。建库后的入流资料,对于较长时段的(如旬、月、年的入流),可以根据水库出流资料及水库水位资料用水量平衡的方法反推。当入库水文测站控制面积与水库控制面积相近时,亦可用这些测站的资料来推算,或以上两种方法互相验证。对于短时段(如日内几小时)的入流,用水量平衡的方法反推受到很多因素(如库水位观测误差、水库动库容蓄水等)影响,常使推出的洪峰过程有些跳动,而且这样推出的洪水过程属入库洪水,与建库前的坝址洪水也不是同一基础。如要与以前的坝址洪水相一致,还应根据库区河道槽蓄资料按一定的方法换算到坝址,当然,对入库洪水也要进行研究,所以用水量平衡推算也是必要的。推算入流是一件日常工作,最好能及时做,集中到一起做则工作量很大。推算的成果还应与水文方面各个测站之间进行水量平衡分析,以便发现有无严重不合理之处。经过分析论证认可后,才用作历年统计及其他有关分析。

三、洪水演进参数

洪水演进计算是防洪工程规划设计及防汛调度工作中常用的方法,用于验算防洪工程系统是否满足设计要求,阐明防洪工程系统的作用与效益,以及防汛中推算各地实时水位流量。洪水演进计算的基础资料为河道的洪水演进参数。

(一)概述

河道中的洪水演进计算,主要是解决洪水往下游传递沿程的洪水变形问题,即由入流断面的流量过程线变化,求出流断面流量(或水位)过程线。天然河道洪水沿程传递,水库下泄洪水沿河传播和分蓄洪工程对下游河道的作用计算等,均属于洪水变形的性质,需根据河道特性及资料条件、计算要求,选取符合实际的洪水演进计算方法进行计算。其成果是防汛资料,水库调度和防洪规划,以及沿江桥、涵、闸、站和防洪建筑物设计的主要依据。

江河洪水演进计算属于明渠非恒定流计算问题。对此问题,远在150多年前法国数学家拉普拉斯和拉格朗日就开始了研究,1871年圣维南根据质量守恒和动量守恒原理,导出偏微分方程组。在运动方程式中考虑了摩阻项、流速水头项、加速水头项。由于在平原河道中,流速水头仅为摩阻项的百分之几或更小,在缓变流中加速水头甚微,且在整个洪水过程中有正有负,因而摩阻项在计算较长河段的流动中起主要影响。

圣维南方程组至今仍为解河渠非恒定流的基本方程组,该方程组在数学上归纳为一组拟线性双曲线型偏微分方程组。自1871年圣维南导出上述方程组以来,还没有精确的解析法,通常根据具体情况求其近似的数值解。目前,对其方程组的简化近似解法较多,常用于生产实践中的方法可归纳为两类:一类是以已有实测洪水流量资料为依据,分析变化规律,建立数学模型及参数求解的水文学法,如马斯京根法、连续平均法、特征河长法、汇流曲线法等;另一类是以江、河水道地形(或纵、横断面)和实测水位、流量资料为依据,简化一维的圣维南方程组,用显式或隐式的差分法求解的水力学法。

水文学法,在一般情况下,只要资料和计算处理得当,能得到满足精度要求的计算结果。由于具有概括性强、费工少、较直观、易于掌握等优点,在生产实践中得到广泛推广和应用。

水力学法,即非恒定流法,考虑较细致和完善,能计算各断面水位、流速、流量的变化。由于需用资料多且细,糙率取用的难度大,其计算精度取决于观测资料的精度,随着电子计算机的普及使用,近年来水力学法已有较多实践。

选择计算方法,一方面要考虑计算问题的性质、河道特性、依据资料的精度、数据的取得和计算工作量,另一方面要考虑计算成果的要求及所算结果的可靠性。在选择中,一是应用在实践中得到的经验,二是用试算寻求最适宜的计算方法及演算模型。对选取的演进计算模型,至少要用两次不同类型的实测洪水进行验算,用控制站的实测洪水位及流量过程与采用演进计算模型计算成果进行对比,评判演进计算模型是否符合实际及其计算精度。

(二)计算中常遇到的具体问题

1. 河段的具体划分

计算河段的划分与长度,原则上讲,河段愈短,愈能使演进计算模型符合实际。但限于资料条件及为减少工作量,一般是在主要支流入汇及分流口、重要城镇及保护区有代表性的防洪控制断面等处分段,并尽可能利用水文测站资料分段建立演进计算模型。如采用水力学法,还应考虑水面比降和断面的变化确定分段,分段长度 Δx 需与计算时段 Δt 协调。

2. 计算时段的选择

计算时段的选择与河段的划分关系密切。Δt 选得太长,与时段内流量过程线线性变化的假设不符;Δt 选得太短,则与上下游涨、落水过程线不相应。一般要求除满足过程线在 Δt 时段内能用直线来近似表达的条件外,还应考虑使 Δt 接近或等于洪水流经该河段的时间。当入流过程线由上涨段到下降段的变化陡急时,或当入流过程线逐时有明显的改变时,为保持计算精度,有必要相应调整计算时段。

3. 起始条件和边界条件

起始条件通常为流程全长在某瞬时 t 的流态。在实际演算中,洪水起涨前开始演算第一个时段的初瞬值即为起始条件。通常认为,在洪水起涨前起始条件的水流状态是稳定的,即流经各河段的沿程流量基本为一常量。在实际计算中常取典型洪水实测起涨前沿程各点的水位、流量,作为起始条件的初瞬值。

边界条件为流程始端和末端的流态所应满足的条件。在计算天然河道中的洪水时,上边界条件一般是流程始端的流量过程线 $Q(t)$,流程内有区间洪水加入时还应计入区间流量值。当河段的上端建有水库时,即为水库的下泄洪水过程线 $q(t)$,可由水库根据洪水和防洪调度方式来确定。下边界条件,在天然河道内一般是取离流程末端最近距离处,或利用水位相关移至流程末端的水位流量关系曲线(包括几个影响参数的水位流量关系曲线);在感潮河段,下边界为河口的潮位过程线 $Z(t)$。若流程末端上接的是大的湖泊,或支流洪水注入大江大河的干流且占干流的比重较小时,支流流程末端的下边界可取湖泊或江河干流的水位过程线 $Z(t)$。

4. 水量平衡检查与修正

在天然河道中,由于流量资料的误差和区间洪水往往无流量观测资料,需要用雨量或其他站的流量资料插补;在平原圩区的河流,还有沿江两岸圩区排涝水量的加入。为此,需对洪水演进计算模型研究或检验,采用洪水资料进行水量平衡检查与修正。水量平衡检查修正中,为消除河段内河槽蓄水量的影响,一般要求取始末时刻水位接近相等的一次洪水总量进行入、出水量平衡计算,常以出流断面水量为准进行入流或区间加入水量的修正或过程的调整。区间来水过程调整时,需充分利用沿程水道地形和实测水位过程资料。

5. 演进计算模型的检验

演进计算模型必须对江河水文站实测水位、流量过程进行检验,合格后才能使用。在进行实测与演进计算模型计算结果比较时,强调使用水位过程线是很重要的,因为在汛期不可能连续观测流量,而沿江、河的实测水位是连续可靠的,一般用实测整编流量资料作为演进计算模型校正和检验的补充。演进计算数据与江、河实测洪水之间存在偏差的原因,可归纳为以下 5 点:①基本方程中简化和近似不够准确,不能模拟原型的复杂性。②量测技术不够精确,如测量误差、水尺设置不当等。③数据不够充分,如河段内加入的支流或排涝水量数据不准。④现象考虑不周,如河床冲刷或淤积造成河床变化,或随植被而异的糙率系数的变化等。⑤地形的概化欠妥,如断面的代表性,对一维计算来说,这些特征是断面面积、水面宽度、流量模数,这三者均是水位的函数。

(三)计算方法

应根据资料条件和计算要求,结合洪水和河道特性采用恒定流方法进行洪水演进计算时,计算时段应根据使时段内洪水波传播的距离大于或等于河段的长度且入流量接近直线变化等条件选定。计算的起始条件应为洪水波来临前全流程同一时刻较稳定的流态。上游端的边界条件应为入流断面的流量过程线。下游端的边界条件可采用水位流量关系曲线（稳定的或以涨落、顶托等影响为参数的），下端为大湖或海时可采用水位过程线。

采用非恒定流计算时，流段的划分应考虑水力因素均一性、支流入口与分流位置、控制断面与计算时段长短等因素。

1. 河道槽蓄量与出流成单一关系时的计算方法

这种方法适用于洪水水面开阔、附加坡降很小，而河段下端出流断面处有较稳定的水位流量关系的情况，其步骤如下：

（1）绘制河段出流和河段槽蓄量关系曲线 $q=f(W)$。当计算河段入流断面、出流断面具有较充分的实测水文资料时，首先取单峰型及较易分割成单峰型的双峰型洪水，考虑区间洪水，修正上游站洪水，使之与下站同次洪水的洪量相等。再按水量连续方程 $\overline{Q}_入 \Delta t - \overline{q}\Delta t = \Delta \overline{W}$ 计算 Δt 时段内的槽蓄量增值。计算开始时可假定相应出流量 q_1 的起始槽蓄量 W_1，则第一时段末的槽蓄量为 $W_2 = W_1 + \Delta \overline{W}_1$，相应出流量为 q_2，如此可求一次洪水的 $q = f(W)$ 关系曲线。根据几次洪水求出的槽蓄曲线可能有差别，一般可取其平均线。

当计算河段缺乏水文资料时，可将计算河段划分成若干小段，引用实测水道地形图或大断面图，以及实测水面线或推算水面线，计算出流断面水位和槽蓄量关系曲线 $Z_下 = f_1(W)$，再用水力因素法计算出流断面的水位流量关系曲线 $Z_下 = f_2(Q)$，最后将两者合并换算，即得 $q=f(W)$ 关系曲线。

（2）演算方法。将 $q=f(W)$ 曲线转化为工作曲线 $q=f(\overline{W}+q\Delta t/2)$，再按半图解法进行洪流演进计算，即由入流过程线求出出流过程线。

2. 河段槽蓄量和出流量关系受入流影响时的计算方法

这种方法适用于计算河段入、出流断面的水位流量关系为单一线，而河宽随洪水入流的增加迅速加大，入流的大小对河段槽蓄量和出流量关系有明显影响的情况。要点为：应用实测水文资料或地形资料，绘制以入流量为参数的入流量和槽蓄量关系曲线 $g = f(\overline{Q}_入, \overline{W})$，并转换成以入流量为参数的工作曲线 $q=f(\overline{W}+q\Delta t/2)$，演算方法相同，仅以 $\overline{Q}_入$ 为参数，由工作曲线查得相应时段的出流量 q。

3. 河段槽蓄量和出流量关系受下游支流汇入或分流影响的计算方法

在出流断面下游有支流汇入或分流而影响出流量的情况下，可采用本方法进行简化计算。当河段槽蓄量与出流断面水位近似成单一关系时，计算方法与方法 2 相同，不同之处仅在于以下游支流有效顶托或分流流量值 $\sum q$ 替代入流量为参数，绘制 $q=f(\sum q, \overline{W})$ 曲线及轴助工作曲线 $q=f(\sum q, \overline{W}+q\Delta t/2)$，计算时以 $\sum q$ 为参数，由辅助工作曲线求得相应时段的出流量 q。

当入流量的变化影响河段槽蓄量和出流断面水位关系时，应同时考虑入流量和下游支流顶托或分流的影响进行计算。

4. 化算流量法——马斯京根法

当缺乏河道地形资料且实测水文资料不多，而支流汇入或分流等又需划分多流段进行洪流演进计算时，可采用此法。

（1）假定计算河段中某瞬时的化算流量 Q_n 满足如下关系式：

$$Q_n = xQ_入 + (1-x)q$$
$$W = KQ_n = K[xQ_入 + (1-x)q] \tag{2-1}$$

式中：x 为权重系数，对一定河段在水位变化不大时取定值；K 为 $W=f(Q_n)$ 关系线的斜率，在水位变化不大时取定值；其他符号含义同前。

根据水量平衡原理及式（2-1）得

$$q_2 = C_0 Q_{入2} + C_1 Q_{入1} + C_2 q_1 \tag{2-2}$$

式中：

$$C_0 = \frac{\frac{1}{2}\Delta t - Kx}{K(1-x) + \frac{1}{2}\Delta t}$$

$$C_1 = \frac{\frac{1}{2}\Delta t + Kx}{K(1-x) + \frac{1}{2}\Delta t}$$

$$C_2 = \frac{K(1-x) - \frac{1}{2}\Delta t}{K(1-x) + \frac{1}{2}\Delta t}$$

若上式中的 K、x 已定，则 C_0、C_1、C_2 可求得，已知时段初的入、出流量 $Q_{入1}$、q_1 及时段末入流量 $Q_{入2}$，即可求得时段末的出流量 q_2，以时段末数据作为下一时段初数据，继续计算，就可求出整个洪水的出流过程。

（2）x、K 的确定，有以下几种方法：

①试算法。假定各种不同的 x 值，作出同次洪水的 $W=f(Q_{化算})$ 关系线，若 x 假定不合适，该曲线成绳套线；若 x 假定合适，该曲线近似成单一线，K 值为 $W=f(Q_{化算})$ 曲线的斜率。

②按最小二乘法计算 x 值：

$$x = \frac{\sum_{i}^{n}(Q_{入i} - q_i)q_i}{\sum_{i}^{n}(Q_{入i} - q_i)^2} \tag{2-3}$$

式中：$Q_入$、q 为同次洪水同时的入、出流量值。

③对于水位变幅较大的河段，可分别定出高、中、低水位的不同的 x 和 K 采用值。此法用于计算河段区间来水较大的情况时，首先应将同次实测洪水的入流水量按出流水量修正，再进行 x、K 值的计算；选定 x、K 值后，应演算几次实测洪水，若误差较大，应适当修正 x、K 值。

第三节　水库设计资料

水库设计资料包括水库工程的规划、设计、竣工文件及图纸，水库库容、面积、泄流特性曲线,库区淤积变化、库岸坍塌及回水影响资料,历年检查观测、养护修理、除险加固等资料,水库上下游直接有关工程的主要技术指标和工程质量等。

在设计文件中,一般都给出了水位库容关系曲线、泄流能力曲线、坝址或厂址的水位流量关系曲线等与调度十分密切的特征曲线成果。但当时只是根据模型试验或有关资料提出的,在实际运行中可能发现它们有不尽符合实际之处,故有条件时应根据历年运行中水文测验的数据加以订正。特别是泄洪能力曲线,如果不准确,会给大坝及下游的防洪安全带来严重威胁,一定要仔细核定。

一、水库库容曲线

水库的库容曲线是一个水库最重要的基本资料之一,它的正确与否对安全与效益关系极大,要反复核实。一般情况下,在设计报告中给出了这条曲线,但应当查明是否根据最新的、最详细的库区地形图量算的。如果在它被量出以后又测有新的库区地形图,则应当重新量算一次。一般情况下,库容曲线应根据 1/10 000~1/5 000 比例尺的库区地形图量算,大水库用图比例尺可小些,小水库则要求比例尺大一些。

在水库运行中,应当根据水文资料校核库容曲线。一般来说,两者是相互协调的,如果两者矛盾很大,就要仔细找出原因并采取相应的改正措施。

水库的淤积情况及其对库容的影响,是来沙量相对较大的水库需要着重了解的。水库淤积观测一般一年或数年进行一次,应给出逐年的水库纵剖面及分部位、分高程的淤积量,以便及时修正库容曲线。有条件时,应在运行一定年限后抓紧水库消落到最低水位时赶测库区被淹部分地形图,重新量算,修正库容曲线。如库区有较多地区进行了围垦,且影响库容较多时,应及时修正库容曲线。

如有必要时,应根据水库回水曲线推算成果,计算水库动态库容曲线,这组曲线一般以库区稳定流量为参数。

二、水库泄水曲线

泄水曲线是水库调度中最重要的基本资料之一,包括泄洪设施的泄水能力曲线、引水设备的过水能力曲线、水轮发电机组的过水能力曲线。在设计文件中,一般都给出这些曲线,但当时只是根据水工模型试验或有关资料提出的,在实际运行中,有时根据历年运行中水文监测的数据加以修订。特别是泄洪能力曲线,如果不准确,会给大坝及下游的防洪安全带来严重威胁,一定要仔细核定。

三、水位流量关系曲线

大坝下游、电站尾水及有关测站的水位流量关系曲线,是进行日常调度及核算大坝安全的重要资料。一般在水库投入运行时,这些曲线均已具备。但是,这一关系曲线是随着下游河道的冲淤而有一定变化的,就是在正常情况下,它也会受到水流不恒定流动的影响,有一定的变化幅度,应当及时地根据实际观测资料补充、修正这些曲线。

四、河道安全泄量

河道安全泄量是在正常情况下河道(或堤防)的防洪控制断面能够安全通过的最大流量。允许泄量是防洪工程规划设计及防汛斗争中最重要的数据之一,它在很大程度上决定水库的防洪库容、分洪区所需的容积,也是洪水预报及判断堤防安危程度的关键数据。因此,在防洪规划中,对允许泄量应认真分析确定。

一般情况下,河道允许泄量对应于防洪控制站的保证水位,即可以由保证水位在防洪控制点的稳定水位流量关系曲线上查得,但因大江大河中下游比降比较平缓,水流互相顶托,还有冲淤、涨落的影响,故水位流量关系曲线往往不是单一曲线,因此应当考虑到各种可能的影响因素,便于安全方面确定采用的数值。影响河道安全泄量的因素如下:①下游顶托。由于洪水组成情况的差异,当下游支流先涨水抬高了干流水位时,则上游河段的安全泄量就要减小。②分洪溃口。当下游发生分洪溃口时,由于比降的变化,上游的过水能力就加大了。但这只代表了一种非正常的情况,不能代表未分洪溃口的情况。③起涨水位。从一些水文站的资料分析得知,一次洪水的洪峰水位流量关系与正常水位流量关系的偏离程度及这次洪水的起涨水位有一定关系。起涨水位高,则水位流量关系偏左(即同一水位相应流量小),反之则偏右。④泥沙冲淤。对某些含沙量较大的河流,在一次洪水过程中,河床的冲淤有时亦可对过水能力有影响。⑤其他方面。可参考水文站水位流量关系分析所要考虑的有关因素,按具体情况加以考虑。

对已有的堤防,如果多年来未曾加高,保证水位未变,河床变化不大时,安全泄量应根据实际的水文资料分析确定,一般即以历史上安全通过的最大流量作为安全泄量。但必须指出的是,安全泄量是要在比较恶劣的洪水遭遇组合情况下,河道在堤防约束下能够安全通过的流量。关于堤防本身的质量,已经综合反映在堤防的保证水位中,这里只着重研究水情方面的问题。对以往堤防已通过的实测最大流量能否作为安全泄量,还要进行以下分析:①分析实测洪水与设计洪水的情况是否基本一致,要注意实测资料是否有代表性,例如:如果设计洪水一般历时要5~7 d,而实测洪水只是2~3 d的一次尖瘦洪水,虽然当年堤防安全通过了,但可能得益于河槽的调蓄作用,而遇到设计洪水则由于调蓄作用没有那么大,也可能通不过,这就要加以考虑。②分析前述有关影响因素是否已充分考虑。例如:分析表明安全泄量受下游顶托影响较大,那就要看实测洪水资料是不是下游顶托较高的数值。③从河床演变的长远观点来分析安全泄量的可能变化。总之,安全泄量是一个关系重大的数据,必须从安全出发,慎重加以拟定。

对于新建或加高堤防,安全泄量取决于要求达到的堤防设计水位,这里分为两种情况:①以堤防作为唯一的防洪工程措施时,按照要求达到的防御洪水标准,在防洪控制点的洪峰流量频率曲线上查出设计洪峰流量,以这一流量考虑设计水文条件推算河道水面线,则新建或加高堤防即以此河道水面线为准考虑一定的安全超高建设。此时,设计洪峰流量即为安全泄量。如还要进行防御洪水标准的经济论证,则要进行几个标准的比较,以选定的防御洪水标准的设计洪峰流量为安全泄量,并据以进行堤防设计。②当堤防是防洪工程系统的组成部分时,按照要求达到的防御洪水的标准,拟定设计洪水过程线,然后设定几个堤防安全泄量,求出河道水面线,相应得到新建或加高堤防的工程数量。同时,求出为达到同一防御洪水标准不同堤防规模相应的其他工程措施(水库、分洪区等)的规模。通过综合比较,选定合理的堤防工程规模,则安全泄量也就相应确定。此外,还应注意:防洪控制断面不止一处时,应分段推算,并进行上下河段的泄量平衡,拟定全河段或分段的允许泄量;凡河段受壅水顶托、分流降落、断面冲淤等影响时,应加以慎重考虑。

第四节　受益对象资料

受益对象资料包括设计所规定的水利规划情况及建成后历年运用效益的发挥情况,水库上下游水资源的开发利用情况,库区土地利用和生产建设现状,以及上级批准的有关文件、协议等。水库所承担水利任务各方面的基本情况、历次规划设计安排的情况,以及水库回水、淹没、移民情况等,可从规划设计报告中得到,水库运行以后需要根据最新的统计年鉴、规划文件,及时补充、订正和修改有关资料。

一、防洪方面

防洪方面资料主要有防洪保护区位置、范围、面积、高程、人口、经济社会情况;防洪工程总体布局、防洪工程体系组成与建设情况;防洪保护区涉及城市、县城、乡镇的,应收集城市、城区总体规划;堤防基本情况、高程、纵横剖面、允许泄量、各种流量情况的河道水面线;分蓄洪区位置、高程、容积、区内耕地人口及经济社会情况;其他防洪水库的防洪标准、防洪库容、调洪方式、与其他防洪工程配合运用的方式、历年防洪效能统计等。

下游河道的安全泄量要采用流域防洪规划所规定的水库下游河道控制断面的安全泄量。

二、发电方面

水库水电站所纳入的电力系统的范围、电源组成、负荷特性等基本情况;电站接入系统情况,电站及机组的基本参数、特征出力、历年发电实际情况等;水电站在电网中承担的调峰、调频、调相以及承担基础荷载、事故备用、容量备用等任务。

三、灌溉供水方面

水库灌区面积与分布、渠系分布、作物组成、需水过程、灌区内中小型水利工程情况与供水能力、灌区灌溉方式、历年灌溉供水情况。

四、航运方面

上下游航道滩险情况、通航船舶和船队形式与吃水深度、货流情况、河道通航特征水位、允许的河道水位变率、历年通航情况统计、过船建筑物使用情况等。

五、淹没方面

水库淹没区概况、迁移人数、各种频率的水库回水曲线、安置区情况等;库区滑坡位置、敏感淹没区位置及高程;库区岸坡地质情况及其对水库消落水位的控制要求等。

六、其他有关方面

如供水、防凌、环境保护、防止泥沙淤积、消落区土地利用等方面的基本情况与要求。

第五节　水库管理资料

水库管理资料往往分散在各种文件中,要查起来很不容易,但有些水库已经将水库管理资料汇编成册,这十分有助于水库调度工作。具体内容可以总结为"一本规程、两个预案、三个责任人、多项管理制度、鉴定文件"。收集这些资料有助于全面了解水库既往的建设及运行历史、工程概况。

一、一本规程

一本规程即水库调度规程。《水库调度规程编制导则》(SL 706—2015)规定,水库调度规程是水库调度运用的依据性文件,应明确水库及其各项调度的依据、调度任务与调度原则、调度要求和调度条件、调度方式等。

二、两个预案

两个预案即水库大坝安全管理应急预案及防汛抢险应急预案,预案中应明确对大坝安全、防汛抢险、抗旱、突发水污染等突发事件的应急调度方案和调度方式。

三、三个责任人

三个责任人为水库大坝安全管理的地方政府、主管部门、管理单位"三个责任人"和水库安全度汛行政、技术、巡查"三个责任人"。这对于明确调度的责任单位及责任人,明确各类责任人的主要职责和基本要求具有重要的指导作用。

四、多项管理制度

水库运行管理相关规章制度包括主管部门制定的规章制度和水库管理单位自行制定的规章制度。水库管理单位内部自行制定的主要是各种岗位制度,如水情测报制度、大坝巡视检查和安全监测制度、设备操作与维护制度等,特别是泄洪设备操作细则对于检验和实施水库调度具有决定作用。

五、鉴定文件

《水库大坝安全管理条例》第二十二条规定,大坝主管部门应当建立大坝定期安全检查、鉴定制度。历次水库安全鉴定成果是开展水库调度的依据之一。病险水库要降低水位运行,严重病险水库要空库运行。水库实时调度中要落实水库大坝安全鉴定的有关调度的意见和建议。

第三章 珠江流域水库

珠江是我国七大江河之一,由西江、北江、东江及珠江三角洲诸河组成。流域地处我国低纬度热带、亚热带季风区,水汽充足,降雨丰沛,水资源丰富,但因降雨、径流时空分布不均,导致洪、涝、旱等自然灾害频繁。建设水库工程对洪水及径流进行有效调节是流域兴水利、除水害的有效措施。目前,珠江流域建成水库1.05万座,其中龙滩、大藤峡、百色、天生桥一级、光照、长洲、飞来峡、新丰江、枫树坝、白盆珠等一大批重大水利工程在流域防洪、供水、发电、水资源配置等方面发挥了重大作用。

第一节 珠江流域概况

一、自然概况

(一)地理位置

珠江流域地处我国低纬度热带、亚热带季风区,流域位于东经102°14′~115°53′、北纬21°31′~26°49′,北回归线横贯其中部,涉及滇、黔、桂、粤、湘、赣6省(自治区)及香港、澳门特别行政区和越南东北部(左江上游),总面积为45.37万km^2,其中44.21万km^2在中国境内,占比为97.4%;1.16万km^2在越南境内,占比为2.6%。

(二)地形地貌

珠江流域西北以乌蒙山脉,北部以南岭、苗岭山脉与长江流域分界;西南以哀牢山余脉与红河流域为界;南部以云雾山、云开大山、六万大山、十万大山等山脉与桂、粤沿海诸河分界;东部以莲花山脉、武夷山脉与韩江流域分界;东南部为各水系汇集注入南海的珠江口。流域周边分水岭诸山脉高程均在700 m以上,大多在1 000~2 000 m,最高点乌蒙山达2 866 m。

珠江流域地貌成因复杂,一个较大地貌形态单元常兼有多种形态类型,有山地、丘陵、平原3种基本类型,其中山地、丘陵面积居多,平原面积较小。从地貌组合特点看,大致可以分为云贵高原区、云贵高原斜坡区、中低山丘陵盆地区、三角洲平原区。云贵高原区主要指珠江流域西北部,包括滇中、滇东、滇东南和黔西的一部分,为珠江上源山地区。该区峰峦起伏,峰谷相间。云贵高原斜坡区地处两广丘陵与云贵高原陡升的过渡带,是云贵高原东南延伸部分,主要涉及西江中游,包括桂西、黔西南和黔南等地区。该区大部分是峰丛洼地和峰林谷地,间有土山或其他岩体的中、低丘陵,岩溶台地、洼地。中低山丘陵盆地区主要指珠江流域的中东部。该区山地丘陵混杂,地形以中低山及丘陵为主,间有台地、河谷、平原及盆地。低山丘陵的高程多为100~500 m,盆地多分布在中下游沿河一带。三角洲平原区分布于河流下游,海陆相沉积次序明显,基底多为陆相沉积物,其上层为粉沙黏土或黏土,平均地势平坦,河网稠密,地面高程高出海平面,一般潮水不易入侵,但是近十多年以来,受采砂活动影响,河口地区河道河床下降,咸潮上溯加剧。

(三) 河流水系

珠江是我国七大江河之一,由西江、北江、东江及珠江三角洲诸河组成。西江、北江、东江汇入珠江三角洲后,经虎门、蕉门、洪奇门、横门、磨刀门、鸡啼门、虎跳门和崖门八大口门注入南海,形成"三江汇流、八口出海"的水系特点。其中,西江是珠江的主流,从源头自西向东流经云南、贵州、广西和广东4省(自治区),至广东佛山三水的思贤滘西滘口汇入珠江三角洲网河区;北江流经湖南、江西和广东3省,至广东佛山三水的思贤滘北滘口汇入珠江三角洲网河区;东江从源头由北向南流入广东,至广东东莞的石龙汇入珠江三角洲网河区;珠江三角洲水网密布,水道纵横交错。

珠江流域支流众多,流域面积1万 km² 以上的支流共8条,其中一级支流6条,分别为西江的北盘江、柳江、郁江、桂江、贺江,以及北江的连江;二级支流2条,分别为郁江的左江和柳江的龙江。流域面积1 000 km² 以上的各级支流共120条,流域面积100 km² 以上的各级支流共1 077条。珠江流域各水系流域特征见表3-1。

表 3-1　珠江流域及各水系流域特征

| 流域名称 | 河流长度/km | 平均坡降/‰ | 流域面积 | | 备注 |
			km²	占比/%	
珠江流域			453 690	100	
西江	2 075	0.580	353 120	77.83	指源头至思贤滘的西滘口的长度
北江	468	0.260	46 710	10.30	指源头至思贤滘的北滘口的长度
东江	520	0.388	27 040	5.96	指源头至东莞市石龙的长度
珠江三角洲	294		26 820	5.91	三角洲西江、北江、东江主干河道长度

1. 西江水系

西江发源于云南省曲靖市乌蒙山余脉的马雄山东麓,干流自西向东流经云南、贵州、广西和广东4省(自治区),至广东佛山三水的思贤滘西滘口与北江汇合,全长2 075 km,平均坡降为0.580‰,流域面积为35.31万 km²,其中34.15万 km² 在我国境内,1.16万 km² 的左江上游区在越南境内。干流从上而下由南盘江、红水河、黔江、浔江及西江5个河段组成,主要支流有北盘江、柳江、郁江、桂江、贺江等。

2. 北江水系

北江是珠江流域第二大水系,发源于江西省信丰县石碣大茅山,流经江西、湖南和广东3省;干流在广东佛山三水的思贤滘北滘口与西江汇合,全长468 km,平均坡降为0.260‰,流域面积为4.67万 km²,主要支流有武水、连江、绥江等。

3. 东江水系

东江是珠江流域的第三大水系,发源于江西省寻乌县的桠髻钵山,由北向南流至广东省龙川县合河坝汇安远水(贝岭水)后始称东江,在广东东莞的石龙镇流入珠江三角洲,全长520 km,平均坡降为0.388‰,集水面积为2.70万 km²,主要支流有新丰江、西枝江等。

4. 珠江三角洲水系

珠江三角洲水系包括西江、北江思贤滘以下和东江石龙以下三角洲河网水系,以及注入三角洲的中小河流、直接流入伶仃洋的茅洲河和深圳河,香港特别行政区、澳门特别行政区也属其地理范围,总集水面积为 2.68 万 km²,其中三角洲河网区集水面积为 0.98 万 km²。

珠江三角洲河道纵横交错成网状,水流相互贯通,把西江、东江、北江的下游纳于一体,经网河区平衡调节后,由虎门、蕉门、洪奇门、横门、磨刀门、鸡啼门、虎跳门和崖门八大口门注入南海。

(四) 湖泊水域

珠江流域常年水面面积在 1 km² 及以上的湖泊有 16 个,均为淡水湖,水面总面积为 406.9 km²;其中常年水面面积在 10 km² 及以上的湖泊有 8 个,水面总面积为 386.8 km²,重要湖泊主要特征见表 3-2。

表 3-2　珠江流域重要湖泊主要特征

序号	湖泊名称	所在流域	所在省	容积/亿 m³	水面面积/km²	水位/m
1	抚仙湖	南盘江	云南省	205.58	215.1	1 721.48
2	阳宗海	南盘江	云南省	5.53	29.9	1 767.82
3	星云湖	南盘江	云南省	1.80	33.7	1 722.26
4	杞麓湖	南盘江	云南省	1.34	36.5	1 796.52
5	异龙湖	南盘江	云南省	0.81	31.0	1 413.12
6	长桥海	南盘江	云南省	0.45	11.9	1 288.64
7	大屯海	南盘江	云南省	0.40	12.4	1 285.97
8	普者黑	南盘江	云南省	0.33	16.3	1 046.70

二、经济社会

(一) 人口土地

珠江流域涉及云南、贵州、广西、广东、湖南、江西等 6 个省(自治区)、46 个市(州)、215 个县及香港、澳门特别行政区。2018 年,珠江流域总人口约为 1.36 亿(常住人口,不含香港、澳门特别行政区人口),其中城镇人口 0.90 亿,城镇化率为 66.2%。流域人口分布极不均匀,人口密度最大的是珠江三角洲,为 1 691 人/km²,在各省(自治区)中以广东省人口密度为最大,为 620 人/km²。近年来,沿海地区经济迅猛发展,广州、深圳、珠海、东莞等城市常住人口增加较快。

(二) 经济发展

2018 年珠江流域国内生产总值达 10.93 万亿元(2018 年价,不含港澳地区),其中工业增加值为 3.97 万亿元,产值主要来自电力、煤炭、冶金、烟草、化工、家用电器、电子、医药等。由于种种因素影响,目前流域内经济社会发展不平衡,沿海地区和珠江三角洲地区是流域经济发展较快的地区,位于珠江河口地区的香港特别行政区和澳门特别行政区,更是世界新兴发达地区,而西部地区经济发展较为落后,发达地区和落后地区的人均国内生产总值、居民收入水平、社会生活水平的差异都比较大。

2018 年,珠江流域总耕地面积为 1.07 亿亩,农田有效灌溉面积 4 994 万亩,实灌面积 4 142 万亩,其中水田 2 736 万亩;粮食产量 1 736 万 t。

珠江流域 2018 年社会经济指标见表 3-3。

表 3-3　珠江流域 2018 年社会经济指标

省（自治区）	常住人口/万人			国内生产总值/亿元	工业增加值/亿元	耕地/万亩	农田有效灌溉面积/万亩
	城镇	农村	合计				
合计	9 020	4 538	13 558	109 262	39 655	10 661	4 994
云南	605	540	1 145	4 355	1 622	2 188	620
贵州	355	600	955	3 644	1 077	729	474
广西	1 960	1 907	3 867	15 924	4 805	5 687	2 260
广东	6 030	1 400	7 430	84 828	31 966	1 945	1 566
湖南	43	63	106	353	131	82	47
江西	27	28	55	158	54	30	27

注:数据来源于《珠江水资源公报》(2018 年);GDP 及工业增加值价格水平为 2018 年价。

(三)洪涝灾害

珠江流域暴雨频繁,洪水灾害是流域内发生频率最高、危害最大的自然灾害之一,尤以干支流中下游和三角洲地区为甚。1915 年以来,流域大洪水发生 39 次,其中 1915 年洪灾损失最重,西江和北江下游及三角洲地区的堤围几乎全部溃决,广州市受淹 7 d,珠江三角洲灾民 378 万人,受灾耕地 648 万亩,死伤 10 余万人。近年珠江流域发生的洪水有"05·6"洪水、"08·6"洪水、"22·6"洪水。"05·6"洪水为流域性特大洪水,西江防洪控制断面梧州站实测洪峰流量为 53 700 m³/s,为实测系列最大值,超过 100 年一遇(52 700 m³/s)设计洪水。"05·6"洪水,西江、北江、东江流域遭受严重的洪涝灾害,农作物受淹,房屋倒塌,交通、水利设施遭到严重破坏,洪水共造成两广 163 个县(市、区)1 513 个乡镇 1 263 万人受灾,受淹城市 18 个,倒塌房屋 25 万间,因灾死亡 114 人,农作物受灾面积 984 万亩,成灾面积 612 万亩,造成直接经济损失 112 亿元,其中水利设施直接经济损失 22 亿元。"08·6"洪水为流域中等洪水,西江梧州水文站洪峰流量为 46 000 m³/s,重现期接近 20 年一遇;北江上游乐昌峡发生近 50 年一遇洪水,北江干流发生超过 10 年一遇洪水,石角站洪峰流量为 13 400 m³/s;受西江、北江洪水的共同影响,珠江三角洲西江干流水道马口水文站和北江干流水道三水水文站均出现了 50 年一遇的洪峰流量。"22·6"洪水为北江流域特大洪水,北江石角站洪峰流量为 19 000 m³/s,重现期超 100 年一遇。

第二节　气象水文

一、气象特征

(一)气候

珠江流域地处热带、亚热带季风气候区,气候温和,雨量丰沛。影响本地降水的天气系统主要有锋面、热带辐合带、低涡、切变线、热带气旋等。气候总特点是年内春雨连绵,雨日较多;夏季高温湿热,暴雨集中;秋季台风入侵频繁;冬季雨量稀少,严寒天气不多;四季气候变化明显。西北部珠江上源地云贵高原气候复杂而多变,"一山分四季,十里不同天"的气候现象极为突出。

珠江流域多年平均气温在 14~22 ℃,无霜期达 300 d 以上,年内 1 月平均气温最低,为 6~8 ℃;7 月平均气温最高,为 20~30 ℃。极端最高气温达 42.8 ℃,极端最低气温为 -9.8 ℃。日照时间长,多年平均日照时数为 1 000~2 300 h。多年平均相对湿度在 70%~80%。

(二)降水

珠江流域位于我国最南端,濒临南海,受西南季风与太平洋暖湿气流的影响,降水十分丰富。流域 1956—2016 年多年平均年降水总量为 6 538.4 亿 m^3,折合降水深为 1 477.5 mm。

珠江流域地势西北高、东南低,有利于海洋气流从沿海流向内地,加之区内山脉广布,阻挡南来暖湿气流北上,从而削减了深入内地的水汽含量,形成区内降水东西差异大、南北差异小和自东南向西北逐渐递减的变化趋势,降水具有沿海地区多于内地、山地多于平原、迎风面多于背风坡、空间分布极不均匀的特点。珠江流域多年平均年降水量等值线大体呈东北—西南走向,受局部地形阻隔形成了众多降水高低值区。最大高值区分布在桂北,最大点雨量为砚田站,为 2 613.7 mm;最小低值区分布在滇东南,最小点雨量为北坡站,为 695.6 mm,最大点雨量约为最小点雨量的 3.76 倍。

(三)蒸发

珠江流域多年平均水面蒸发量为 929.7 mm,水面蒸发地区分布不均,各水资源二级区多年平均水面蒸发量变化范围为 811.5~1 080.4 mm,其中红柳江流域最小,南、北盘江流域最大。多年平均水面蒸发量等值线分布大体呈东西走向,在地区分布上基本呈自南向北递减,南部普遍高于北部,平原一般高于山丘。

珠江流域水面蒸发量高值区主要有二个:一是在云南开远市、建水县、蒙自市等地,多年平均水面蒸发量达 1 400.0 mm 以上;二是在广西贺江上游与桂江及湘江分水岭一带,多年平均水面蒸发量为 1 100.0 mm。珠江区水面蒸发量低值区主要有两个:一是在广西北部柳州市、河池市的九万大山和元宝山区域,水面蒸发量仅为 600.0 mm;二是在广西中部横县、桂平、平南和昭平一带,水面蒸发量为 700.0 mm。

二、暴雨特性

(一)天气系统

形成珠江流域的暴雨天气系统有锋面、低压槽、低压、低涡、切变线、低空急流及台风。

锋面主要活动于4—6月的前汛期,以静止锋暴雨居多,冷锋次之。北方冷空气可从流域东面、西面和北面湘桂山间走廊三条路径侵入,受南岭等山脉和云贵高原的滞缓作用而形成准静止锋。当冷空气增强,推动静止锋成为冷锋南移,遇上锋前暖气流强,又可退回到南岭附近或摆动,形成阴雨连绵、暴雨增多天气。锋面雨多分布在珠江流域的红水河至梧州、柳江、郁江和桂江。

影响流域降水的西南低压槽主要是南支西风带中的低压槽。对流层中、下层西风受青藏高原影响分为南、北两支,高原南侧一支常在印度、缅甸间形成低压槽,沿北纬25°东移。槽的前方常有较强的西南气流产生的暴雨。西南低压槽形成的暴雨多发生于4—6月的前汛期,分布于云贵高原、梧州至三角洲、北江流域和东江流域。

低压、低涡、切变线主要活动于春、夏季,往往同时出现,产生的暴雨量大但面窄、历时短,多与其他天气系统配合才能产生持续性暴雨天气。

低空急流多位于西太平洋副热带高压边缘,向暴雨区输送、积聚水汽和位势不稳定能量,加强辐合抬升,触发中小尺度系统。

台风是形成珠江流域暴雨的热带天气系统,发源于西太平洋菲律宾群岛以东洋面和南海,在广西沿海、雷州半岛至珠江三角洲和粤东沿海登陆。90%的台风发生在7—9月。

珠江流域分区暴雨成因天气系统统计见表3-4。

表 3-4　珠江流域分区暴雨成因天气系统统计

流域分区	各类天气系统所占比值/%					
	锋面	西南低压槽	台风	热带低压	其他	合计
云贵高原		86.8	8.0		5.2	100
红水河—梧州地区	71.4		12.0	16.6		100
梧州—三角洲		52.0	43.0		5.0	100
柳江流域	76.0		7.0	17.0		100
桂江流域	79.0		6.0	15.0		100
郁江流域	64.9		12.0	23.1		100
北江流域		82.8	13.2	4.0		100
东江流域		70.2	23.8	6.0		100

(二)时程分布

珠江流域冬季处于极地大陆高压边缘,盛行偏东北季风,干季,暴雨少。春季西太平洋副热带高压开始增强,孟加拉湾低压槽建立,冷高压势力减弱,夏季风逐渐活跃,冷暖空气对峙,东南或西南季风盛行,水汽丰沛,暴雨多,强度大。秋季是过渡期,降雨量和暴雨频次都迅速减少。

流域内大部分地区4—6月的前汛期以锋面低压槽暴雨为主,7—9月后汛期则以台风雨居多。前汛期暴雨次数约占全年暴雨次数的58%。前、后汛期均可能发生稀遇暴雨,但高量级暴雨多发生于前汛期。流域内一次暴雨历时一般为7 d,主要雨量集中在3 d,3 d雨量占7 d雨量的80%~85%,暴雨中心可达90%。

(三)空间分布

珠江流域的降雨在地域上有明显差别,由东向西递减,一般山地降水多,平原河谷降水少,同一山脉高地迎风坡与背风坡亦有差异,降水高值区多分布在较大山脉迎风坡。一年中雨量在50 mm以上的日数,东江、北江中下游平均为9~13 d;桂北、桂南和粤西平均为4~8 d;滇黔为2~5 d,滇东南为1~2 d。

珠江流域的短历时暴雨高值区分布不规则,而实测最大24 h和3 d以上历时的高值区分布基本相同。流域东部的云开大山、云雾山、天露山及莲花山为珠江流域与沿海诸河的分水岭,是东南风及西南风暖湿气流的第一道屏障,为暴雨最大的高值区,最大3 d雨量达500 mm以上,莲花山高达800 mm。粤中的青云山、滑石山等南岭余脉是三角洲北部及北江中下游面向南海的迎风坡,偏南潮湿气流长驱直入至此受阻而形成高值区,北江著名的"82·5"大暴雨,其中心最大24 h降雨量为734.0 mm(迳口站);东江1979年9月暴雨,中心最大24 h降雨量为559 mm(石简站),最大3 d降雨量为998 mm;珠江三角洲"55·7"暴雨,其中心最大24 h降雨量为851 mm(镇海站)。流域东部有两个低值区,分别在西江、北江上游,位于山脉背风坡和河谷低地,3 d降雨量仅200~300 mm。

流域中部有3个暴雨高值区:桂南十万大山高值区,最大3 d降雨量在700 mm以上;桂东北、桂北诸山脉迎风坡次高值区,最大3 d降雨量在400~500 mm,最高为537 mm;桂中大瑶山、莲花山、东风岭等山脉迎风坡分布着小范围高值区组成的弧形高值带,最大3 d降雨量在250~400 mm。西江"96·7"大暴雨,其中心最大24 h降雨量达779 mm(再老站),最大3 d降雨量达1 336 mm。

流域西部的暴雨量级和范围均比东部小,3 d降雨量高值区在黔南诸山脉迎风坡及云南罗平、贵州罗甸等小区域内,分布分散,降雨量在200~300 mm,其余地区降雨量在100~200 mm。

三、洪水特性

(一)流域洪水

珠江流域洪水由暴雨形成,按其影响范围不同,分为流域性洪水和地区性洪水。流域性洪水主要由大面积、连续的暴雨形成,洪水量级及影响区域较大,如1915年7月洪水和1994年6月洪水等。地区性洪水由局部性暴雨形成,暴雨持续时间短,笼罩面积较小,相应洪水具有峰高、历时短的特点,破坏性较大,但影响范围相对较小,如1988年8月柳江洪水、1982年5月北江洪水等。

流域洪水出现时间与暴雨一致,多集中在4—9月,根据形成暴雨洪水天气系统的差异,可将洪水期分为前汛期(4—7月)和后汛期(8—9月)。前汛期暴雨多为锋面雨,洪水峰高、量大、历时长,流域性洪水及洪水灾害一般发生在前汛期。后汛期暴雨多由热带气旋造成,洪水相对集中,来势迅猛,峰高而量相对较小。

根据有关资料分析,西江、北江年最大洪峰流量在思贤滘遭遇的概率约为15%,且存在洪水量级越大遭遇机会越多的规律。东江洪水主要影响虎门,与西江、北江洪水遭遇概率较小。根据历史资料统计,西江、北江、东江发生大洪水时,常常遭遇珠江河口大潮,洪潮遭遇概率为27%,其中大洪水与大潮遭遇的年份有1915年、1924年、1968年、1998年、2005年、2008年。洪潮遭遇期间,水流相互顶托,致使洪水不能畅泄入海,洪潮水位升高且高水位运行时间较长。

(二)西江洪水

西江水系支流众多,源远流长,水量充沛,较大洪水多发生在5—8月。根据干流武宣站、梧州站实测洪水发生时间及量级变化情况,一般可将7月底至8月初作为前、后汛期洪水的分界点,年最大洪水多发生在前汛期,其发生概率分别占武宣站、梧州站年最大洪水发生概率的82.0%、77.5%,尤以6月、7月洪水最盛,分别占72.1%、69.0%;后汛期洪水一般发生在8—10月(个别年份11月也有洪水发生),尤以8月发生洪水最多,分别占武宣站和梧州站后汛期洪水的75.4%、71.9%。

由于流域面积较大,各地区气候条件存在一定的差异,干、支流洪水的发生时间有从东北向西南逐步推迟的趋势。较大洪水往往由几场连续暴雨形成,具有峰高、量大、历时长的特点,洪水过程以多峰型为主,下游控制断面梧州水文站的多峰型洪水过程约占80%以上。一次较大洪水过程一般历时30~40 d,年最大洪水的洪量平均值一般占年径流量的27%,最高可达48%。

西江洪水主要来源于中上游的黔江以上,梧州站年最大30 d洪量的平均组成情况为:干流武宣站占64.2%,郁江贵港站占21.5%,桂江马江站占6.9%,武宣至梧州区间占7.4%。形成西江较大洪水的干、支流洪水遭遇情况大致有三种:一是红水河洪水与柳江洪水遭遇;二是黔江洪水与郁江洪水,浔江洪水与桂江洪水遭遇;三是黔江一般洪水与郁江、桂江和武宣—梧州区间较大洪水遭遇。西江防洪控制断面梧州站历年实测最大洪峰流量为53 700 m³/s(2005年6月),调查历史洪水最大洪峰流量为54 500 m³/s(1915年7月)。

(三)北江洪水

北江较大洪水主要发生在5—7月,峰高、量较小,历时相对较短,暴涨暴落,水位变幅较大,具有山区性河流的特点。洪水过程以单峰和双峰为多,多峰型过程较少出现。一次连续降雨(3~5 d)所形成的洪水过程一般历时7~20 d。

北江洪水主要来自横石以上地区,下游防洪控制断面石角站年最大洪水的15 d洪量中,横石站来水量占84%。由于流域面积不大,一次较大的降雨过程几乎可以笼罩整个流域,加之流域坡降较陡,横石以上的干、支流洪水常常遭遇。横石以下支流的发洪时间一般稍早于干流,较少与干流洪水遭遇。石角站历年实测最大洪峰流量为16 700 m³/s(1994年6月),实测洪水中,经归槽计算后的最大洪峰流量为19 000 m³/s(1982年5月)。调查历史洪水的最大归槽洪峰流量为22 000 m³/s(1915年7月)。

(四)东江洪水

东江洪水一般出现在5—10月,以6—8月最为集中,洪水涨落较快,一次洪水过程历时 10~20 d,多为单峰型。

东江洪水主要来自河源以上,由于面积较小,干、支流洪水发生遭遇的机会较多。1959 年支流新丰江上建成了新丰江水库,1973 年和 1985 年又先后在干流及西枝江建成枫树坝水库和白盆珠水库,三水库共控制流域面积 1.17 万 km²,占下游防洪控制断面博罗站以上流域面积的 46.4%。三水库建成后,东江流域的洪水基本得到了控制。

东江博罗站历年实测最大洪峰流量为 12 800 m³/s(1959 年 6 月),实测洪水中,经还原后的最大洪峰流量为 14 300 m³/s(1966 年 6 月)。

四、径流泥沙

(一)径流特性

珠江流域径流由降水形成,降水年内分配不均匀,4—9 月降水量约占全年降水量的 75%~80%,随降水量变化而变化,径流年内分配也不均匀,汛期径流量接近全年的 70.0%~86.1%;枯水期径流量占全年的 13.9%~30.0%,最枯月平均流量常出现在每年的 12 月至翌年 2 月,其中尤以 1 月、2 月最枯。流域降雨直接影响各水系的径流年内分配,如流域的北盘江、郁江、桂江、柳江及红水河、黔江、浔江和西江干流,汛期降水量占全年降水量的 80% 以上,其中,北盘江、红水河、黔江、浔江等来水量主要集中在 6 月、7 月、8 月,占全年径流量的 50% 以上;柳江、桂江来水量主要集中在 5 月、6 月、7 月,柳江在 6 月、7 月更为集中;而郁江的径流量却集中在 7 月、8 月、9 月,约占全年径流量的 50% 以上;东江由于雨情不稳定,所以径流的分配在前汛期、后汛期比较接近。

径流时空变化特性与降水时空变化基本对应,年径流模数变化趋势为:从上游向中下游递增;流域的径流年际变化通过变差系数 C_V 值大小反映,一般规律是上游比下游大,小河比大河大,支流比干流大。从整个珠江流域看:西江的南盘江 C_V 上游为 0.37(沾益站)、下游为 0.28(天生桥站),柳江 C_V 为 0.23~0.25,郁江 C_V 为 0.26~0.33,桂江 C_V 为 0.23~0.24,贺江 C_V 为 0.26~0.30,西江干流从红水河、黔江、浔江至西江下游,C_V 均为 0.19~0.25,其间高要站的 C_V 值,由于贺江的汇入,较梧州站的 C_V 值大;北江干流的浈水至中下游 C_V 为 0.30~0.31,东江干流自上而下 C_V 值变幅为 0.35~0.30,且北、东江干流 C_V 受支流来水影响较大。从上述变差系数 C_V 的统计可知,东江年际变化较北江大,北江年际变化比西江干流大。西江流域以南、北盘江年际变化最大,郁江、贺江的年际变化次之,西江中下游径流年际变化最小。

从流域径流丰枯变化分析,北江、东江流域丰水年和枯水年变化大致相同,表现出明显的枯—丰—枯—丰—枯的变化规律,只是近 20 年来,丰、枯水周期持续时间有所缩短,转换更加频繁。从西江干、支流来水的丰枯变化分析,北盘江、红水河、黔江、郁江、桂江、贺江、西江干流从 20 世纪 50 年代开始,出现了明显的枯丰水变化的规律,南盘江、柳江流域丰枯水变化较为频繁,与西江其他河流相比,持续时间相对较短。

西江径流由降水形成,径流时空变化特性与降水时空变化基本对应。一般来说,中下游暴雨发生时间较早,郁江流域次之,上游南、北盘江最晚。从西江流域径流深分布看,桂江上游地区径流深最大,最高区域径流深可达 1 500 mm 左右;西江流域降水最少、径流深最小的属南、北盘江上游区域,多年平均径流深在 400 mm 以下,由此可见降水在流域分布中差别较大。

东江流域径流由降水形成,其时空变化特性与降水时空变化基本一致。径流深区域总体变化趋势上,东江流域自上游向下游递增,径流深最大区域为西枝江上游与粤东沿河河流交界的分水岭位置,径流深可达 1 200 mm 以上,径流深相对较低位置在主源上游,大约处于 800 mm 以上。

北江流域径流由降水形成,其时空变化特性与降水时空变化基本一致。径流深区域变化上,北江支流南水上游、北江干流连江至飞来峡水库段,连江右岸同灌水支流与绥江上游分水岭地带,是北江流域径流深较高地区,多年平均径流深可达 1 600 mm,而北江发源地浈水和支流武水的上游,径流深相对较小。

(二)泥沙特性

珠江是我国七大江河中含沙量最小的河流,虽然河流含沙量较小,但由于径流量较大,其多年平均输沙量仍然较大。根据珠江流域 22 个站的泥沙实测资料,统计多年平均及丰、平、枯不同典型年的平均含沙量及其年内分配,实测最大断面平均含沙量及其出现时间,最大、最小年输沙量及相应年份等特性参数,发现珠江流域各水系及各河段的含沙量不尽相同,珠江流域的河流含沙量主要来自西江,西江干流含沙量自上游向下游递减,武宣站多年平均含沙量为 0.374 kg/m³,梧州站多年平均含沙量为 0.283 kg/m³,高要站多年平均含沙量为 0.296 kg/m³;北江和东江的多年平均含沙量比西江小,北江石角站和东江博罗站的多年平均含沙量分别为 0.126 kg/m³ 和 0.095 kg/m³。

统计西江、北江、东江干流主要站点不同时期含沙量的变化情况,发现 20 世纪 80 年代以后西江、北江、东江干流泥沙含量整体均呈下降趋势,其中以西江干流红水河段下降最为明显,2000 年以后该河段平均含沙量较 1980—1999 年平均含沙量的减幅达 90%;北江石角站 2000 年以后的平均含沙量较 1980—1999 年平均含沙量少 35%;东江含沙量减幅最少,博罗站 2000 年以后的平均含沙量较 1980—1999 年平均含沙量少 18%。主要支流中,北流河金鸡站泥沙含量减幅最大,其 2000 年以后的平均含沙量较 1980—1999 年平均含沙量少 43%;郁江贵港站和柳江柳州站泥沙含量变化较小,两个站 2000 年以后的平均含沙量变幅均小于 5%,但郁江受百色水利枢纽建成蓄水的影响,2006 年后郁江中上游含沙量明显减少,其中百色站 2006 年后的平均含沙量仅为 0.012 kg/m³,较 1980—1999 年平均含沙量少 92%,南宁站 2006 年后的平均含沙量较 1980—1999 年平均含沙量少 52%,贵港站 2006 年后的平均含沙量较 1980—1999 年平均含沙量少 21%。

分析引起输沙量减少的原因,一个主要原因是受水利工程拦沙作用的影响,从红水河天峨、都安及西江梧州站的泥沙变化情况分析,2000 年以前,天峨断面的年输沙量及含沙量基本与上游来水丰枯变化一致,上游来水大,年输沙量及含沙量大;上游来水小,年输沙量及含沙量相应减少。在 2000 年以后,随着上游天生桥一级水电站库区拦截来水,天峨断面的年输沙量及含沙量快速下降;2007 年以后,龙滩建成蓄水,拦截了大量的上游来沙,天峨断面的泥沙含量急剧下降,断面含沙量已降至 0.01 kg/m³;1994 年岩滩水电站建成,且为红水河上库容较大(26.12 亿 m³)的第一个水电站,径流在库区停留时间长,对泥沙的拦截作用明显,1995—1999 年的梧州站年均输沙量减少 2 120 万 t/a。1999 年后,红水河又有一批水电站相继建成,2001—2006 年西江梧州站的输沙量进一步下降到 2 700

万 t/a；2007—2011 年，受龙滩拦蓄的影响，加上西南连续干旱，上游地区少雨干旱，上游入河泥沙量减少，导致梧州断面的年均输沙量已减少至 1 450 万 t/a。引起输沙量减少的另一主要原因与流域水土保持变化有关，20 世纪 50 年代末兴起的砍林开荒造田，水土流失严重，使年均输沙量偏大。20 世纪 90 年代后期以来开展的封山育林，在一定程度上使水土保持得到有效改善。另外，沿线堤防工程在一定程度上稳定了河道平面的断面变化，从而对河岸沙源补给起到一定的控制作用。

五、水资源

(一)地表水资源

珠江流域多年平均年地表水资源量为 3 383.5 亿 m³，折合径流深 764.6 mm，最大年地表水资源量为 4 636.0 亿 m³（1994 年），最小年地表水资源量为 1 743.7 亿 m³（1963 年）。

丰水年（$P=20\%$）的地表水资源量为 3 882.6 亿 m³，较平均水平多 14.7%；偏枯年（$P=75\%$）的地表水资源量为 2 955.3 亿 m³，较平均水平减少 12.7%；枯水年（$P=90\%$）的地表水资源量为 2 630.2 亿 m³，较平均水平减少 22.3%；极旱年（$P=95\%$）的地表水资源量为 2 447.8 亿 m³，较平均水平减少 27.7%。珠江流域地表水资源量计算成果见表 3-5。

表 3-5　珠江流域地表水资源量计算成果

流域名称	分区面积		天然年径流			C_V	不同频率径流量/亿 m³				
	数值/km²	占比/%	径流深/mm	径流量/亿 m³	占比/%		20%	50%	75%	90%	95%
珠江流域	442 536	76.4	764.6	3 383.5	71.4	0.18	3 882.6	3 347.0	2 955.3	2 630.2	2 447.8
南、北盘江	82 950	14.3	446.9	370.7	7.8	0.23	439.9	364.2	310.2	266.5	242.4
红柳江	113 060	19.5	802.0	906.7	19.1	0.21	1 061.9	893.4	772.1	672.9	617.8
郁江	77 898	13.5	543.0	423.0	8.9	0.27	514.9	412.7	341.4	284.8	254.2
西江	66 563	11.5	898.4	598.0	12.6	0.23	709.6	587.5	500.4	429.9	391.1
北江	47 000	8.1	1 097.3	515.7	10.9	0.25	619.9	505.0	423.9	358.9	323.5
东江	27 239	4.7	1 001.0	272.7	5.8	0.30	338.1	264.5	214.0	174.5	153.4
珠江三角洲	27 826.56	4.8	1 066.4	296.8	6.3	0.18	340.5	293.6	259.2	230.7	214.7

(二)水资源总量

水资源总量是降水直接补给所产生的地表水与地下水资源量之和。一般情况下，地表水资源与地下水资源是分别进行计算的，把河川径流量（包括河川基流量）作为地表水资源量，把降水入渗补给量作为地下水资源量，但河川径流中的基流部分是由地下水补给的，地下水补给量中有一部分来源于地表水入渗，两者相互联系且部分水量相互转化而产生重复计算量,因此水资源总量不能简单地将两者相加,必须扣除两者的重复计算量。

珠江流域水资源总量为 3 388.7 亿 m³,在全国七大流域中仅次于长江流域,位居第二,地表水资源量为 3 383.5 亿 m³,地表与地下不重复计算量为 5.2 亿 m³,珠江流域水资源总量成果见表 3-6。

表 3-6　珠江流域水资源总量成果

分区		分区面积/ km²	地表水资源量/ 亿 m³	地下水资源量/ 亿 m³	不重复量/ 亿 m³	水资源总量/ 亿 m³
珠江流域		442 536.6	3 383.5	815.8	5.2	3 388.7
各支流流域	南、北盘江	82 950.0	370.7	92.5	0.9	371.6
	红柳江	113 060.0	906.7	220.3	0	906.7
	郁江	77 898.0	423.0	96.3	0	423.0
	西江	66 563.0	598.0	152.6	0.1	598.1
	北江	47 000.0	515.5	125.4	0.1	515.8
	东江	27 239.0	272.7	72.0	0	272.7
	珠江三角洲	27 826.6	296.8	56.8	3.8	300.6

(三) 水资源特点

1. 水资源总量丰富,空间分布不均,局部地区水资源短缺

珠江流域位于我国南部,濒临南海,受西南季风与太平洋暖湿气流影响,区内水汽含量充足,降水十分丰沛,水资源总量丰富。流域多年平均年降水总量为 6 538.4 亿 m³,折合降水深 1 477.5 mm;多年平均水资源总量为 3 388.7 亿 m³,其中地表水资源量为 3 383.5 亿 m³,占水资源总量的 99.8%;地下水资源量为 815.8 亿 m³,地表水与地下水资源不重复量为 5.2 亿 m³。流域占全国 4.6% 的国土面积,产生全国 13.2% 的水资源总量,产水模数高达 76.7 万 m³/(a·km²),水资源总量在全国七大流域中仅次于长江流域,位居第二。

珠江流域水资源主要以降水形成的地表水为主,受地形、季风活动等影响,水资源空间分布十分不均。从径流深空间变化看,径流深总体上呈现出东西差异大、南北差异小、自东向西逐渐递减、沿海地区多于内陆、山地多于平原、迎风坡大于背风坡的特点;位于西部的南、北盘江区径流深为 447 mm,而位于东部的北江区径流深为 1 097 mm,径流深东西地区之间相差达 2.5 倍。受区内局部山脉阻隔,区内形成了特征明显的径流深高低值区,其中,北江中下游、柳江、桂江中上游、西江蒙江上游等 4 个径流深高值区多年平均年径流深达 1 000~1 600 mm;珠江三角洲、西江中下游河谷、左江盆地、滇东南等 4 个径流深低值区多年平均径流深为 400~800 mm,径流深低值区面积占全区面积的 28.9%。其中,西部的南盘江流域和右江流域内的云南昆明、曲靖、玉溪、文山、红河及广西百色一带,多年平均年径流深小于 300 mm;玉溪市江川区、红河州建水县、玉溪市通海县多年平均年径流深分别仅为 121 mm、131 mm、136 mm,是流域内典型的水资源相对短缺地区。

2. 水资源年际间变化小，年内变化显著，季节性缺水特征明显

珠江流域年降水量变差系数 C_V 值在 0.15~0.30，总体上年际变化不大。由于受下垫面条件影响，径流年际变化大于降水年际变化，95% 选用站年径流量变差系数 C_V 值在 0.2~0.4，且呈现出沿海地区年际变化大，内陆地区年际变化小，东部地区年际变化较西部地区大的特点。东江、珠江三角洲、南盘江和北盘江年径流量极值比相对较大，平均在 5.3~9.9；其他地区年径流量极值比相对较小，平均在 3.2~5.0。

珠江流域降水、径流年内丰枯变化显著，枯水期水资源量少。径流年内分配与降水年内分配基本一致，汛期降水量大、径流量大，枯季降水量小、径流量小。年内降水多集中在汛期 4—9 月，占全年降水量的 70%~80%；枯季 10 月至翌年 3 月，降水量仅占全年降水量的 20%~30%；汛期径流量占全年径流量的比例为 60%~88%，连续最大 4 个月径流量占全年径流量的 52%~80%；枯水期径流量仅占全年径流量的 12%~40%，最枯 3 个月（12 月、1 月、2 月）的径流量约占全年径流量的 7%，最枯月（1 月）的径流量仅占全年径流量的 2%。

珠江流域绝大部分地区干旱指数为 0.5，降水、水面蒸发年内时程分布不同步，枯水期水面蒸发大于降水，枯水期干旱指数普遍高于 1.0，季节性干旱特征十分明显。位于西部的南盘江流域内的云南建水至开远一带，干旱指数为 1.5~2.0，枯水期干旱指数高达 4.3，季节性水资源短缺更加突出。

3. 水资源与经济、人口、耕地资源不相匹配，不均衡问题突出

珠江流域水资源与经济社会发展不相匹配。在各省（自治区）中，广东省总面积大、降水量大，多年平均水资源量达 1 840.2 亿 m^3，占水资源总量的 38.7%。同时，广东省经济发达，人口达 10 997 万、GDP 达 85 554 亿元，占比分别为 57.9% 和 74.1%，显著高于水资源量占比，由此导致广东省单位水资源量（本地水资源量）指标较低，人均水资源量仅为 1 670 m^3，为平均值 2 500 m^3 的 66.8%；万元 GDP 水资源量仅为 215 m^3，仅为平均值 412 m^3 的 52.2%。在各二级流域中，珠江三角洲经济最活跃，人口集中，经济总量大，该区以占 6.3% 的水资源量，供养 23.8% 的人口，贡献 47.9% 的 GDP，水资源与经济社会发展不相匹配的现象更加突出。

珠江流域水资源与耕地资源分布也不相匹配。南盘江、左江及郁江干流、红水河、柳江、北盘江、右江等 6 个二级流域耕地面积占流域耕地面积的 60%，但是这些地区分布有桂南左右江盆地、南盘江和北盘江及红水河河谷、滇东南等 3 个降水及水资源低值区，其水资源总量仅占流域水资源总量的 40%，其中南盘江耕地面积最大，降水量及径流深最小，亩均耕地水资源量为 1 055 m^3，水资源与耕地资源不均衡问题十分突出。

4. 水资源随降水呈周期演变，局部地区降雨径流变化加剧

水资源演变是降水、蒸发等气候要素以及地形地貌下垫面条件和人类活动等要素长期综合作用的结果。根据长系列降水、径流、蒸发等资料计算分析，流域降水形成的河川径流，占降水的 53%，是影响流域水资源演变的首要因素。通过点绘选用水文站面平均年降水量与天然年径流量相关图分析，绝大部分水文站相关关系都比较好，相关系数在 0.70 以上，土地利用和城镇化建设等下垫面条件的改变并未对流域水资源演变产生重大改变。

1956—2016年间珠江流域地表径流与降水增减变化基本同步,降水和径流都经历了三段增加期和两段减少期,具有明显的丰、枯交替周期性演变规律。20世纪50—70年代呈增加趋势,70—80年代呈减少趋势,80—90年代再次呈增加趋势,20世纪后期第二次呈减少趋势,21世纪前10年第三次呈增加趋势。因珠江流域东西跨度大,影响降雨、径流因素不同,各二级流域水资源量演变存在一定差异。2000年以来,西部发生了大范围干旱,南盘江、北盘江及右江流域1956—2016年年降水量呈现减少趋势,2001—2016年系列多年平均地表水资源量较同步基准系列多年平均值减少13.8%,水资源变化加剧。

近年来,随着经济和社会的快速发展,河道外引用消耗的水量不断增加,直接造成河川径流量的减少。根据主要的水文控制站分析,西江梧州站、北江石角站、东江博罗站实测径流及天然径流的比较发现,控制站实测径流与天然径流的差异在不断扩大,相对差均接近或超过5.0%,说明随着河道外用水消耗增加,河道内实测径流有逐渐减少趋势。同时,随着大型水库工程建设与运行,水库调蓄增强,也改变了河川的径流分配,人类活动对水资源演变的影响作用不断加大。分析1981—2016年期间相对于1956—1980年期间径流量的变化情况,多数站点1981—2016年非汛期径流量显著大于1956—1980年,约50%的站点变化幅度达到+20%以上;大部分站点汛期与全年径流量的变化幅度介于-20%~+20%;两个时期径流量变化幅度大小呈现出“非汛期>全年>汛期”的特征。2000年以后,随着西江干流大型水电站逐步建成投产,2000—2016年实测径流与天然径流的差异更大,实测径流较天然径流月最大增加幅度,天峨站为24.37%,迁江站为17.40%,武宣站为10.35%,梧州站为10.43%,从上游到下游实测径流较天然径流的改变程度逐步减小。

第三节　水库情况

一、总体情况

珠江水资源丰富,但时空分布不均,洪、涝、旱等自然灾害频繁,流域内部分地区工程性缺水、江河防洪调蓄能力不足、应对自然灾害能力不强,建设水库工程对洪水及径流进行有效调节是兴水利除水害的有效措施。

根据全国第一次水利普查成果,珠江流域建成水库(含水电站水库)工程1.05万座,其中云南省1 534座、贵州省538座、广西壮族自治区3 589座、广东省4 532座、湖南省210座、江西省73座。

按照水库库容规模,珠江流域建有大型水库87座、中型水库489座、小型水库9 900座,具体见表3-7。

按照水库特征库容,珠江流域水库总库容为1 215.61亿m³,调洪库容为334.40亿m³,防洪库容为190.91亿m³,兴利库容为553.11亿m³,死库容为299.65亿m³,具体见表3-8。

表 3-7　珠江流域水库规模情况　　　　　　　　　　单位:座

省(自治区)	数量	按照库容规模		
		大型	中型	小型
云南省	1 534	4	57	1 473
贵州省	538	6	35	497
广西壮族自治区	3 589	54	180	3 355
广东省	4 532	23	206	4 303
湖南省	210	0	5	205
江西省	73	0	6	67
珠江流域	10 476	87	489	9 900

表 3-8　珠江流域水库特征库容

省(自治区)	数量/座	总库容/亿 m³	调洪库容/亿 m³	防洪库容/亿 m³	兴利库容/亿 m³	死库容/亿 m³
云南省	1 534	37.20	10.37	3.72	26.00	5.52
贵州省	538	165.51	33.87	0.30	89.62	49.92
广西壮族自治区	3 589	671.30	189.51	121.78	264.93	173.01
广东省	4 532	336.76	99.13	63.79	169.48	70.69
湖南省	210	2.15	0.66	0.64	1.70	0.14
江西省	73	2.69	0.86	0.68	1.38	0.37
珠江流域	10 476	1 215.61	334.40	190.91	553.11	299.65

按照水库调节性能,珠江流域多年调节水库 928 座,年调节水库 6 048 座,季调节水库 2 105 座,周调节水库 362 座,日调节水库 633 座,无调节水库 400 座,具体见表 3-9。

表 3-9　珠江流域水库调节性能　　　　　　　　　　单位:座

省(自治区)	数量	按照水库调节性能					
		多年调节	年调节	季调节	周调节	日调节	无调节
云南省	1 534	30	1 271	229	1	1	2
贵州省	538	74	327	55	7	35	40
广西壮族自治区	3 589	196	2 653	357	48	180	155
广东省	4 532	626	1 747	1 315	271	379	194
湖南省	210	1	48	138	20	3	0
江西省	73	1	2	11	15	35	9
珠江流域	10 476	928	6 048	2 105	362	633	400

按照水库开发任务,珠江流域以防洪为主的水库有 726 座,以发电为主的水库有 730 座,以供水为主的水库有 389 座,以灌溉为主的水库有 6 037 座,以航运为主的水库有 13 座,以养殖为主的水库有 41 座,以生态、景观等为主的水库有 180 座,综合利用水库有 2 360 座,具体见表 3-10。

珠江流域已经建成的总库容大于 10.0 亿 m³ 的水库有 16 座,总库容达 777.99 亿 m³,兴利库容达 332.49 亿 m³。大(1)型水库基本情况见表 3-11。

表 3-10 珠江流域水库开发任务　　　　　　　单位:座

省(自治区)	数量	按照开发任务							
		防洪	发电	供水	灌溉	航运	养殖	生态、景观	综合利用
云南省	1 534	3	5	84	273	0	1	25	1 143
贵州省	538	23	92	43	368	0	0	6	6
广西壮族自治区	3 589	198	182	22	2 814	4	1	13	355
广东省	4 532	477	432	239	2 403	9	39	136	797
湖南省	210	13	8	1	178	0	0	0	10
江西省	73	12	11	0	0	1	0	0	49
珠江流域	10 476	726	730	389	6 037	13	41	180	2 360

表 3-11 珠江流域大(1)型水库基本情况　　　　　　　单位:亿 m³

序号	水库名称	省(自治区)	地区	所在河流	开发任务	调节性能	总库容	防洪库容	兴利库容
1	天生桥一级	贵州省	黔西南	西江	发电	多年	102.57		57.96
2	龙滩	广西壮族自治区	河池	西江	发电	年	162.1	50.0	111.5
3	岩滩	广西壮族自治区	河池	西江	发电	季	34.3		10.57
4	大藤峡	广西壮族自治区	桂平	西江	防洪	日	34.79	15.0	
5	长洲	广西壮族自治区	梧州	西江	发电、航运	日	56.0		1.3
6	光照	贵州省	黔西南	北盘江	发电、航运	多年	32.45		20.37
7	红花	广西壮族自治区	柳州	柳江	发电	日	30.0		0.29
8	百色	广西壮族自治区	百色	郁江	防洪	多年	56.6	16.4	26.2
9	澄碧河	广西壮族自治区	百色	澄碧河	发电	多年	11.21	4.0	6.0
10	老口	广西壮族自治区	南宁	郁江	防洪	日	25.87	3.6	0.4
11	西津	广西壮族自治区	南宁	郁江	发电	季	30.0		6.0
12	南水	广东省	韶关	南水	防洪、供水	多年	12.8	1.6	7.1
13	飞来峡	广东省	清远	北江	防洪	日	19.04	13.36	3.2
14	枫树坝	广东省	河源	东江	航运、发电	年	19.4	2.2	12.5
15	新丰江	广东省	河源	新丰江	防洪	多年	138.96	22.3	64.9
16	白盆珠	广东省	惠州	西枝江	防洪	多年	11.9	3.0	4.2

二、天生桥一级水电站

天生桥一级水电站位于西江上游的南盘江干流上,坝址以上流域面积为 5.01 万 km²。电站下游约 7.0 km 是天生桥二级水电站的首部枢纽,上游 62 km 是南盘江支流黄泥河鲁布革水电站厂房。

天生桥一级水电站水库总库容为 102.57 亿 m³,兴利库容为 57.96 亿 m³,具有多年调节性能。天生桥一级水电站开发任务是发电,电站装机容量为 120.00 万 kW,保证出力为 40.52 万 kW,多年平均发电量为 52.26 亿 kW·h。

水库由大坝、溢洪道、输水洞、电厂等组成。主坝坝型是混凝土面板堆石坝,坝顶高程为 791.0 m,最大坝高为 178.0 m,坝顶长为 1 104.0 m,坝顶宽度为 12.0 m;溢洪道为岸边开敞式,堰顶高程为 760.0,设 5 扇 13.0 m×20.0 m 闸门,最大泄量为 21 750 m³/s;灌溉发电输水洞进口底高程为 711.5 m,最大泄量为 1 204 m³/s;泄洪洞为圆形隧洞,直径为 9.6 m,进口底高程为 660.0 m,最大泄量为 1 766 m³/s;电站有 4 台机组,单机装机容量为 30 万 kW,年发电量为 52.26 亿 kW·h。电站出线为 1 回 500 kV 直流向华南送电,另有 4 回 220 kV 线路向广西、贵州地区送电。

天生桥一级水电站于 1991 年 6 月正式开工,1994 年底实现截流,1998 年底第一台机组投产发电,2000 年底工程竣工。水库全貌见图 3-1、主要工程特性见表 3-12。

图 3-1　天生桥一级水电站水库全貌

表 3-12　天生桥一级水电站主要工程特性

校核洪水位($P=0.01\%$)/m	789.86	校核洪水流量/(m³/s)	28 500
设计洪水位($P=0.1\%$)/m	782.87	设计洪水流量/(m³/s)	20 900
正常蓄水位/m	780.00	总库容/亿 m³	102.57
汛期限制水位/m	773.10	调洪库容/亿 m³	30.0
死水位/m	731.00	兴利库容/亿 m³	57.96
装机容量/万 kW	120.00	死库容/亿 m³	25.99
多年平均发电量/亿 kW·h	52.26	输水洞最大泄量/(m³/s)	1 204

天生桥一级水电站防洪任务是确保工程自身防洪安全;必要时,与龙滩等水库联合调度,减轻中下游地区防洪压力。汛期5月20日至9月10日防洪限制水位为773.10 m,9月11日起至9月30日可逐步平稳蓄水至正常蓄水位780.0 m。一般情况下水库按773.10 m水位控制运行。当流域中下游发生大洪水时,在确保工程自身安全的前提下,联合调度拦蓄南盘江洪水,减少龙滩水库入库洪水。

天生桥一级水电站发电调度采用发电调度图和水文预报相结合的方式实施调度,水库发电调度图见图3-2。

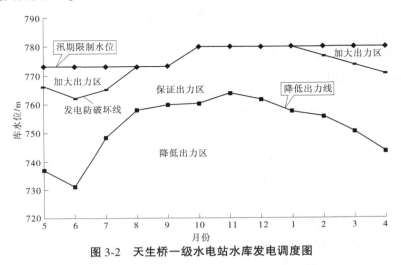

图3-2 天生桥一级水电站水库发电调度图

三、龙滩水电站

龙滩水电站位于西江干流红水河上游段,下距广西壮族自治区天峨县县城16 km,控制流域面积9.85万km²,占西江下游防洪控制断面梧州水文站以上流域面积的32.4%。龙滩水电站是国家实施西部大开发和"西电东送"战略的标志性工程,红水河干流水电梯级开发的大型电站、骨干工程和龙头水库,其开发任务为发电,兼顾防洪、航运、水资源配置等综合利用。

龙滩水电站主体工程于2001年7月1日正式开工,2003年11月6日实现大江截流,2006年9月30日电站成功下闸蓄水,2007年5月第1台机组发电,2009年12月电站近期375 m方案主体工程完工,水库总库容为162.1亿m³,兴利库容为111.5亿m³,防洪库容为50亿m³,汛期防洪限制水位359.3 m,装机容量为7×70万kW,机组最大过机流量为3 500 m³/s。工程运行特性见表3-13。

龙滩水电站水库防洪任务:一是确保工程自身防洪安全;二是承担流域中下游地区防洪任务,对西江中上游洪水进行调控。与大藤峡水利枢纽联合调度,当发生全流域型100年一遇、中下游型50年一遇以下洪水时,控制梧州站流量不超过50 400 m³/s,减轻流域中下游地区防洪压力;与北江飞来峡水库等防洪工程联合调度,保障西北江三角洲防洪安全。水库汛期5月1日至7月15日防洪限制水位为359.3 m,7月16日至8月31日防洪限制水位为366.0 m,9月1日后逐渐回蓄到正常蓄水位。龙滩水电站水库汛期洪水调度

以西江梧州站流量为控制指标,具体调度规则如下:

(1)当梧州涨水时,若梧州流量不大于 25 000 m^3/s,控制水库下泄流量不大于 6 000 m^3/s;否则,控制水库下泄流量不大于 4 000 m^3/s。

(2)当梧州退水时,若梧州流量不小于 42 000 m^3/s,控制水库下泄量不大于 4 000 m^3/s;否则,控制出库流量不大于入库流量。

(3)当水库拦洪期间入库水位达到 375.00 m 时,水库加大泄量,控制出库流量不大于入库流量,确保库水位不超过 381.84 m。

(4)当入库洪水开始消退后,相机控泄洪水,视下游洪水和工程情况,尽快将库水位降至防洪限制水位。

龙滩水电站发电调度采用发电调度图和水文预报相结合的方式实施调度。龙滩水电站水库发电调度图见图 3-3。

表 3-13　龙滩水电站运行特性

项目	名称	单位	指标	
			近期(375 m)	远期(400 m)
水文	流域面积	km^2	138 340	
	坝址以上面积	km^2	98 500	
	多年平均流量	m^3/s	1 610	
	设计洪水流量($P=0.2\%$)	m^3/s	27 600	
	校核洪水流量($P=0.01\%$)	m^3/s	35 500	
水库	校核洪水位	m	381.84	404.74
	设计洪水位	m	377.26	400.93
	防洪限制水位	m	359.3	385.40
	死水位	m	330	340
	正常蓄水位水库面积	km^2	360	535
	干流回水长度($P=5\%$)	km	220	250
	总库容(正常高水位以下)	亿 m^3	162.1	272.7
	防洪库容	亿 m^3	50	70.0
	死库容	亿 m^3	50.6	67.4
	库容系数		0.219	0.404
	调节特性		年	多年
工程效益	电站总装机	万 kW	490	630
	保证出力	万 kW	123.4	168
	多年平均发电量	亿 kW·h	156.7	188.5
	下游防洪标准提高到	年一遇	40	50
	改善上游航道	km	216	286
	其他		水产养殖等	

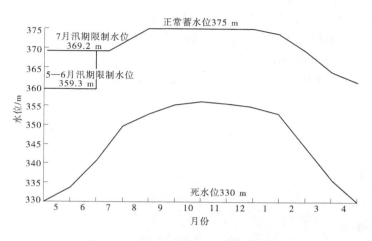

图 3-3　龙滩水电站水库发电调度图

四、岩滩水电站

岩滩水电站位于红水河中游,是红水河梯级开发中的第五级水电站,坝址位于广西壮族自治区大化县盘阳河口下游 8.0 km 处,距离上游龙滩水电站 166 km,坝址集水面积 10.67 万 km²,占红水河流域总面积的 81.4%。

岩滩水电站水库坝址多年平均流量为 1 690 m³/s,多年平均径流量为 559 亿 m³。水库总库容为 34.30 亿 m³,坝顶高程为 233.0 m。岩滩水库具有不完全年调节性能,水库正常蓄水位为 223.0 m,相应库容为 26.12 亿 m³。

岩滩水电站开发任务为发电,装机容量为 181 万 kW。在上游梯级未建成之前,水库死水位为 204.0 m;龙滩水电站建成后,水库死水位为 219.0 m,保证出力为 62.2 万 kW,多年平均发电量为 82.68 亿 kW·h。岩滩水电站水库主要工程特性见表 3-14。

表 3-14　岩滩水电站水库主要工程特性

校核洪水位($P=0.02\%$)/m	229.2	校核洪水流量/(m³/s)	34 800
设计洪水位($P=0.1\%$)/m	227.2	设计洪水流量/(m³/s)	30 500
正常蓄水位/m	223.0	总库容/亿 m³	34.30
汛期限制水位/m	219.0	正常蓄水位库容/亿 m³	26.12
死水位/m	204/212/219	兴利库容/亿 m³	15.72/10.57/4.32
死库容/亿 m³	10.38/15.53/21.2	多年平均发电量/亿 kW·h	82.68
装机容量/万 kW	181	最大过机流量/(m³/s)	3 445

枢纽主要建筑物由拦河坝、发电厂房、开关站和垂直升船机等组成,呈一列式布置,坝顶总长 525.0 m,最大坝高 110.0 m。泄洪建筑物设于河床中部,设有 7 个溢流表孔、1 个泄水孔、2 个冲沙孔。厂房设于右岸坝后,沿机组中心线长 200.0 m,宽 60.0 m,高 72.56

m。开关站位于右岸厂坝间的坝坡上,垂直升船机为 1×250 t 级(其中上航道、中间通航渠道按通过 500 t 级),布置在溢流坝左侧,通航建筑物由上下游引航道、挡水坝段、中间渠道、上下闸首、升船机主体和上下游编队码头等组成,自上游引航道进口至下游引航道出口,通航中心线全长 905 m,年运输能力为 180 万 t。电站装机 6 台,其中 4 台单机容量为 30.25 万 kW,2 台单机容量为 30 万 kW,总装机容量为 181 万 kW。岩滩水电站水库全貌见图 3-4。

图 3-4　岩滩水电站水库全貌

岩滩水电站水库的防洪任务是确保工程自身防洪安全。当流域中下游发生洪水时,配合龙滩水库拦洪削峰,错柳江洪峰,尽可能减轻下游防洪压力。汛期 5 月 1 日至 9 月 30 日防洪限制水位为 219.0 m。汛期调度过程中,当岩滩水库不需要为下游防洪调度时,视雨水情、工程运行状况和防洪形势,经水行政主管部门同意后,在确保防洪安全的前提下可适时调整岩滩水库汛期运行水位。

岩滩水电站发电调度采用调度图调度,枯水期前段(11 月至次年 2 月)水库水位运行一般在正常蓄水位 223.0 m,按天然流量安排负荷,增加不蓄电能,以后各月随着天然流量逐渐减少,则需要动用水库水量增加电站出力。

五、大藤峡水利枢纽

(一)基本情况

大藤峡水利枢纽位于西江中游黔江段,上游为西江干流的桥巩水电站,下游为长洲水利枢纽,坝址控制流域面积 19.86 万 km²,占西江流域面积的 56%。工程开发任务为防洪、航运、发电、水资源配置、灌溉等综合利用。水库正常蓄水位为 61.0 m,汛期限制水位为 47.6 m,死水位为 47.6 m,汛期 5 年一遇洪水临时降低水位至 44.0 m。水库总库容为 34.79 亿 m³,防洪库容为 15.00 亿 m³,防洪库容完全设置于正常蓄水位以下。船闸规模为 3 000 t 级。电站总装机容量为 160 万 kW,8 台机组,多年平均发电量为 60.55 亿 kW·h,保证出力为 36.69 万 kW。

工程规模为 Ⅰ 等大(1)型工程。枢纽建筑物主要包括泄水、发电、通航、挡水、灌溉取水及过鱼建筑物等,挡水建筑物由黔江主坝、黔江副坝、南木江副坝组成。泄水、发电、通航建筑物布置在黔江主坝上,鱼道分别布置在黔江主坝和南木江副坝上。灌溉取水口及生态放流设施布置在南木江副坝上。

黔江拦河主坝坝顶长 1 243.06 m,坝顶高程为 64.00 m,最大坝高为 81.51 m,从右至左依次为右岸挡水坝段、右岸厂房、泄水闸、左岸厂房、船闸坝段及其事故门门库坝段。河床式厂房分左、右两岸布置在泄水闸两侧,共 8 台机组,右侧布置 5 台机组,左侧布置 3 台机组。26 孔泄水闸布置在主河床中部,泄水闸共设 2 个高孔和 24 个低孔。

(二)防洪调度

大藤峡水利枢纽防洪任务为在确保工程自身防洪安全的前提下,与龙滩等骨干水库联合调度,当发生全流域型 100 年一遇、中下游型 50 年一遇以下洪水时,控制梧州站流量不超过 50 400 m³/s,减轻流域中下游地区防洪压力;与北江飞来峡水库等防洪工程联合调度,保障西、北江三角洲防洪安全。汛期 5 月 1—31 日防洪限制水位为 59.60 m,6 月 1 日至 8 月 31 日防洪限制水位为 47.60 m,9 月 1—30 日防洪限制水位为 59.60 m。当预报 24 h 后迁江、柳州、对亭三站合成流量大于 20 000 m³/s 或武宣站流量大于 20 000 m³/s 时,逐步加大泄量降低运行水位至 44.00 m,后续西江洪水持续上涨时,水库防洪调度方式如下。

1. 起调条件

当西江洪水处于上涨,满足以下情况之一时,水库即开始拦蓄洪水:

(1)梧州站流量大于 46 900 m³/s 或坝址流量大于 39 300 m³/s。

(2)梧州站流量大于或等于 44 900 m³/s,同时流量前 12 h 上涨大于或等于 2 300 m³/s。

(3)梧州站流量大于或等于 42 000 m³/s,同时大湟江口站流量前 24 h 上涨大于或等于 6 500 m³/s。

(4)梧州站流量大于或等于 41 000 m³/s,同时大湟江口站流量大于或等于 39 300 m³/s,且前 24 h 上涨大于或等于 6 000 m³/s。

2. 控泄要求

若龙滩水库前 3 d 动用防洪库容在 10 亿 m³ 以上时,大藤峡水库按入库流量减少 3 500 m³/s 下泄;当水库水位达到 61.0 m,或水库水位达到 57.6 m,且坝址流量小于 43 500 m³/s、大湟江口站流量小于 44 600 m³/s、梧州站流量小于 48 500 m³/s 时,按入库流量下泄。

若龙滩水库前 3 d 动用防洪库容在 10 亿 m³ 以下时,7 月 31 日前大藤峡水库按入库流量减少 6 000 m³/s 下泄,8 月 1 日后大藤峡水库按照入库流量减少 3 500 m³/s 下泄;当水库水位达到 61.0 m,或水库水位达到 57.6 m,且坝址流量小于 43 500 m³/s、大湟江口站流量小于 44 600 m³/s、梧州站流量小于 48 500 m³/s 时,按入库流量下泄。

当遇小频率洪水,入库洪水流量大于正常蓄水位 61.0 m 相应的泄洪能力时,水库按泄流能力泄流。

3. 腾空条件

当洪水处于退水状态,水库水位位于正常蓄水位 61 m 以上时,水库按泄流能力泄流。

当洪水处于退水状态,水库水位位于正常蓄水位 61 m 或以下时,当梧州站前 12 h 流量小于或等于 44 900 m³/s 且大湟江口站前 12 h 流量小于或等于 36 900 m³/s 时,水库按入库流量增加 3 500 m³/s 下泄,腾空库容至 47.6 m。

(三) 航运调度

大藤峡水库在航运调度上,要求控制最小连续流量不小于 700 m³/s。同时,要求在航运保证率以内的防洪和发电运行,必须满足航运对水位变率要求。

(四) 发电调度

为控制水库淹没范围,发电调度采用水库上游红水河迁江站、柳江的柳州站和洛清江的对亭站三站的实测流量之和作为判据进行水库动态调度。汛期 6—8 月维持库水位在汛期限制水位 47.6 m 运行,当入库流量大于 20 000 m³/s 时,水库进行防洪调度,水位可降至防洪运用最大水位 44.0 m;5 月、9 月按流量分级控制坝前水位方式运行,允许最高水位为 59.6 m;10 月至次年 3 月按流量分级控制坝前水位方式运行,运行最高水位达到正常蓄水位 61.0 m,4 月运行最高水位为 59.6 m。同时,4—7 月,当入库流量大于 3 000 m³/s 时电站不参与调峰,鱼类产卵期流域来水偏枯无明显洪水时,开展水库人造洪峰调度。大藤峡水电站具有日调节性能,除按照水流出力发电外,也可适当承担广西电网的调峰和备用任务。但在调峰运行或启用备用容量时,应满足下游航运对水位变率的要求。

具体发电调度规则见表 3-15 ~ 表 3-18。

表 3-15　汛期 6—8 月发电调度规则

三站合成入库流量 $Q_{三站}$/(m³/s)	当前库水位 $Z_{库}$/m	水库下泄流量 $Q_{泄}$/(m³/s)	要求达到水库水位 $Z_{库}$/m	备注
$Q_{三站} \leq 20\ 000$	$Z_{库} = 47.6$	$Q_{泄} = Q_{坝}$	47.6	
$Q_{三站} \leq 20\ 000$	$Z_{库} < 47.6$	$Q_{泄(i-1\,h)} - 300$	47.6	回蓄
$Q_{三站} > 20\ 000$		$Q_{泄(i-1\,h)} + 1\ 000$	44.0	停发降水位控淹

表 3-16　汛期 5 月、9 月发电调度规则

三站合成入库流量 $Q_{三站}$/(m³/s)	当前库水位 $Z_{库}$/m	水库下泄流量 $Q_{泄}$/(m³/s)		要求达到水库水位 $Z_{库}$/m	备注
		腾空	回蓄		
$Q_{三站} \leq 5\ 000$	$Z_{库} = 59.6$	$Q_{泄} = Q_{坝}$		59.6	5 月、9 月发电最高水位
	$Z_{库} < 59.6$		$Q_{泄(i-1\,h)} - 300$		
$5\ 000 < Q_{三站} \leq 14\ 000$	$53.6 < Z_{库} \leq 59.6$	$Q_{泄(i-1\,h)} + 1\ 000$		53.6	
	$47.6 \leq Z_{库} < 53.6$		$Q_{泄(i-1\,h)} - 300$		
$14\ 000 < Q_{三站} \leq 20\ 000$	$47.6 < Z_{库} \leq 53.6$	$Q_{泄(i-1\,h)} + 1\ 000$		47.6	
	$44.0 \leq Z_{库} < 47.6$		$Q_{泄(i-1\,h)} - 300$		
$Q_{三站} > 20\ 000$		$Q_{泄(i-1\,h)} + 1\ 000$		44.0	停发降水位控淹

表 3-17　非汛期 10 月至次年 3 月发电调度规则

三站合成入库流量 $Q_{三站}/(\text{m}^3/\text{s})$	当前库水位 $Z_{库}/\text{m}$	水库下泄流量 $Q_{泄}/(\text{m}^3/\text{s})$		要求达到水库水位 $Z_{库}/\text{m}$	备注
		腾空	回蓄		
$Q_{三站}\leqslant 4\ 500$	$Z_{库}=61.0$	$Q_{泄}=Q_{坝}$		61.0	发电最高水位
	$Z_{库}<61.0$		$Q_{泄(i-1\,h)}-600$		
$4\ 500<Q_{三站}\leqslant 6\ 000$	$59.6<Z_{库}\leqslant 61.0$	$Q_{泄(i-1\,h)}+1\ 000$		59.6	水位和流量动态平衡
	$57.6\leqslant Z_{库}<59.6$		$Q_{泄(i-1\,h)}-600$		
$6\ 000<Q_{三站}\leqslant 8\ 000$	$57.6<Z_{库}\leqslant 59.6$	$Q_{泄(i-1\,h)}+1\ 000$		57.6	
	$54.6\leqslant Z_{库}<57.6$		$Q_{泄(i-1\,h)}-600$		
$8\ 000<Q_{三站}\leqslant 11\ 000$		$Q_{泄(i-1\,h)}+1\ 000$		54.6	
$Q_{三站}>11\ 000$		$Q_{泄(i-1\,h)}+1\ 000$		47.6	

表 3-18　非汛期 4 月发电调度规则

三站合成入库流量 $Q_{三站}/(\text{m}^3/\text{s})$	当前库水位 $Z_{库}/\text{m}$	水库下泄流量 $Q_{泄}/(\text{m}^3/\text{s})$		要求达到水库水位 $Z_{库}/\text{m}$	备注
		腾空	回蓄		
$Q_{三站}\leqslant 6\ 000$	$Z_{库}=59.6$	$Q_{泄}=Q_{坝}$		59.6	发电最高水位
	$Z_{库}<59.6$		$Q_{泄(i-1\,h)}-600$		
$6\ 000<Q_{三站}\leqslant 8\ 000$	$57.6<Z_{库}\leqslant 59.6$	$Q_{泄(i-1\,h)}+1\ 000$		57.6	水位和流量动态平衡
	$54.6<Z_{库}\leqslant 57.6$		$Q_{泄(i-1\,h)}-600$		
$Q_{三站}<8\ 000$		$Q_{泄(i-1\,h)}+1\ 000$		54.6	

注：(1)腾空过程中最大下泄流量不超过多年平均流量 26 900 m^3/s。

(2)$Q_{三站}$指迁江、柳州、对亭三站实测流量。

(3)$Q_{泄(i-1\,h)}$指坝址当前流量。

(4)$Z_{库}$指水库水位。

(五)水资源调度

大藤峡水利枢纽水资源配置调度是在每年的 10 月至翌年 2 月的枯水季节,由黔江武宣、郁江贵港、北流河金鸡、桂江京南、蒙江太平测报西江梧州站流量,由大藤峡水库按照梧州站流量达到 2 100/1 800 m^3/s 时进行补水调度。

(1)若在各月(阴历月)的二十八至次月初四和十二至十八需要压咸时段,五站测报的梧州站流量小于压咸流量 2 100 m^3/s,大腾峡加大泄量以满足梧州站压咸流量的要求;若五站测报梧州站流量大于 2 100 m^3/s,且大藤峡水位低于正常蓄水位 61.0 m 时,大藤峡水库在满足梧州站流量大于 2 100 m^3/s 的前提下减小下泄流量,水库回蓄,但下泄流量不小于航运基流 700 m^3/s。

(2)若在每个月(阴历月)非压咸时段内,五站测报梧州站流量小于 1 800 m^3/s,大藤峡加大泄量满足梧州站生态流量要求;若五站测报梧州站流量大于 1 800 m³/s,且大藤峡水位低于正常蓄水位 61.0 m 时,大藤峡水库在满足梧州站流量大于 1 800 m³/s 的前提下减小下泄流量,水库回蓄,但下泄流量不小于航运基流 700 m³/s。

大腾峡水资源配置调度规则见表 3-19。

表 3-19　大腾峡水资源配置调度规则

时段	测报梧州站流量	水库水位/m	大藤峡调度规则
压咸时段	$Q \geq 2\,100$ m³/s	$Z = 61.0$	发电调度
		$47.6 \leq Z_库 < 61.0$	在满足梧州站流量 2 100 m³/s 前提下减少下泄量,水库回蓄,下泄流量不小于航运基流 700 m³/s
	$Q < 2\,100$ m³/s	$47.6 \leq Z_库 \leq 61.0$	加大泄量,满足梧州站 2 100 m³/s 压咸流量要求
非压咸时段	$Q \geq 1\,800$ m³/s	$Z_库 = 61.0$	发电调度
		$47.6 \leq Z_库 < 61.0$	在满足梧州站流量 1 800 m³/s 前提下减少下泄流量,水库回蓄,下泄流量不小于航运基流 700 m³/s
	$Q < 1\,800$ m³/s	$47.6 \leq Z_库 \leq 61.0$	加大泄量,满足梧州 1 800 m³/s 压咸流量要求

注:压咸时段为各月(阴历月)的二十八至次月初四和十二至十八;各月(阴历月)除压咸时段外的其他时间为非压咸时段。

六、长洲水利枢纽工程

长洲水利枢纽工程位于西江干流浔江下游河段,距离下游梧州市 12 km,是西江下游河段广西境内最后一个规划梯级。工程开发任务以发电和航运为主,兼有提水灌溉、水产养殖、旅游等综合利用。水库坝址集水面积为 30.86 万 km²,占西江流域面积的 87.4%,多年平均流量为 6 120 m³/s,多年平均径流量为 1 930 亿 m³;混凝土重力坝按 1 000 年一遇设计洪水(57 700 m³/s)校核,校核洪水位为 30.88 m,土石坝按 2 000 年一遇设计洪水(60 300 m³/s)校核,校核洪水位为 31.68 m,总库容为 56.0 亿 m³。水库正常蓄水位为 20.6 m,相应的水库库容为 18.6 亿 m³;汛期运行水位为 18.6 m,相应的水库库容为 15.2 亿 m³;死水位为 18.6 m,死库容为 15.2 亿 m³。电站非汛期具有日调节特性,汛期为径流式电站,无调节性能。

长洲水利枢纽水库大坝坝顶高程为 34.4 m,外江、中江和内江分别设 16 孔、15 孔、12 孔泄水闸,孔口净宽 15.45～16.0 m,堰顶高程为 4.0 m,最大泄流量为 57 700 m³/s。工程主要特性见表 3-20。

表 3-20 长洲水利枢纽工程主要特性

校核洪水位(P= 0.1%/0.05%)/m	30.88/31.68	校核洪水流量/(m³/s)	57 700/60 300
设计洪水位(P=1%)/m	28.21	设计洪水流量/(m³/s)	48 700
正常蓄水位/m	20.6	总库容/亿 m³	56.0
汛期限制水位/m	18.6	调洪库容/亿 m³	40.8
死水位/m	18.6	调节库容/亿 m³	1.33
装机容量/万 kW	63	死库容/亿 m³	15.2
多年平均发电量/亿 kW·h	30.15/30.97	机组过机流量/(m³/s)	7 980

注:校核洪水标准为"混凝土坝/土石坝(P=0.1%/0.05%)",多年平均发电量按龙滩水库 375 m/400 m 计。

长洲水利枢纽于 2003 年 12 月 27 日正式开工建设,2007 年 5 月双线船闸通航,2007 年上半年建成首批机组发电,2009 年 10 月 15 台机组全部投运,2009 年底工程主体工程全面竣工,2010 年 11 月通过中国电力投资集团公司达标投产竣工考核验收。

水库运行的基本原则如下:

(1)非汛期 1—4 月、11—12 月水库水位控制在 20.6 m。

当入库流量大于 11 800 m³/s 时,应通过机组和泄水闸提前将水库水位预泄至 18.6 m;当入库流量大于 16 300 m³/s 时,水库水位不超 18.6 m,机组停止发电,入库流量通过闸门下泄,直至全部闸门敞泄,此后坝址河道恢复天然状态。

(2)汛期 5—10 月水库水位控制在 18.6 m。

当入库流量大于 16 300 m³/s 且小于 21 000 m³/s 时,电站停止发电,在不影响下游航运及防洪安全的前提下,入库流量全部通过泄洪闸控制渐进下泄,直至水库水位基本恢复到天然状态。

当入库流量大于 21 000 m³/s 时,43 孔泄水闸全部敞开泄洪,水库水位基本恢复到天然状态。

(3)由于水情预报和水库调度存在误差,同时为降低闸门操作频率,在水库水位控制中允许一定程度的水位波动,波动控制范围为±20 cm。

七、光照水电站

光照水电站位于贵州省关岭县与晴隆县交界的北盘江干流中游光照河段,是北盘江上最大的水电梯级,下距南盘江汇合口 188 km。电站以发电为主,结合航运,兼顾灌溉、供水及其他综合利用。坝址集水面积为 1.35 万 km²,多年平均流量为 257 m³/s,多年平均径流量为 81.1 亿 m³,调节库容为 20.37 亿 m³,库容系数为 0.251,为不完全多年调节水库。光照水电站于 2003 年 5 月开工,2007 年 12 月下闸蓄水。工程主要特性见表 3-21。

光照水电站水库防洪任务是确保工程自身防洪安全。必要时,与龙滩等水库联合调度,减轻流域中下游地区防洪压力。汛期 5 月 1 日至 10 月 31 日防洪限制水位为 745.00 m。一般情况下水库按照 745.00 m 控制运行。当流域中下游发生大洪水时,在确保工程自身安全的前提下,联合调度拦蓄北盘江洪水,减少龙滩水库入库洪水。

表 3-21 光照水电站工程主要特性

校核洪水位(P=0.02%)/m	747.07	校核洪水流量/(m³/s)	11 900
设计洪水位(P=0.1%)/m	746.38	设计洪水流量/(m³/s)	10 400
正常蓄水位/m	745.0	总库容/亿 m³	32.45
死水位/m	691.0	调节库容/亿 m³	20.37
装机容量/万 kW	104	死库容/亿 m³	10.98
多年平均发电量/亿 kW·h	27.54	输水隧洞最大泄量/(m³/s)	1 320

光照水电站发电调度采用发电调度图和水文预报相结合的方式实施调度。光照水电站水库发电调度见表 3-22。

表 3-22 光照水电站水库发电调度 单位:m

月份	4	5	6	7	8	9
降低出力线	703.48	691.21	69.0	692.32	693.54	717.61
加大出力线	728.12	720.26	710.5	735.81	743.69	745
汛限水位线	745.0	745.00	745.0	745.0	745.0	745.0
月份	10	11	12	1	2	3
降低出力线	729.89	732.5	731.75	726.98	720.58	712.7
加大出力线	745.0	745.0	745.0	744.61	739.62	734.5
汛限水位线	745.0	745.0	745.0	745.0	745.0	745.0

八、红花水利枢纽

红花水利枢纽位于柳江下游河段红花村,上距柳州市 25 km,是柳江干流梯级水电站中的最后一级。电站开发任务以发电、航运为主,兼顾灌溉、旅游、养殖的综合利用。电站控制流域面积 4.68 万 km²,多年平均流量为 1 260 m³/s,调节库容为 0.29 亿 m³,库容系数为 0.01,为日调节水库。红花水电站工程于 2003 年 10 月开工,2005 年 10 月下闸蓄水。工程主要特性见表 3-23。

表 3-23 红花水电站水库工程主要特性

校核洪水位(P=0.05%)/m	92.92	校核洪水流量/(m³/s)	44 800
设计洪水位(P=0.1%)/m	91.43	设计洪水流量/(m³/s)	32 700
正常蓄水位/m	77.5	总库容/亿 m³	30.0
装机容量/万 kW	23	正常蓄水位以下库容/亿 m³	5.70
多年平均发电量/亿 kW·h	9.02	调节库容/亿 m³	0.29

红花水利枢纽水库防洪任务是确保工程自身防洪安全。流域水库群联合防洪调度期间,服从联合防洪调度要求。汛期4月1日至9月30日防洪限制水位为77.50 m。当流域发生洪水时,及时预泄,减轻库区柳州市城区防洪压力。红花水利枢纽水库仅具有日调节性能,发电调度依据入库流量进行,水库发电调度规则见表3-24。

表3-24　红花水电站水库发电调度规则

入库流量/(m³/s)	调度措施
$Q_{入库} \leqslant 2\,000$	通过机组负荷调节使坝前水位控制在正常蓄水位77.5 m运行(如机组出力受阻,则通过泄水闸控泄)
$2\,000 < Q_{入库} \leqslant 4\,800$	通过机组负荷引用流量及泄水闸调控保持坝前水位在77.5~75.5 m
$4\,800 < Q_{入库} \leqslant 9\,000$	通过机组发电引流和泄水闸弃水调控,维持坝前水位在75.5~72.5 m
$Q_{入库} > 9\,000$	电站所有机组停止发电,泄水闸敞泄,河道恢复天然状态

九、百色水利枢纽工程

百色水利枢纽位于郁江上游的右江上,下距广西壮族自治区百色市22 km,坝址以上集水面积为1.96万 km²,占郁江南宁以上集水面积(7.27万 km²)的27.0%,能较好地控制右江洪水。

百色水利枢纽以防洪为主,结合发电、航运,兼有灌溉、供水等效益,水库总库容为56.6亿 m³,兴利库容为26.2亿 m³,防洪库容为16.4亿 m³,汛期防洪限制水位为214 m,正常蓄水位为228 m,电站装机容量为54.0万 kW,多年平均发电量为16.90亿 kW·h。枢纽是郁江中下游防洪工程体系的重要组成部分,重点保护对象是南宁市,右江沿岸的百色、田阳、田东、平果、隆安及郁江的贵港等市、县也相应受益。百色水利枢纽与下游防洪堤联合运用,可使南宁市和贵港市的防洪标准由50年一遇提高到近100年一遇,右江沿岸各市、县的城区防洪标准可由20年一遇提高到50年一遇。

百色水利枢纽主体工程于2001年10月开工,2005年8月水库下闸蓄水,2006年7月首台机组发电,2006年10月竣工。

枢纽工程由碾压混凝土重力坝、2座副坝、4孔溢洪道、发电洞、泄洪洞、电站等组成。主坝坝顶高程为234.0 m,大坝高130.0 m;银屯副坝大坝高39.0 m,香屯副坝大坝高26.0 m;溢洪道大泄量为11 542 m³/s;发电洞为压力隧洞,管径为6.5 m,大泄量为684 m³/s;泄洪洞3孔,尺寸为4.0 m×7.0 m,大泄量为1 847 m³/s。百色水利枢纽工程特性见表3-25。

表 3-25 百色水利枢纽工程特性

项目	单位	指标
所在河流		右江
建设地点		广西百色市
控制流域面积	km²	19 600
多年平均流量	m³/s	263
开发方式		坝后式
正常蓄水位	m	228.0
死水位	m	203.0
总库容	亿 m³	56.6
正常蓄水位以下库容	亿 m³	48.0
兴利库容	亿 m³	26.2
调节性能		不完全多年调节 $\beta = 0.316$
利用落差(最大水头/最小水头)	m	107.6/79(初期运行为 71 m)
装机容量	万 kW	54.0
保证出力	万 kW	最大出力 58.0,枯水期保证出力 12.3
年发电量	亿 kW·h	17.01
发电引用流量	m³/s	173
综合利用		以防洪为主,兼有发电、灌溉、航运、供水
坝型		碾压混凝土重力坝
最大坝(闸)高	m	130
引水道(洞)长	m	最短 195.5,最长 266.8

枯季百色电站的发电调度在保证工程防洪任务的前提下,由广西主网调度中心统一调度。在供水期(12 月至次年 4 月)电站尽量发电,以增加系统及下游梯级枯水电能。百色电站是广西主网的主要调峰电站之一,根据主网负荷情况,主网调度中心应在满足水库防洪要求的前提下,充分利用百色电站对径流式电站的补偿作用,优化电站群的发电调度方式,充分发挥百色电站的调峰补偿效益。根据航运的要求,百色水库日平均最小下泄流量为 100 m³/s,与澄碧河水库、那吉反调节水库联合运行,使那吉水库下泄保证流量 140 m³/s。百色水利枢纽水库调度图见图 3-5。

百色水利枢纽水库防洪任务为确保工程自身防洪安全;承担南宁市防洪任务,对右江洪水进行调控,通过拦洪、削峰、错峰,与老口水库配合将南宁市城区防洪标准由 50 年一遇提高到 200 年一遇,兼顾减轻右江、郁江中下游城镇洪水灾害。汛期 5 月 20 日至 8 月 31 日防洪限制水位为 214.00 m,9 月 1—30 日水库可逐步平稳回蓄至 228.00 m。百色水库以崇左站、南宁站流量为控制指标进行调度。

(1)当南宁站或崇左站涨水、崇左站流量不大于 6 000 m³/s 时,控制水库下泄流量不

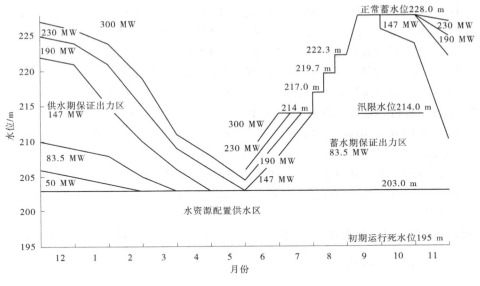

图 3-5 百色水利枢纽水库调度图

大于 3 000 m³/s。

（2）当南宁站或崇左站涨水、崇左站流量大于 6 000 m³/s 时,控制水库下泄流量不大于 2 000 m³/s,若崇左站或南宁站水势上涨迅猛,按下述规定控泄:

①崇左站前 12 h 涨率大于 1 000 m³/s 时,控制水库下泄流量不大于 1 000 m³/s。

②崇左站前 12 h 涨率大于 2 000 m³/s 且南宁站流量大于 13 900 m³/s 时,控制水库下泄流量不大于 500 m³/s。

③崇左站前 12 h 涨率大于 3 000 m³/s 或南宁站前 24 h 涨率大于 2 500 m³/s,且崇左站流量大于 7 800 m³/s 时,控制水库下泄流量不大于 100 m³/s。

（3）当南宁站和崇左站退水时,按下述规定控泄。

①崇左站流量不小于 7 800 m³/s 时,控制水库下泄流量不大于 1 500 m³/s。

②崇左站流量小于 7 800 m³/s,但南宁站流量大于 12 000 m³/s 时,控制水库下泄流量不大于 2 300 m³/s。

③崇左站流量小于 7 800 m³/s 且南宁站流量不大于 12 000 m³/s 时,控制水库下泄流量不大于 3 000 m³/s。

（4）水库拦洪期间如水库水位达到 228.00 m 时,水库加大泄量保坝,控制出库流量不大于入库流量,确保库水位不超过 231.49 m。

（5）当入库洪水开始消退时,相机控泄洪水,视下游洪水和工程情况,尽快将库水位降至防洪限制水位。

十、澄碧河水库

澄碧河水库位于广西壮族自治区百色市右江支流澄碧河下游,坝址距广西百色市 7 km,坝址控制集水面积 2 000 km²,多年平均来水量为 12.0 亿 m³。

澄碧河水库是一座以发电为主,兼顾供水、防洪的大型水库。水库校核洪水标准10 000年一遇,校核洪水位为189.35 m,设计洪水标准为1 000年一遇,设计洪水位为188.78 m,总库容为11.21亿m³;正常蓄水位为185.00 m,死水位为167.0 m,死库容为3.4亿m³,兴利库容为6.0亿m³,正常蓄水位相应水面面积为38.82 km²。

澄碧河水库大坝坝高70.4 m,坝顶高程为190.4 m,坝顶宽6.0 m,坝顶长425.0 m。坝顶设置防浪墙,墙顶高程为194.8 m。电站为坝后式,安装4台单机7 500 kW的水轮发电机组,电站总装机容量为3.0万kW,多年平均发电量为1.237 kW·h。水库溢洪道位于大坝北面约7 km的山坳上,堰顶高程为176.0 m,溢流段设4孔弧形钢闸门,尺寸为12 m×9.2 m。

澄碧河水库于1958年9月开工,1961年10月基本建成大坝和溢洪道等主体工程,1964年11月水电站开工,1966年3月首台机组发电,1972年6月进行防渗处理,2020年完成除险加固。

澄碧河水库库容系数为0.5,具有多年调节性能,水库发电调度按调度图调度。

十一、老口航运枢纽

老口航运枢纽工程坝址位于左、右江汇合口下游4.7 km处的邕江上游段,上距右江金鸡滩坝址121 km,距左江山秀坝址84 km,下游距南宁市区约34.1 km,控制集水面积7.23万km²,占邕江南宁以上集水面积的99.5%。工程为防洪、发电、航运并重的综合利用枢纽,主要建筑物有拦河坝、船闸、水电站和航道整治及相应配套设施,工程于2011年开始施工,2015年12月竣工。

老口水库总库容为25.87亿m³,设置防洪库容为3.6亿m³,正常蓄水位为75.5 m,死水位为75.5 m,利用水库壅高水头发电,安装发电机组17万kW(5×3.4万kW),多年平均发电量为6.63亿kW·h;船闸通航标准为2×1 000 t级顶推船队,库区航道通航标准为内河Ⅲ级,代表船型为2排1列式一顶2×1 000 t级船队及1 000 t级货船。

老口水利枢纽防洪任务是确保工程自身防洪安全;承担南宁市防洪任务,与百色水库及堤防工程联合运用,将南宁市城区的防洪标准提高到200年一遇。汛期4月1日至9月30日防洪限制水位为75.5 m。当老口入库流量超过18 400 m³/s时,按18 400 m³/s控泄运行;当水库坝前水位达到84.2 m(防洪高水位)时,水库敞泄。老口枢纽调节库容为0.33亿m³,为径流式电站,仅具有日调节性能,发电运行按来水进行调度。

十二、西津水利枢纽

西津水利枢纽位于郁江下游,上距老口航运枢纽198 km、距广西南宁市100 km,是一座以发电为主,兼顾航运、灌溉的综合利用工程。电站控制流域面积8.09万km²,多年平均流量为1 410 m³/s,枢纽主要建筑物有拦河坝、船闸、厂房、开关站等。该电站于1958年开工建设,1961年4月开始蓄水,1964年10月第1台机组正式并网发电,装机容量为23.44万kW,设计年发电量为10.93亿kW·h。电站原设计正常蓄水位为63.6 m,相应库容为14.0亿m³;校核洪水位(P=0.1%)为69.3 m,相应库容为30.0亿m³;设计死水位为59.6 m,相应库容为8.0亿m³,调节库容为6.0亿m³。水库运行至今因库区淹没和人口搬迁等问题,水库从未蓄水至正常蓄水位,后经广西壮族自治区人民政府批准(广西壮族自治区人民政府办公厅《关于西津水电站坝前最低水位控制问题的批复》桂政办函〔1989〕390号),水库正常蓄水位汛期控制在 61.6 m,非汛期控制在 62.1 m,死水位为 57.6 m,电站运行于 57.6~62.1 m,相应调节库容为 4.48 亿 m³,机组最大过机流量为 1 960 m³/s。

西津水库防洪任务是确保工程自身防洪安全。必要时,与百色等水库联合调度,减轻下游贵港等地区防洪压力。汛期 4 月 1 日至 9 月 30 日防洪限制水位为 61.50 m。当流域中下游发生大洪水时,在确保工程自身安全的前提下,与百色、老口等水库联合调度,尽可能减轻下游防洪压力。

西津水利枢纽水电站为低水头河床式径流电站,库容系数为 1.29%,仅枯水期具备季调节性能,电站最大水头为 21.7 m,安装 2 台 5.72 万 kW、2 台 6.0 万 kW 的水轮发电机组,总装机容量为 23.44 万 kW,保证出力 4.65 万 kW,设计年发电量为 10.9 亿 kW·h,多年平均发电量为 9.5 亿 kW·h,年利用 4 770 h。水电站发电调度按来水进行。

十三、南水水库

南水水库位于广东省乳源县北江水系南水河上游,是广东省第二大人工湖。水库坝址上游主要有南水、龙溪水 2 条支流汇合,坝址以上流域面积为 608 km²,多年平均入库流量为 29.5 m³/s。水库是以防洪、供水为主,结合发电、灌溉等综合利用的水利枢纽工程。

南水水库由黏土斜墙堆石坝、泄洪隧洞、发电引水隧洞、地下厂房及附属建筑物组成。大坝按一级建筑物设计,坝顶长 2 150 m,原设计最大坝高 80.2 m,1989 年加高 1.1 m,现最大坝高为 81.3 m,坝顶高程为 225.9 m,防浪墙高 1.7 m。泄洪隧洞布置在大坝左岸,为深水有压式,洞径为 5.4 m,最大泄流量为 436 m³/s,进口有平板定轮闸门(4.0 m×8.7 m),出口为弧形闸门(4.9 m×4.15 m)。发电引水进水口布置在大坝右岸,底槛高 181.75 m,全洞长 4 079.1 m。地下式厂房布置在水库下游右岸,原装 3 台单机容量 2.5 万 kW 发电机组。2005 年 9 月 2 日增容改造,现设 1 台 3.24 万 kW 和 2 台 3.48 万 kW 机组,总装机容量为 10.2 万 kW。

工程于 1958 年 8 月动工兴建,1969 年 2 月下闸蓄水,1971 年 7 月底 3 台机组全部投入运行,1980 年、1989 年、2001 年、2002 年对配套设施进行除险加固;2005 年 9 月至 2011 年 4 月对发电机水轮机进行增容改造。2012 年,南水水库供水工程立项。2017 年,南水水库供水工程开工并被列为广东省重大民生水利工程。2021 年 3 月 30 日,南水水库供水工程主体完工,6 月 18 日全线通水。

十四、飞来峡水库

飞来峡水库位于北江中下游,控制流域面积 3.41 万 km²,占北江下游防洪控制断面石角水文站以上流域面积的 88.9%,是调控北江洪水的关键性工程,兼有航运、发电等综合利用效益。枢纽正常蓄水位为 24.0 m,洪水起调水位为 18.0 m,防洪高水位为 31.17 m,总库容为 19.04 亿 m³,防洪库容为 13.36 亿 m³。

1992 年国务院批复兴建飞来峡水利枢纽,1994 年 10 月动工兴建,1998 年大江截流,

1999 年 3 月水库蓄水,同年 10 月全部发电机组并网发电,工程全部完工。

飞来峡水库防洪任务是确保工程自身防洪安全;承担流域中下游地区防洪任务,与潖江滞洪区、芦苞涌和西南涌分洪水道联合运用,可将石角站 300 年一遇洪水削减为 100 年一遇,100 年一遇洪水削减为 50 年一遇。汛期 4 月 1 日至 10 月 15 日防洪限制水位为 18.00~24.00 m,洪水起调水位为 18.00 m。汛期洪水调度以入库流量为控制指标。

(1)当入库流量达到 1 700 m³/s 时,水库实施预泄,逐步降低库水位,预报未来 24 h 入库流量超过 5 000 m³/s 时,库水位降至 18.00 m。

(2)当入库流量超过 5 000 m³/s 时,闸门逐步开启,入库流量大于 6 800 m³/s 但不大于 15 000 m³/s(约 20 年一遇)时,水库敞泄。

(3)当入库流量大于 15 000 m³/s 但不大于 19 200 m³/s(100 年一遇)时,控制出库流量不大于 15 000 m³/s,确保北江大堤石角站洪水不超过 50 年一遇(水位为 14.58 m 或者流量为 17 600 m³/s)。

(4)当入库流量大于 19 200 m³/s 但小于 21 600 m³/s(300 年一遇)时,控制出库流量不大于 16 000 m³/s,确保北江大堤石角站水位或洪峰流量不超过 100 年一遇(水位为 15.36 m,流量为 19 000 m³/s)。

(5)当入库流量达到 21 600 m³/s 或库水位达到 31.17 m 后,控制出库流量不大于入库流量,确保库水位不超过 33.17 m。

(6)当入库洪水开始消退后,相机控泄洪水,视下游洪水和工程情况,尽快将库水位降至防洪限制水位。

飞来峡水电站安装 4 台灯泡式贯流式水轮发电机组,每台装机容量为 3.5 万 kW,总装机容量为 14.0 万 kW,设计年发电量为 5.54 kW·h,装机利用小时数为 3 948 h。飞来峡水库属于不完全日调节水库,水库库区狭长,发电调节库容为 2.35 亿 m³,占来水量的 0.66%,水库发电调度采用提前 24 h 预报预泄方式进行调度。当预报流量小于 1 700 m³/s 时,水库水位维持在 24.0 m,发电流量按入库流量;当入库流量达到 1 700 m³/s 时,水库转入洪水调度。

十五、枫树坝水库

枫树坝水库位于东江上游龙川县境内,距龙川县城约 65 km,控制集水面积 5 150 km²,其中水面面积 30 km²。水库是一座以航运发电为主并结合防洪等综合利用的水利枢纽。

枫树坝水库总库容为 19.32 亿 m³,正常蓄水位为 166.586 m,相应库容为 15.35 亿 m³,极限死水位为 128.59 m,相应死库容为 2.86 亿 m³。水库于 1970 年 8 月动工兴建,1973 年 10 月建成蓄水,同年底第一台机组正式发电,1974 年底第二台机组投入运行,是东江干流上的龙头水库。

枫树坝水电站设计水头为 60 m,为坝内式厂房,电站装机 2 台,容量 16 万 kW,保证出力为 3.8 万 kW(P=90%),多年平均发电量为 6.06 亿 kW·h。两台机组满发时发电流量为 310 m³/s,发电调度采用调度图调度,因电站承担调峰任务,在不调峰时发电流量为 70~80 m³/s,以满足下游航运和供水要求。枫树坝水库运行调度见表 3-26。

表 3-26　枫树坝水库运行调度　　　　　　　　　　单位:m

月份	降低出力线 1	降低出力线 2	保证出力线	1.3 N_P 线	2.0 N_P 线	2.6 N_P 线	汛限水位线
4	137	140	149	149	150	152	161
5	138.5	142	153.5	153.5	153.5	155	161
6	140	144	159	159	159	160	161
7	147	150.5	162	162	162	162	162
8	154	157	162	162	162	162	162
9	156	160	162	162	162	162	162
10	155.5	159.5	166	166	166	166	166
11	153.5	158	166	166	166	166	166
12	150.2	154.4	162	166	166	166	166
1	146.9	150.8	158.75	161	166	166	166
2	143.6	147.2	155.5	157	161	166	166
3	140.3	143.6	152.25	153	156.5	159.5	166

　　枫树坝水库是东江防洪工程体系的重要组成部分。水库的防洪任务是确保工程自身防洪安全;将下游老隆镇防洪标准提高到 10 年一遇;与新丰江、白盆珠等水库联合调度,将下游 100 年一遇洪水削减为 20~30 年一遇。汛期 4 月 1 日至 6 月 30 日水库防洪限制水位为 161.00~162.00 m,7 月 1 日至 9 月 30 日水库防洪限制水位为 162.00~164.00 m。当东江流域发生洪水时,在确保工程自身安全的前提下,其与新丰江、白盆珠等水库联合调度,尽可能减轻东江下游地区防洪压力。

十六、新丰江水库

　　新丰江水库位于东江支流新丰江出口附近,控制集水面积为 5 734 km²,水库总库容为 138.96 亿 m³。电站于 1958 年 7 月正式动工,1959 年 10 月下闸蓄水,1960 年 6 月第一台机组开始运行。

　　新丰江水库属于完全多年调节水库,按 1 000 年一遇洪水设计,10 000 年一遇洪水校核。1 000 年一遇洪水位为 122.19 m,相应库容为 130.3 亿 m³;10 000 年一遇洪水位为 124.39 m,相应库容为 138.96 亿 m³。水库设计正常蓄水位为 116.59 m,相应库容为 108 亿 m³,水库有效库容为 64.93 亿 m³。电站(坝后式厂房)总装机 30.25 万 kW,3 台 7.25 万 kW 水轮发电机组,单机最大过流为 118 m³/s,1 台 8.5 万 kW 水轮机,单机最大过流为 136 m³/s。设计保证出力($P = 97\%$)为 11.9 万 kW,设计多年平均发电量为 11.72 亿 kW·h,是广东省电网主力调峰电站之一,发电调度见表 3-27。

　　新丰江水库原设计是以发电、防洪为主,结合航运、供水、灌溉、防咸等综合利用的枢纽工程,由于东江流域内外需水量逐年增大,枯水期水资源供需矛盾日益尖锐,广东省政府于 2002 年颁发粤府〔2002〕82 号文,将新丰江、枫树坝水库的功能转为以防洪、供水为主。新丰江水库担负着东江中下游的主要防洪任务,按原设计要求,将东江 100 年一遇洪水降为 20 年一遇。水库防洪任务是确保工程自身防洪安全;通过与枫树坝、白盆珠水库联合运用,将东江下游 100 年一遇洪水削减为 20～30 年一遇。汛期 4 月 15 日至 6 月 30 日防洪限制水位为 113.00～114.00 m,7 月 1 日至 8 月 31 日防洪限制水位为 114.00～115.00 m,9 月 1—30 日防洪限制水位为 115.00～116.00 m。汛期洪水调度以库水位和干流博罗站流量为控制指标。

表 3-27　新丰江水库运行调度　　　　　单位:m

月份	4	5	6	7	8	9	10	11	12	1	2	3
死水位	93	93	93	93	93	93	93	93	93	93	93	93
降低出力线	93	93.83	94.67	95.5	96.33	97.17	98	97.17	96.33	95.5	94.67	93.83
加大出力线	109	110.7	112.3	114	115	115	116	116	114.6	113.2	111.8	110.4
$1.2 N_P$ 线	109	111.5	114	114	115	115	116	116	116	114.3	112.5	110.8
$1.5 N_P$ 线	109	113	114	114	115	115	116	116	116	116	113.7	111.3
汛限水位线	113	113	114	114	115	115	116	116	116	116	116	116

(1)当库水位不高于 117.20 m 时,控制博罗站流量不大于 8 000 m³/s。

(2)当库水位高于 117.20 m 但不高于 118.80 m 时,控制博罗站流量不大于 9 000 m³/s。

(3)当库水位高于 118.80 m 但不高于 121.05 m 时,控制博罗站流量不大于 10 400 m³/s。

(4)当库水位高于 121.05 m 时,水库加大泄量,控制出库流量不大于入库流量,确保库水位不超过 123.60 m。

(5)当入库洪水开始消退后,相机控泄洪水,视下游洪水和工程情况,尽快将库水位降至防洪限制水位。

十七、白盆珠水库

白盆珠水库位于珠江流域东江第二大支流西枝江惠东县境内,控制流域面积为 856 km²,占西枝江全流域面积 4 120 km² 的 20.8%,水库总库容为 11.9 亿 m³,属大(1)型水库。工程效益以防洪为主,兼有发电、灌溉及改善航运等综合利用,下游洪泛区受益农田 32 万亩,能保证农田灌溉 17.47 万亩,水库正常蓄水位的库面面积为 39.7 km²,回水长度为 2 km,最大库面宽 5 km。

工程于 1959 年 10 月动工,1960 年 8 月停工,1977 年 3 月复工,1987 年 12 月工程全面竣工,竣工后水库按设计达标运行,工程运行正常。

水库由拦河坝、副坝、电站和过坝运输码头组成,其中拦河坝为混凝土空心重力坝,最大坝高为 66.2 m,坝顶高程为 88.2 m,坝顶长 240 m。副坝在拦河坝左岸 3 km 处,为混凝土心墙均质土坝,最大坝高为 40.5 m,坝顶高程为 90 m,坝顶长 278 m。

白盆珠水库设计洪水标准为 500 年一遇,相应水位为 83.9 m;校核洪水标准为 5 000 年一遇,相应水位为 85.9 m,总库容为 11.9 亿 m³。

白盆珠水库是东江防洪工程体系的重要组成部分,防洪任务是确保工程自身防洪安全;当西枝江发生 20 年一遇洪水时,通过堤库结合,保护下游地区(主要是惠东县)的防洪安全;通过与新丰江、枫树坝水库联合运用,将东江下游 100 年一遇洪水削减为 20~30 年一遇。汛期 4 月 15 日至 10 月 15 日防洪限制水位为 75.00 m。当东江流域发生洪水时,在确保工程自身安全的前提下,与新丰江、枫树坝等水库联合调度,尽可能减轻东江下游地区的防洪压力。

第四章　珠江流域水库调度实例

珠江流域降雨径流时空分布不均,洪、涝、旱等自然灾害频繁,珠江口咸潮上溯严重。做好水库调度是减少流域洪灾损失、保障供水、维护生态安全的重要手段。自 2005 年以来,珠江流域先后实施了珠江枯水期水量调度、主要干支流生态流量保障调度、东塔产卵场试验性生态调度、水库防洪调度等一系列的水库调度工作,全面保证了流域供水安全、防洪安全、生态安全,形成了供水、发电、航运、生态等多方共赢局面。

第一节　珠江枯水期水量调度

一、调度背景

21 世纪以来,受珠江流域上中游来水偏枯、河道外用水增加和珠江三角洲地区河道下切等因素共同影响,珠江河口咸潮上溯影响澳门、珠海等珠江三角洲地区 1 500 多万居民饮水安全,引起党中央、国务院及社会各界的高度重视和广泛关注。为了保障澳门特别行政区和珠江三角洲主要城市春节期间的供水安全,在水利部正确领导下,自 2005 年初珠江流域紧急组织实施压咸补淡应急调水。截至目前,珠江流域已经连续实施了 19 次珠江枯水期水量调度,为区域经济社会发展和人民群众安居乐业提供了可靠保障,保证了澳门地区长期繁荣稳定和"一国两制"方针的落实。

二、调度历程

(一)第一阶段:被动应急　压制咸潮(2005—2006 年)

2004 年底,受强咸潮影响,中山、珠海等地近 20 d 不能正常抽取淡水,与澳门供水系统相连的水库、泵站源水的含氯度均超过 500 mg/L,大大高于 250 mg/L 的国家标准。在此紧急关头,为保障珠江三角洲地区人民过上幸福祥和的春节,应广东省请求,2005 年初,水利部批准珠江水利委员会组织实施压咸补淡应急调水。经过深入调查、技术攻关、严密论证,珠江水利委员会根据咸潮活动规律,创造性地提出了千里调水举措,即从上游水库调水,通过水库加大泄流补充河道流量、压退咸潮、保障供水。整个调水线路横跨贵州、广西和广东三省(自治区),全长达 1 300 多 km。2006 年初,严重咸潮又如期而至,临近春节期间,在水利部的领导下,珠江水利委员会再次实施压咸补淡应急调水,缓解了珠江三角洲地区供水紧张局面。

(二)第二阶段:主动应对　统筹兼顾(2006—2010 年)

从 2006 年起,珠江水利委员会开始谋划解决澳门、珠海等地供水安全的长效机制。这一年,编制完成了《保障澳门、珠海供水安全专项规划》,成立了珠江防汛抗旱总指挥部,统筹兼顾各方需求,推进骨干水库统一调度,确保供水安全。

《保障澳门、珠海供水安全专项规划》提出了近期(2010 年)与远期(2020 年)、工程措施与非工程措施相结合的供水解决方案。近期通过修建竹银等水库、完善珠海当地供水管网,强化流域统一调度,保障水源工程建设和应急供水安全;远期通过完善以大藤峡等水库为主的流域水资源配置工程体系和水资源调度管理机制等措施,全面解决澳门、珠海供水安全。

(三)第三阶段:水量配置 统一管理(2011—2019年)

随着竹银水源工程建成投入使用及2015年大藤峡水利枢纽工程正式开工建设,保障澳门、珠海供水安全的工程体系和非工程措施日臻完善,2011年国家防汛抗旱总指挥部以国汛〔2011〕15号批复了《珠江枯水期水量调度预案》。该方案明确了水量调度控制指标、组织实施体系及职责、应急响应级别与启动条件、预防预警、响应机制等,标志着珠江枯水期水量调度工作步入规范化、制度化。

(四)第四阶段:"四预"提升 三地统筹(2020年以后)

作为珠江水资源配置关键工程的大藤峡水利枢纽于2020年9月首次蓄水至52.0m,并于2022年9顺利通过水利部主持的二期蓄水验收,标志着珠江水资源配置工程体系建成,珠江枯水期水量调度工作进入了一个全新的阶段。未来,坚决锚定"确保港澳供水安全,确保珠江三角洲和粤东地区城乡居民生活安全"的目标,坚持超前应对、实化措施、坚守底线的原则,强化预报、预警、预演、预案"四预"措施应用,调度好当地、近地、远地供水保障的"三道防线",精准判定压咸补淡调度启动时机、精细实施水库群联合调度,将咸潮可能造成的损失和影响降到最低。

三、调度方案

《珠江枯水期水量调度预案》(简称《预案》)于2011年获得国家防汛抗旱总指挥部批复。2022年,为适应新的发展形势、增强珠江流域应对干旱、咸潮及突发事件引发的供水危机的能力,进一步提高珠江流域调度管理能力,保障澳门、珠海等粤港澳大湾区城市供水安全,在总结历次枯水期水量调度工作经验和充分考虑澳门、珠海等粤港澳大湾区经济社会发展用水需求的基础上,珠江水利委员会对《预案》进行了修编。修编后《预案》完善了调度目标,拓展了参与调度的水库,进一步明确了调度启动条件。

(一)调度目标

珠江枯水期水量调度以珠江流域西江、北江水系控制性水文站梧州、石角的流量作为控制指标,统一调度上游骨干水库、水电站下泄流量。

一般控制梧州水文站流量不低于1 800 m³/s,石角水文站流量不低于250 m³/s(正常咸潮活动条件下,保障珠海平岗泵站约30%取水概率的最小流量)。

(二)调度水库

珠江枯水期水量调度主要涉及西江光照、天生桥一级、天生桥二级、平班、龙滩、岩滩、大化、百龙滩、乐滩、桥巩、百色、西津、仙衣滩、马骝滩、长洲和北江飞来峡长湖等水库(水电站),在来水形势十分不利的情况下,需要调度郁江、柳江、桂江、贺江等重要支流的梯级水库(水电站)。其中,骨干水库(水电站)包括光照、天生桥一级、龙滩、岩滩、百色、长洲、飞来峡等,关键控制性骨干水库(水电站)为龙滩、长洲、飞来峡。

(三)启动条件

预案启动指标主要考虑流域来水和可调度水量情况,以及受咸潮影响地区的供水安全保障程度。

流域来水和可调度水量指标:流域来水以西江水系枯水期来水频率和主要控制站月平均流量为判定标准,可调度水量采用骨干水库、水电站有效蓄水率表示。

供水安全指标:采用珠海取淡概率反映珠海、澳门供水安全指标。

出现下列情况之一者,启动预案:①预报西江枯水期来水频率大于85%;②骨干水库截至9月30日有效蓄水率小于50%;③西江梧州站连续两个月平均流量小于1 800 m³/s;④珠海平岗泵站连续两个月取淡概率小于30%;⑤应对突发事件等其他需要启动预案的情况。

四、调度效益

(一)供水效益

珠江枯水期水量调度有效保障了珠江三角洲地区的供水安全,使珠海、澳门、中山、广州、江门、佛山等地受咸潮影响区供水水质得到较好的保证,供水条件得到较大改善。同时,珠江三角洲河网区河涌蓄水条件改善,春耕农业用水基本保证。2005—2023年珠江枯水水量调度期间,累计向澳门和珠海主城区供水近20亿 m³,其中向澳门供优质淡水近8.0亿 m³。

(二)环境效益

珠江枯水期水量调度增加了枯季径流量,提高了河流自净能力,改善了珠江三角洲水环境。珠江三角洲地区主要河道和河涌水质由调水前的Ⅴ~Ⅳ类提升为Ⅱ~Ⅲ类,有些年份高锰酸盐指数、氨氮等指标达到Ⅰ类水标准。

(三)航运效益

通过水量调度,增大了西江干流枯季流量,特别是在连续遭遇流域干旱或者特大干旱的情况下,保证了基本通航水深,减轻了长洲截流断流、枯水严重滞航等事件的影响,提高了西江航道的通航效益。2018年长洲水利枢纽船闸货运量达到1.32亿 t,仅次于长江三峡。

(四)发电效益

珠江枯水期水量调度涉及水库电站多。通过科学统筹全年流域水库群防洪调度,在确保流域中下游防洪安全的同时,不断优化调度方案,充分利用雨洪资源,选择汛末蓄水时机,为枯水期实施补水调度储备了充足水量,提高了水库蓄满率,增加了发电水头,增发了水电站的电力和电量。

第二节　西江干流生态流量保障调度

一、调度背景

珠江流域水量丰富,但时空分布不均,流域汛期降水集中、枯水期降水量较少,部分地区冬春生产常受干旱威胁;随着流域经济社会不断发展,流域河道外用水量不断增加,河道内与河道外用水矛盾不断凸显。2005年以来,珠江三角洲频繁遭受严重咸潮入侵,加剧了流域生活、生态、生产用水紧张态势。珠江流域已建大型水库87座,水库建设、运行在防洪、抗旱、发电、压咸调度中发挥了重大作用的同时,也不同程度地改变了河流水文情势,给河流生态系统健康造成一定影响。2011年中央一号文件《中共中央 国务院关于加快水利改革发展的决定》要求:强化水资源统一调度,协调好生活、生产、生态环境用水,完善水资源调度方案、应急调度预案和调度计划。

为充分发挥珠江流域大型水库工程的调节能力,贯彻落实水资源调度要求及水生态文明建设要求,保障流域用水安全及提高河道内生态用水保障程度,开展2014年西江干流生态流量保障调度。

二、调度目标

生态调度是通过调整水库下泄方式来提高河流生态环境健康状况,主要包括保障水库下游河流生态系统合理的环境流量,控制水体富营养化,控制咸潮入侵,针对鱼类产卵繁殖习性采取相应的调度方式,控制水库"低温"水下泄,控制下泄水体气体过饱和,调控泥沙、维持河流水沙平衡,水系连通性调度等方面。

根据西江流域水资源配置要求及水生态环境存在的主要问题,2014年度水资源调度主要围绕保障河流生态系统合理的环境流量及针对桂平东塔产卵场"四大家鱼"产卵繁殖习性,开展西江干流生态流量保障调度及东塔产卵场试验性生态调度。

西江干流生态流量保障调度目标为:以西江干流迁江、武宣、梧州为控制断面,通过龙滩、天一、百色等骨干水库调度,合理实施水库蓄水以及泄水,保障迁江站平均流量不低于河道内最小生态环境流量($494\ m^3/s$)要求、武宣站平均流量不低于河道内最小生态环境流量($1\ 071\ m^3/s$)要求、梧州站平均流量不低于河道内生态流量($1\ 800\ m^3/s$)要求;其中,2014年12月至2015年2月,当咸潮影响严重时,梧州站平均流量不低于压咸流量($2\ 100\ m^3/s$)要求。2015年大藤峡水利枢纽工程正式开工建设,2014年西江干流生态流量保障调度未考虑大藤峡水利枢纽的调节作用。

三、河道内生态需水

(一)基本概念

河流是水生生态系统发育和繁衍的重要载体,是水生生态系统与陆生生态系统间物质循环的主要通道。20世纪90年代后期,越来越多的研究者认识到了河流水文情势对河流生态系统的决定性作用得到了越来越多的认识。河流水文情势被看作是河流生态系统的重要驱动力,并且用流量、频率、发生时间、持续时间和变化率等5个方面来定量表征河流的水文情势变化情况,这5个方面决定并影响着河流生态系统的主要方面,包括河流的物质循环、能力过程、物理栖息地状况和生物的相互作用。

1.流量和频率

流量对水生生物极为重要,表示了传送食物和营养物质的一种重要机制。流速是河流微生境研究中重要的特征指标,影响了水生生物的产卵、繁殖、生长、捕食等生命过程,并最终影响水生生物的分布、种群形成、年龄结构、数量变动等。

2. 发生时间

河流特征流量发生时间与水生生物的生命周期具有紧密联系,如洪水发生时间对鱼类具有重要生态学意义,可以提供给鱼类一种信号,如何时产卵、何时孵化或何时迁徙等,同时许多植物开花、传播、发芽和生长等都与河流特征流量发生时间有很大关系。

3. 持续时间

洪水漫滩持续时间的长短决定了鱼类能否完成摄饵、产卵、鱼苗、躲避灾害和天敌等各种行为,为此,河漫滩植物对持续洪水的耐受力,决定了这些物种不被其他低耐受性物种所取代。

4. 洪水涨落速率(变化率)

洪水涨落速率被认为是河流洪泛区系统中主要生物群落生存、生产和相互影响的主要驱动力,洪水的涨落在不同的空间尺度上改变着漫滩的形态,引起了河流结构和功能的变化,使其维持着较高的动力,此外,洪水冲刷破坏了漫滩植被、避免了其过分繁殖、防止了外来植被入侵。水文情势变化生态响应见表 4-1。

表 4-1　水文情势变化生态响应

水文过程要素	输入	响应
流量和频率	流量增加或减少	侵蚀和/或淤积,敏感物种丧失,海藻和有机物受冲刷力度被改变,生命周期被改变
	流量稳定	能量流动改变;外来物种入侵或生存风险增加,导致本地物种灭绝、本土有商业价值的物种受到威胁、生物群落改变;洪泛平原上植物获得的水和营养物质减少,导致幼苗脱水、无效的种子散播、植物生存所需要的斑块栖息地和二级支流丧失、植被侵入河道
发生时间	季节性流量峰值丧失	扰乱鱼类活动信号;产卵、孵卵、迁徙;鱼类无法进入湿地或回水区;水生食物网的结构改变;河岸带植物的繁衍程度减低或消失;外来河岸带种入侵;植物生长速度减慢
持续时间	低流量延长	水中有机物浓缩,植被覆盖减少,植物生物多样性降低,河岸带物种组成荒漠化;生理胁迫引起植物生长速度下降、形态改变或死亡
	基流"峰值部分"延长	下游漂浮的卵消失
	洪水持续时间改变	改变植被覆盖的类型
	洪水淹没时间延长	植被功能类型改变,树木死亡,水生生物失去浅滩栖息地
变化率	水位迅速改变	水生生物被淘汰及搁浅
	洪水退潮加快	秧苗无法生存

河流水文情势传递了生物生长的信号,鱼类和其他一些水生生物依据水文过程的丰枯变化,完成了产卵、孵化、生长、避难、迁移等生命活动,可以说,每一条河流都携带着传递生命规律的信息流。而河流水文情势涉及大量的信息和数据,过程描述相当复杂。目前,较为通用的做法为给河流以一定的流量,以便维持河流生态系统的生态平衡和生物多样性,该流量值即为河道内生态环境流量,其包括河流水文情势的主要特征。20 世纪 40年代美国学者首先提出河道内生态环境流量的概念,20 世纪 80 年代,澳大利亚、英国、新西兰和南非等也开始研究河道内生态环境流量问题。我国关于河道内生态环境流量的研究起步于 21 世纪初期。关于河道内生态环境流量,国内外许多学者从不同角度给出了不同的说法,如河道内流量需求、生态流量、最小可接受流量、生态可接受流量、生态径流、生态需水、环境需水、生态环境需水、低流量等不同概念,但实际上内容都基本一致。

(二)计算方法

目前,河道内生态环境流量的计算方法有 200 多种,大致可以分为四大类:水文学法、水力学法、栖息地模拟法和整体分析法,主要应用的方法有:逐月频率法、$7Q_{10}$ 法、Texsa法、流量历时曲线法、Tennant 法、RVA 法、R2CROSS 法、湿周法、河道内流量增加法、BBM法、综合法、DRIFT 法等。

1. 逐月频率法

河流生态系统随河流水文情势的变化,表现出显著的季节性特点。对于一个流域,完整的河流生态系统中各种生物的数量、繁殖、育肥等各个生命阶段需要不同的河流径流过程。为体现河道内生态环境流量年内的差异性,针对所研究河段,采用逐月频率法计算河道内环境流量。逐月频率法一般将资料系列分为丰水年、平水年、枯水年进行研究,水平年划分以年平均流量为基础,对应频率75%以上的年份为枯水年,75%～25%为平水年,25%频率以下为丰水年。以西江干流大湟江口站为例,采用该站 1953—1983 年径流系列,按照以上原则划分出丰水年 8 个,平水年 15 个,枯水年 8 个。以同样的标准对年内流量过程进行水文分期,6—8 月为丰水期、1—3 月为枯水期,其余月份为平水期。

在水平年和水文分期的基础上,采用逐月频率法研究河道内环境流量,一般分为最小生态环境流量(又称为生态基流,下同)、适宜生态环境流量、最大生态环境流量,其取值计算标准为:$P = 90\%$ 为推荐最小生态环境流量,频率 $P = 75\% \sim 25\%$ 为推荐适宜生态环境流量,频率 $P = 10\%$ 为推荐最大生态环境流量。

最小生态环境流量是指为维持河流生态系统健康所需要的最小流量,该流量过程是要保证水生生物的最低生存条件,也是天然状态下水生生物所能忍受的极限程度。

适宜生态环境流量是指维持河流生态系统健康即生物多样性的最适宜流量过程。适宜生态环境流量具有上下限,当流量过程在此范围内时,河流生态系统是健康稳定的。

最大生态环境流量是维持河流生态系统和健康的最大流量过程。当河流流量超过此过程时,对河流生态系统结构造成重大的影响,同时会导致某些物种消失,造成不可恢复的生态灾害。

根据大湟江口站径流系列,计算河道内生态环境流量(见表 4-2 及图 4-1)。

表 4-2　大湟江口站推荐环境流量　　　　　　　　　单位：m³/s

分项	1 月	2 月	3 月	4 月	5 月	6 月
最小生态环境流量	862	910	892	1 191	1 951	1 558
适宜生态环境流量下限	1 144	1 064	1 089	2 408	5 156	7 589
适宜生态环境流量上限	1 724	1 617	1 947	3 650	9 864	14 271
最大生态环境流量	2 708	2 648	6 212	5 696	11 477	18 416
分项	7 月	8 月	9 月	10 月	11 月	12 月
最小生态环境流量	4 048	4 873	2 603	1 905	1 764	980
适宜生态环境流量下限	8 513	7 598	5 826	3 280	1 947	1 409
适宜生态环境流量上限	14 792	15 233	8 839	5 063	3 643	2 276
最大生态环境流量	24 610	18 397	14 683	6 438	4 107	2 041

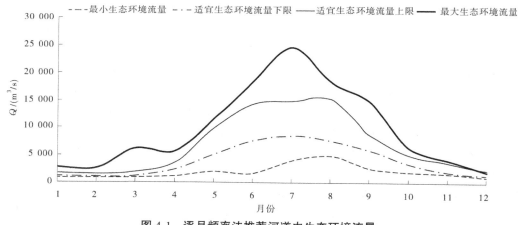

图 4-1　逐月频率法推荐河道内生态环境流量

2. RVA 法

RVA 法确定河道内生态环境流量是基于天然水文情势理论，根据水流特性，将流量、发生时间、频率、持续时间和变化率 5 个方面分为不同级别进行研究，计算具有生态意义的关键水文特征值，并计算年际的集中数和离散度数，从而进一步设定环境流量指标变动范围，为河流生态恢复及开展水库生态调度研究提供参考目标。RVA 法包括极端枯水流量、月枯水流量、高流量脉冲、小洪水和大洪水等 5 种流量模式，各流量模式对维持河流生态系统完整性具有十分重要的作用，环境流量组成参数及其生态含义见表 4-3。

表 4-3　RVA 法环境流量组成参数及其生态含义

组成类型	水文参数	生态含义
月枯水流量	月枯水流量 均值或中值	(1)给水生生物提供充足的栖息场所； (2)维持适宜的水温、溶解氧和化学条件； (3)维持洪泛区地下水水位及土壤湿度； (4)提供给陆生生物饮用水； (5)维持鱼类和两栖类生物繁殖的卵漂浮； (6)能使鱼类游向育肥区和产卵区； (7)支撑潜流带生物
极端枯水流量	水平年中极端枯水流量出现频率	能使某种洪泛区植物得到补充
	极端最小流量事件的均值或中值,包括历时、极小值、出现时间	(1)消除水生生物和岸边生物群的外来物种入侵； (2)使得动物能够集中捕食
高流量脉冲	水平年中高流量脉冲出现的频率	塑造河道物理特征,包括浅滩和深潭
	高流量脉冲事件的均值或中值,包括历时、极大值流量、出现时间、上涨率、下降率	(1)决定了河床底质的颗粒大小(沙、砾石、卵石)； (2)防止河岸植被入侵河道； (3)长期的枯水期后,冲刷污染物,恢复正常的水质条件； (4)防止卵沉积,使卵布满产卵砂砾层； (5)维持河口区适宜的盐含量
小洪水	水平年中小洪水事件出现的频率	提供给鱼类洄游和产卵信号
	小洪水事件均值或中值,包括历时、极大值流量、出现时间、上涨率、下降率	(1)触发昆虫等生命循环的新阶段； (2)能够使鱼类到洪泛区产卵,并提供给幼鱼育肥场所； (3)提供新的食物场所给鱼类和鸟类； (4)补充洪泛区水位； (5)维持洪泛区植物的分布与丰富度； (6)营养物质沉积在洪泛区
大洪水	水平年中大洪水事件出现的频率	维持水生生物群落和河岸群落物种平衡
	大洪水事件均值或中值,包括历时、极大值流量、出现时间、上涨率、下降率	(1)为入侵植物补充提供场所； (2)塑造洪泛区物理生境； (3)为产卵区提供砾石和卵石； (4)冲刷营养物质和碎木屑到河道； (5)清除水生生物群落和岸边群落的外来物种； (6)提供给河岸植物种子和果实； (7)促使河道横向运动,形成新的栖息地； (8)提供植物秧苗具有长期的土壤含水度

（1）极端枯水流量，指河流在干旱季节所需的最小流量，用以维持河流对污染物的自净功能和为水生生物提供维持生存的最小水生栖息地，也可称为生存流量，一般以低于频率为 10% 的日流量过程界定。

（2）月枯水流量，即为基础流量，指为水生生物提供足够的栖息地，以维持水生生物群生物多样性并且保证一定维持河岸边植物生长的流量。

（3）高流量脉冲，指暴雨过后形成的一种使河流快速涨落的过程，该特征流量加强了河流的纵向连续性，为水生生物沿河流的迁移创造了条件，同时能够改善水质状况。

（4）小洪水，是高流量脉冲的一种特殊流量，通常径流过程变化较大，具有高流量脉冲的生态学意义。

（5）大洪水，相对小洪水而言，通常发生在汛期，水流涨落起伏大，能够显著地改变河道及其洪泛区的地形地貌，促使两者之间进行物质能量交换，为水生生物提供育肥场所，同时为洪泛区植物提供营养物质。

根据大湟江口站 1953—1983 年逐日径流资料，计算大湟江口站具有生态意义的 RVA 生态流量指标参数，并进一步确定 RVA 环境流量目标，大湟江口站推荐环境流量见表 4-4、RVA 环境流量计算结果见表 4-5，RVA 法推荐河道内环境流量见图 4-2。

表 4-4　大湟江口站推荐环境流量　　　　　　　单位：m³/s

分项	1 月	2 月	3 月	4 月	5 月	6 月
最小生态环境流量	800	756	770	787	791	936
适宜生态环境流量下限	1 210	1 250	1 210	2 145	3 084	4 005
适宜生态环境流量上限	1 640	1 560	1 708	3 328	5 183	6 301
分项	7 月	8 月	9 月	10 月	11 月	12 月
最小生态环境流量	2 120	2 930	1 310	1 450	1 250	930
适宜生态环境流量下限	4 219	5 050	4 423	2 720	1 829	1 340
适宜生态环境流量上限	5 651	5 921	5 735	4 368	3 478	1 968

表 4-5　RVA 环境流量计算结果

组成分类	水文参数	单位	指数变化程度		RVA 目标	
			中值	（75%～25%）/50%	下限	上限
最小流量	1 月	m³/s	1 325	0.324 5	1 210	1 640
	2 月	m³/s	1 390	0.223 0	1 250	1 560
	3 月	m³/s	1 508	0.330 0	1 210	1 708
	4 月	m³/s	2 473	0.478 3	2 145	3 328
	5 月	m³/s	4 220	0.497 3	3 084	5 183
	6 月	m³/s	5 335	0.430 4	4 005	6 301
	7 月	m³/s	5 045	0.283 9	4 219	5 651

续表 4-5

组成分类	水文参数	单位	指数变化程度		RVA 目标	
			中值	(75%~25%)/50%	下限	上限
月枯水流量	8 月	m³/s	5 328	0.163 5	5 050	5 921
	9 月	m³/s	5 120	0.256 3	4 423	5 735
	10 月	m³/s	3 465	0.475 5	2 720	4 368
	11 月	m³/s	2 615	0.630 5	1 829	3 478
	12 月	m³/s	1 625	0.386 2	1 340	1 968
极端枯水流量	极小值流量	m³/s	934.5	0.211 1	836.5	1 034
	历时	d	6.25	2.6	2	18.25
	出现时间	日	43.25	0.11	32.25	72.5
	频率	次	3	1.083	1.75	5
高流量脉冲	极大值流量	m³/s	11 200	0.393 8	9 590	14 000
	历时	d	8	1.156	3.375	12.63
	出现时间	日	188.5	0.187 8	151.6	220.4
	频率	次	5	0.4	4	6
	上涨率	m³/(s·d)	1 525	0.728 9	1 069	2 181
	下降率	m³/(s·d)	−850.8	−0.354 4	−1 014	−712.6
小洪水	极大值流量	m³/s	31 800	0.184	30 050	35 900
	历时	d	56.5	0.955 8	20.25	74.25
	出现时间	日	192.5	0.161 9	171.5	230.8
	频率	次	0	0	0	1
	上涨率	m³/(s·d)	2 693	2.388	854.6	7 285
	下降率	m³/(s·d)	−756.4	−2.035	−2 042	−502.9
大洪水	极大值流量	m³/s	90 900	0.066 45	87 860	93 900
	历时	d	33	1.788	8	67
	出现时间	日	225	0.123	191	236
	频率	次	0	0	0	0
	上涨率	m³/(s·d)	5 857	7.163	1 793	43 750
	下降率	m³/(s·d)	−4 057	−2.099	−12 520	−4 007

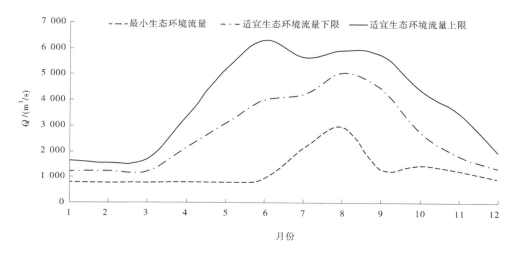

图 4-2　RVA 法推荐河道内环境流量

3. 湿周法

湿周法计算河道内生态环境流量是基于河道形态特征的一种水力学方法。湿周法的应用基于以下假设:河道湿周与水生生物栖息地的有效性有直接联系,保障临界区域的水生生物栖息地湿周,也就保障了水生生物的流量需求。它根据河道的水力特性参数,如湿周、水力半径、平均水深等,实测的河道断面湿周与断面流量之间的对应关系,绘制流量湿周关系图,由图中找出突变点,该点对应的流量值即为河道内最小生态环境流量值。

湿周法计算环境流量的关键是确定湿周流量关系,根据曼宁公式和谢才公式推导出的湿周流量关系表达式为

$$Q = \frac{1}{n}A^{5/3}P^{-2/3}S^{1/2} \tag{4-1}$$

式中:Q 为流量, m^3/s;n 为糙率;A 为断面面积,m^2;S 为水面比降;P 为湿周,m。

东塔产卵场典型断面见图 4-3,无量纲湿周流量关系见图 4-4。根据无量纲湿周流量关系曲线,曲线突变点有 3 个,对应的水位分别为 18.08 m、23.58 m、26.58 m,相应的流量分别为 1 930 m^3/s、5 260 m^3/s、9 440 m^3/s。据此,由突变点确定的河道内最小生态环境流量为 1 930 m^3/s,适宜生态环境流量范围为 5 260~9 440 m^3/s。

4. $7Q_{10}$ 法及 Q_{90} 法

$7Q_{10}$ 法计算河道内生态环境流量是采用 90% 保证率最枯连续 7 d 的平均流量作为河流最小流量设计值,我国一些专家学者结合我国水资源条件及经济社会发展情况,根据该方法衍生出了 Q_{90} 法,即采用 90% 保证率最枯月平均流量为河流生态环境最小流量设计值。

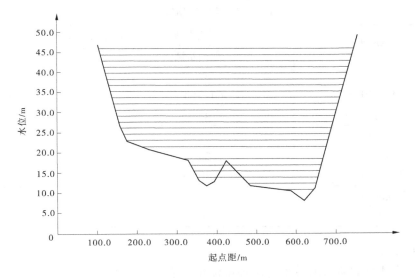

图 4-3　东塔产卵场典型断面图

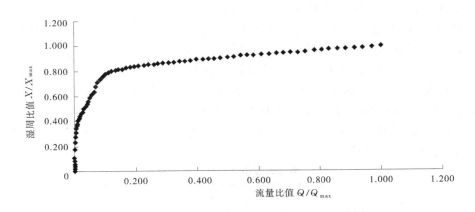

图 4-4　东塔产卵场典型断面无量纲湿周流量关系

利用大湟江口站 1953—1983 年径流资料计算河流生态环境流量,分别采用 90% 保证率最枯连续 7 d 平均流量及 90% 保证率最枯月平均流量两组方式进行河道内最小生态环境流量的计算。经计算,$7Q_{10}$ 法计算的河道内最小生态环境流量为 790 m^3/s,Q_{90} 法计算的河道内最小生态环境流量为 950 m^3/s。

5. Tennant 法(Montana 法)

Tennant 法是一种非现场测定类型的标准设定法。河道推荐流量以预先确定的年均流量百分比为基准,依据断面多年平均流量确定。这种方法不仅适用于有水文站点的季节性河流,而且适用于没有水文站点的河流,可通过水文技术来获得平均流量。划分的流量等级标准见表 4-6。按照"差或最小"级别确定,大湟江口断面的河道内生态环境最小流量为 550 m^3/s。

表 4-6　河流生态流量等级标准

流量级别	推荐的基流标准(平均流量百分比/%)	
	一般用水期	鱼类产卵育幼期
最大	200	200
极佳范围	60~100	60~100
极好	40	60
非常好	30	50
好	20	40
一般或较差	10	30
差或最小	10	10
极差	<10	<10

6. 成果评价

各种方法计算的河道内最小生态环境流量见表 4-7 及图 4-5。各种河道内生态环境流量计算方法关注的生态环境问题不同、适用条件和范围不同,计算的河道内生态环境流量时段有很大差别,计算的河道内最小生态环境流量值范围在 $550 \sim 1\ 961\ \text{m}^3/\text{s}$,变幅较大。其中 Tennant 法的计算值最小,逐月频率法计算值最大,湿周法仅次于逐月频率法;逐月频率法与 RVA 法的计算流量为逐月流量过程,反映了生物对丰枯水变化的不同要求;湿周法、$7Q_{10}$ 法、Q_{90} 法及 Tennant 法的计算流量为一定值。

按照河流生态流量等级标准对逐月频率法、RVA 法、湿周法、$7Q_{10}$ 法、Q_{90} 法等方法计算成果进行生态状况评价,评价成果见表 4-8。各方法计算的河道内最小生态环境流量对应生态状态为:逐月频率法为好,RVA 法和湿周法为一般,$7Q_{10}$ 法和 Q_{90} 法为差。因此,宜推荐逐月频率法计算成果。

表 4-7　河道内最小生态环境流量对比　　　　　　　　　　单位:m^3/s

分项	1 月	2 月	3 月	4 月	5 月	6 月
逐月频率法	862	910	892	1 191	1 951	1 558
RVA 法	800	756	770	787	791	936
湿周法	1 930	1 930	1 930	1 930	1 930	1 930
$7Q_{10}$ 法	790	790	790	790	790	790
Q_{90} 法	950	950	950	950	950	950
Tennant 法	550	550	550	550	550	550
分项	7 月	8 月	9 月	10 月	11 月	12 月	平均
逐月频率法	4 048	4 873	2 603	1 905	1 764	980	1 961
RVA 法	2 120	2 930	1 310	1 450	1 250	930	1 236
湿周法	1 930	1 930	1 930	1 930	1 930	1 930	1 930
$7Q_{10}$ 法	790	790	790	790	790	790	790
Q_{90} 法	950	950	950	950	950	950	950
Tennant 法	550	550	550	550	550	550	550

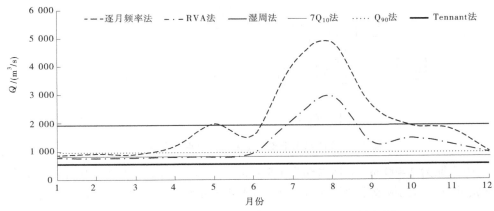

图 4-5 不同方法计算的河道内最小生态环境流量过程

表 4-8 河道内最小生态环境流量对应生态状态评价

方法	枯水期		汛期		综合评价
	百分比/%	评价	百分比/%	评价	
逐月频率法	25.4	好	55.6	非常好	好
RVA 法	20.2	好	34.1	一般	一般
湿周法	35.4	非常好	35.4	一般	一般
$7Q_{10}$ 法	14.5	差	14.5	差	差
Q_{90} 法	17.4	差	17.4	差	差

(三) 推荐成果

河道内生态环境流量可以是指某一流域不同河流的不同断面的生态环境流量,也可以是指某一条河流的某一个断面的生态环境流量,还可以是针对某种生物群落的生态环境流量。从整个流域层面来研究西江流域的河道内生态环境流量对于维护整个流域的生态平衡及生物多样性具有重要的战略意义。《珠江流域综合规划(2012—2030 年)》《珠江区及红河流域水资源综合规划》等规划中,按照流域控制节点最小月径流系列 Q_{90} 法计算控制节点的生态基流,然后按汛期和非汛期分别设定河流基本生态环境需水目标,参照 Tennant 法,选取控制节点汛期和非汛期的河流内基本生态环境需水与生态基流之间的合理比例,确定出河流的基本生态环境需水量,最后对河道上下游节点的基本生态环境需水进行协调平衡后确定。

西江干流主要控制节点有迁江、武宣、梧州和高要,各控制节点年河道内基本需水流量分别为 660 m^3/s、1 500 m^3/s、2 300 m^3/s、2 350 m^3/s,汛期河道内基本需水流量分别为 820 m^3/s、1 930 m^3/s、2 800 m^3/s、2 720 m^3/s,枯水期河道内基本需水流量分别为 494 m^3/s、1 071 m^3/s、1 800 m^3/s、1 980 m^3/s;当枯水期咸潮上溯影响严重时,梧州控制节点压咸流量为 2 100 m^3/s。西江水系干支流主要控制节点位置分布见图 4-6。

按照梧州站与大湟江口站面积比推求大湟江口站河道内最小生态环境流量为 2 040

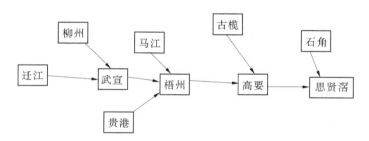

图 4-6　西江水系干支流主要控制节点位置分布

m³/s,其中汛期为 2 490 m³/s,枯水期为 1 590 m³/s。各种方法计算的河道内最小生态环境流量成果与规划比拟成果对比见表 4-9。由表 4-9 可知,逐月频率法计算成果与规划比拟成果最接近。

表 4-9　各方法计算成果与已有成果的对比　　　　　　　　单位:m³/s

分项	汛期	枯水期	全年
逐月频率法	2 700	1 220	1 961
RVA 法	1 480	990	1 236
湿周法	1 930	1 930	1 930
$7Q_{10}$ 法	790	790	790
Q_{90} 法	950	950	950
Tennant 法	550	550	550
按照规划比拟成果	2 490	1 590	2 040

　　综合考虑各种方法计算成果的生态效果及与已有规划成果的协调,本次推荐逐月频率法计算的河道内生态环境流量为推荐成果。为与规划成果相一致,河道内最小生态环境流量直接采用已有的规划成果,推荐成果见图 4-7 及表 4-10。

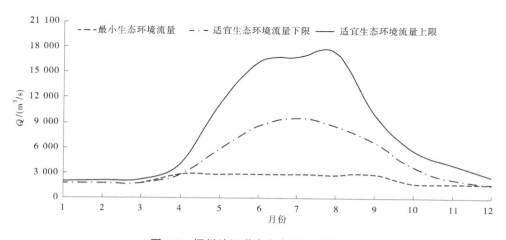

图 4-7　梧州站河道内生态环境流量过程

表4-10　推荐的河道内生态环境流量成果　　　　　　　单位:m³/s

时间	大湟江口			梧州		
	最小流量	适宜下限	适宜上限	最小流量	适宜下限	适宜上限
1	1 600	1 600	1 720	1 800	1 800	2 000
2	1 600	1 600	1 840	1 800	1 800	2 100
3	1 600	1 600	1 950	1 800	1 800	2 200
4	2 500	2 500	3 650	2 800	2 800	4 100
5	2 500	5 160	9 860	2 800	5 800	11 200
6	2 500	7 590	14 270	2 800	8 600	16 200
7	2 500	8 510	14 790	2 800	9 600	16 800
8	2 500	7 600	15 230	2 800	8 600	17 300
9	2 500	5 830	8 840	2 800	6 600	10 000
10	1 600	3 280	5 060	1 800	3 700	5 700
11	1 600	1 950	3 640	1 800	2 200	4 100
12	1 600	1 600	2 280	1 800	1 800	2 600

注:枯水期咸潮上溯时,梧州站最小流量为2 100 m³/s。

四、调度方案

(一)调度方案拟订

根据骨干水库调节能力及现行运行调度方式,为实现水资源年度调度目标,提出发电调度图方案(方案Ⅰ)和补水量分摊方案(方案Ⅱ),最终推荐方案经水资源调度模型计算、分析、比较后确定。

方案Ⅰ:百色、天生桥一级、龙滩按照发电调度图进行调度,即发电调度图方案。

方案Ⅱ:按集水面积将缺水量分配至各骨干水库,赋予百色、天生桥一级、龙滩水资源配置补水流量任务,即补水量分摊方案。

(二)调度方案的比选

1.方案Ⅰ:发电调度图方案

龙滩、天生桥一级、百色等三大库兴利库容总量为195.66亿m³,水资源调节能力十分明显,可以将12月至翌年2月梧州站最枯段平均流量增加750 m³/s,大于2014年年度梧州站最大缺水流量(700 m³/s),骨干水库按调度图运行可以实现流域水资源年度调度目标。截至2014年6月30日,百色水库库水位为207.93 m,处于降低出力区;天生桥一级水库库水位为738.67 m,处于保证出力区;龙滩水库库水位为347.95 m,处于保证出力区。骨干水库蓄水情况见表4-11。

按照骨干水库蓄水情况经计算,汛期迁江最小月平均流量为1 340 m³/s、武宣最小月平均流量为2 440 m³/s、梧州最小月平均流量为4 870 m³/s,均可以满足汛期河道内最小生态环境流量要求;枯水期迁江最小月平均流量为 1 150 m³/s、武宣最小月平均流量为 1 660 m³/s、梧州最小月平均流量为 2 180 m³/s,均可以满足枯水期河道内最小生态环境流量要求;2014 年 12 月至 2015 年 2 月,梧州站流量分别为 2 390 m³/s、2 180 m³/s、2 260 m³/s,满足压咸流量的要求。调度成果见表 4-12。

表 4-11 骨干水库蓄水情况

站名	库内水位/m	蓄水量/亿 m³	有效蓄水量/亿 m³	所处分区
百色	207.93	25.74	3.94	降低出力区
天生桥一级	738.67	29.19	3.20	保证出力区
龙滩	347.95	83.83	33.23	保证出力区

表 4-12 控制节点调度成果(方案 I) 单位:m³/s

控制节点		7 月	8 月	9 月	10 月	11 月	12 月	1 月	2 月	3 月
迁江	天然流量	3 400	2 600	1 800	1 250	1 100	840	660	550	700
	调节后流量	1 680	1 530	1 340	1 150	1 260	1 260	1 270	1 340	1 220
武宣	天然流量	6 500	4 100	2 900	1 900	1 850	1 400	1 050	1 000	1 400
	调节后流量	4 780	3 030	2 440	1 800	2 010	1 820	1 660	1 790	1 920
梧州	天然流量	11 500	8 500	6 000	4 300	3 100	2 200	1 800	1 700	2 500
	调节后流量	8 870	6 880	4 870	3 540	2 950	2 390	2 180	2 260	2 720

2. 方案 II:补水量分摊方案

2014 年 7 月至 2015 年 3 月,梧州站最大缺水流量为 400 m³/s。按照各水库集水面积将缺水流量分摊至每个水库,分摊成果见表 4-13。

表 4-13 水库分摊承担的补水流量成果

水库	集水面积/万 km²	承担的补水流量/(m³/s)	
		12 月	1 月
百色	1.96	50	70
龙滩	9.85	250	330
天生桥一级	5.01	130	170
合计	—	300	400

2014 年 12 月至 2015 年 2 月,各水库下泄流量不低于入库流量与应分摊承担的补水流量之和,其他月份仍然按照发电调度图调度。经计算,汛期迁江最小月平均流量为 1 340 m³/s、武宣最小月平均流量为 2 440 m³/s、梧州最小月平均流量为 4 870 m³/s,均可以满足汛期河道内最小生态环境流量要求;枯水期迁江最小月平均流量为 1 150 m³/s、武宣最小月平均流量为 1 660 m³/s、梧州最小月平均流量为 2 220 m³/s,均可以满足枯水

河道内最小生态环境流量要求；2014 年 12 月至 2015 年 2 月，梧州站流量分别为 2 380 m^3/s、2 220 m^3/s、2 280 m^3/s，满足压咸流量的要求。调度成果见表 4-14。

表 4-14　控制节点调度成果（方案 Ⅱ）　　　　　单位：m^3/s

控制节点		7 月	8 月	9 月	10 月	11 月	12 月	1 月	2 月	3 月
迁江	天然流量	3 400	2 600	1 800	1 250	1 100	840	660	550	700
	调节后流量	1 680	1 530	1 340	1 150	1 260	1 260	1 270	1 310	1 460
武宣	天然流量	6 500	4 100	2 900	1 900	1 850	1 400	1 050	1 000	1 400
	调节后流量	4 780	3 030	2 440	1 800	2 010	1 820	1 660	1 760	2 160
梧州	天然流量	11 500	8 500	6 000	4 300	3 100	2 200	1 800	1 700	2 500
	调节后流量	8 870	6 880	4 870	3 540	2 950	2 380	2 220	2 280	2 960

（三）推荐调度方案

1. 方案的比较

从调度目标的实现程度看，方案 Ⅰ 与方案 Ⅱ 均能实现水资源年度调度目标，不同方案的调度效果基本没有差别。7—10 月梧州站实际流量均小于河道内适宜生态环境流量下限，原因是骨干水库特别是龙滩水库于 7 月下旬开始蓄水以及本年为枯水年来水流量较小所致；11—12 月，梧州站流量均在河道内适宜生态环境流量范围内；梧州站最小流量分别为 2 180 m^3/s、2 220 m^3/s，差别较小，均可以满足 2 100 m^3/s 压咸流量要求。

从骨干水库调度运行情况看，方案 Ⅱ 强调单个水库应承担的补水任务，为此百色、天生桥一级水库承担了较方案 Ⅰ 更多的下泄水量；由于龙滩水库保证出力大，按照发电调度下泄流量已超过其应承担的补水任务，为此方案 Ⅰ 与方案 Ⅱ 中龙滩水库下泄流量差别不大，仅在调度期末为保证出力方案 Ⅱ 增加了下泄流量；方案 Ⅱ 中天生桥一级水库下泄流量增加，龙滩水库在调度期内均可以按保证出力发电，较方案 Ⅰ 增发 1.85 亿 $kW\cdot h$ 电量。水库出库流量对比见表 4-15。

方案 Ⅰ 与方案 Ⅱ 在调度效果及调度运行情况看差别不大，但由于方案 Ⅰ 是按照骨干水库现行的调度图进行调度的，与各水库运行管理单位的协调难度较小，同时方案 Ⅰ 主要利用下游龙滩水库的补水作用，当后期来水向特枯水年型转变时，方案调整的灵活性较高，为此方案 Ⅰ 为推荐方案。方案 Ⅰ 水库运行图见图 4-8～图 4-10。

2. 推荐调度方案

按照方案 Ⅰ，各骨干水库的调度运行规则如下：

（1）龙滩水库：2014 年 7 至 2015 年 3 月，月平均下泄流量不小于 1 000 m^3/s；其中，2015 年 1—2 月，月平均下泄流量不小于 1 200 m^3/s；调度服从珠江防汛抗旱总指挥部调度。

（2）天生桥一级、百色等水库：2014 年 7 月至 2015 年 3 月，天生桥一级水库月平均下泄流量不小于 330 m^3/s，百色水库月平均下泄流量不小于 100 m^3/s；工程调度服从珠江防汛抗旱总指挥部调度。

表 4-15 水库出库流量对比 单位:m³/s

	月份	7	8	9	10	11	12	1	2	3
百色	入库	350	340	280	150	130	90	80	70	70
	方案Ⅰ出库	140	330	280	140	140	140	140	140	140
	方案Ⅱ出库	140	330	280	140	140	140	180	190	150
	出库差	0	0	0	0	0	0	-40	-50	-10
天生桥一级	入库	1 100	900	680	520	380	260	190	150	140
	方案Ⅰ出库	370	330	340	330	330	330	330	340	340
	方案Ⅱ出库	370	330	340	330	330	340	440	450	360
	出库差	0	0	0	0	0	-10	-110	-110	-20
龙滩	天然	2 800	2 100	1 470	1 120	880	650	500	400	490
	入库	1 980	1 440	1 040	840	730	640	660	600	620
	方案Ⅰ出库	1 080	1 030	1 010	1 020	1 040	1 070	1 110	1 190	1 010
	方案Ⅱ出库	1 080	1 030	1 010	1 020	1 040	1 070	1 110	1 160	1 250
	出库差	0	0	0	0	0	0	0	30	-240

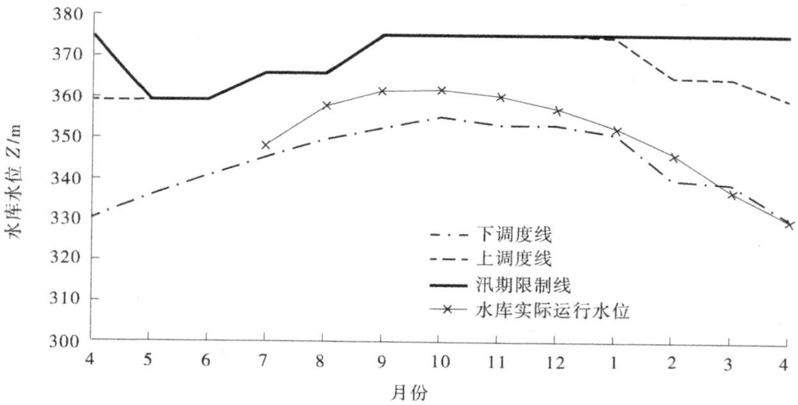

图 4-8 龙滩水库实际运行图

五、调度实施

西江干流生态流量调度由珠江流域防汛抗旱总指挥部组织实施,流域内各省水利厅、水利(务)局等相关单位配合,纳入调度的水库、电站工程管理单位具体执行电站的调度。

调度期间,珠江流域防汛抗旱总指挥部根据实时更新的流域水雨情预报情况,不断完善和优化调度方案,启动调度工作,向相关水利厅、水利(务)局以及水库、电站下达调度指令,水库、电站管理单位执行调度指令;流域内相关水文单位负责调度期间主要控制站流量信息的预报、收集、整理以及信息报送、共享工作。

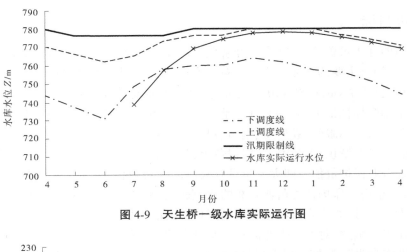

图 4-9　天生桥一级水库实际运行图

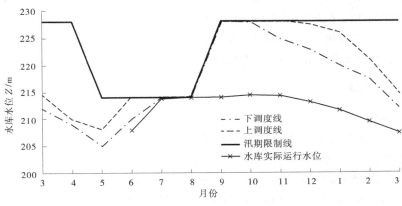

图 4-10　百色水库实际运行图

第三节　东塔产卵场试验性生态调度

一、调度背景

在珠江流域四大水系中,西江水系集水面积达 35.31 万 km^2,占珠江流域集水面积的 77.8%,西江是珠江流域主要的径流源;西江干流流经云南、贵州、广西和广东四省(自治区),干流上建有天生桥一级、天生桥二级、平班、龙滩、岩滩、大化、百龙滩、乐滩、桥巩及长洲水利枢纽等 10 座水利工程,沿途有桂平东塔产卵场等 10 处鱼类产卵场,是珠江流域水资源管理及水生态保护的重点。2005—2013 年,珠江水利委员会(简称珠江委)先后针对西江流域实施了多次枯水期珠江水量统一调度工作;2014 年 1 月水利部对西江(红水河)生态调度工作提出了新要求,要求"珠江委要有针对性地做好生态调度方案研究,并努力得到各方的支持,缜密地做好探索阶段的工作"。为服务于流域水资源管理工作,积极推动珠江流域水量调度及生态调度相统一,将东塔产卵场试验性生态调度列为 2014 年重点工作之一。

二、调度目标

珠江流域西江水系曾约有 70 多处经济鱼类产卵场和越冬场,尤以郁、黔、浔三江最为集中,其中东塔便是主要的产卵场之一。东塔产卵场位于浔江上游,自黔江、郁江汇合口起至东塔村止,长约 7 km,东经 110°12′,北纬 23°35′,被称为全国第二大产卵场,也是珠江流域鱼类生物多样性最为丰富的江段,常见的经济鱼类有 48 种,主要有草鱼、青鱼、鲢鱼、鳙鱼、鲤鱼、鲮鱼、赤眼鳟、卷口鱼、鳊鱼、斑鳠、鳡鱼、盔鲶等 12 种,此外还有部分洄游性鱼类,包括中华鲟、鲥鱼、七丝鲚、白肌银鱼等,是一个天然鱼类基因库,有重要的经济价值及水生生物资源保护价值。四大家鱼具有较高的经济价值,在过去相当长的一段时期内,其苗卵数占东塔产卵场鱼类苗卵总数的比例较高,但受干流工程建设、河段采砂及过度捕捞等因素影响,近些年来苗卵比重大幅降低,相比其他鱼类,四大家鱼产卵过程对水文情势的变化更为敏感,对河流生态需水具有较高的代表性,因此采用四大家鱼产卵所需生态水文条件作为西江干流生态调度目标进行研究,探索西江流域生态调度试验方案,具体调度目标为:合理控制龙滩、岩滩、西津水库下泄流量和时间,人为制造洪水脉冲,增加东塔产卵场断面满足产卵要求的涨水次数,为东塔产卵场四大家鱼产卵创造水文生态条件。

三、东塔产卵场

(一)地理特征

桂平东塔产卵场位于浔江上游,自黔江、郁江汇合口起至东塔村止,长约 7 km。产卵场一带为覆盖型岩溶平原河谷区,由石砾层、砂砾石层和黏土层组成。距离浔江右岸 2.5 km 处有一条长约 6.5 km 的大汶地下河。地下河沿东北向发育,底部高程为 13.7 m,枯水位为 29.8~30.2 m,年变幅为 0.04~0.21 m,枯水流量为 0.76 m³/s。地下水主要含碳酸钙和碳酸钙镁,pH 值为 6.6~7.6;在铜鼓滩左岸及台地下游有三条顺河深溶槽,槽底高程为 3.82 m,据探测约有溶洞 124 个。

产卵场两岸为丘陵台地,岸形稳定,两岸露出的岩石为石灰岩,台地上多种植水稻及旱作物。由于黔、郁两江江水的汇合及地下河的流水冲击深槽,使江面击起徐徐向上翻滚的泡漩水面,在江水上涨时尤为明显,这些为产漂流性卵的鱼类繁殖时卵子受精发育提供了必要的水文条件,为此形成了优良的鱼类产卵场。桂平东塔产卵场现场情况见图 4-11。

(二)水文气象

产卵场地处低纬度地区,属于亚热带气候,高温多雨。据桂平站多年资料统计,多年平均气温为 21.5 ℃,最高气温为 39.2 ℃,最低气温为 -3.3 ℃。据大湟江口水文站水温资料统计,多年平均水温为 21.8 ℃,年最高水温为 32.5 ℃,最低水温为 1.5 ℃;多年平均降雨量为 1 719 mm,雨量多集中在 4—8 月,占全年总量的 70%;多年平均流量为 5 460 m³/s;多年平均径流量为 1 722 亿 m³。桂平站平均气温统计见表 4-16,大湟江口站水温统计见表 4-17。

图 4-11　桂平东塔产卵场现场情况

(三)水化学及水质

据资料记载,黔江、浔江含氧量丰富,20 世纪 80 年代初期浔江含氧量为 8. 48 mg/L。《广西桂平东塔鱼类产卵场国家级水产种质资源保护区申报材料》(广西壮族自治区水产畜牧兽医局,2009 年 7 月)显示,东塔产卵场溶解氧含量:2006 年 5—9 月为 5. 56 ~ 5. 98 mg/L、2007 年 5—9 月为 3. 09 ~ 7. 90 mg/L。

根据水质监测成果,黔江至浔江桂平段水域水质透明度高,除总氮含量超标外,其余各项指标均符合《渔业水质标准》(GB 11607—1989)或《地表水环境质量标准》(GB 3838—2002)Ⅱ类水的要求,水质评价指标良好。

(四)生态水文条件

关于鱼类产卵的水文条件,国内外多家单位均进行过研究。

汉江流域四大家鱼自然繁殖的水文水力学特征和产卵、流速研究结果显示:单次洪峰满足四大家鱼繁殖的基本水文条件为洪峰初始水位达到 33. 83 ~ 36. 71 m,洪峰最高水位为 36. 86 ~ 39. 80 m,上涨持续时间为 3 ~ 8 d,水位涨率达到 0. 26 ~ 1. 0 m/d,产卵流速在 0. 2 m/s 以上。

根据易伯鲁等的研究,长江干流四大家鱼产卵的平均流速为 0. 95 ~ 1. 30 m/s;易雨君等认为四大家鱼产卵偏好的流速为 0. 2 ~ 0. 9 m/s,当流速小于 0. 2 m/s 时,漂流性卵开始下沉,当流速小于 0. 1 m/s 时,所有卵就会全部下沉。

根据朱远生等早期对西江石龙三江口鱼类产卵场调查,4—5 月期间产卵场表层流速为 0. 86 ~ 1. 09 m/s。

广西水产研究所专家周解参考国内相关研究成果并结合西江干流实际情况,认为西江多数鱼类产卵繁殖所需要的流速一般在 0. 3 ~ 1. 0 m/s。

表 4-16　桂平站平均气温统计　　　　　　　　　　　单位:℃

月份	1	2	3	4	5	6	7
气温	12.4	13.5	17.2	21.4	25.5	27.3	28.6
月份	8	9	10	11	12	全年	
气温	28.1	27	23.5	18.6	14.4	21.5	

表 4-17　大湟江口站水温统计　　　　　　　　　　　单位:℃

月份	1	2	3	4	5	6	7
水温	14.0	14.1	16.6	20.4	24.6	26.5	27.6
月份	8	9	10	11	12	全年	
水温	26.9	27.4	24.5	20.7	16.5	21.8	

丰华丽、陈敏建等在松花江适宜生态流量计算方法研究中,对断面平均流速和鱼类产卵繁殖所需流速之间的关系分析:当断面平均流速为 v 时,根据垂线流速分布及垂线平均流速沿河宽的分布规律,垂线自水面起至相对水深为 0.6 处的流速范围为(1.11~1.81)v。据此,以西江多数鱼类产卵繁殖所需要的较大流速 1.0 m/s 为上限,得到相应的断面平均流速为 0.55 m/s,即当断面平均流速为 0.55 m/s 时,断面水深与流速能够满足鱼类产卵的需求。

近年来,西江干流四大家鱼种群数量衰减,关于四大家鱼产卵水文环境的研究较少报道。珠江水产研究所为了解珠江鱼类补充群体发生规律及资源状况,2005—2011 年在珠江中下游肇庆江段设置定点采样点采集了鱼苗及鱼卵样品,对鲷亚科鱼苗、鳡鱼苗及鲮鱼苗早期资源分布进行了研究。产漂流性卵鱼类的产卵活动与水文环境之间有密切的联系,但不同的鱼类对水文条件的要求不同。产漂流性卵鱼类以鲤科为最多,一般认为四大家鱼产卵对水文条件要求最高,赤眼鳟、鳊鱼等经济鱼类次之,小型鱼类的要求最低。鳡鱼、鲮鱼为鲤科,产漂流性卵,研究认为鳡鱼苗密度与官良水文站的径流量和水位呈显著相关关系;鲮鱼苗密度与水温、径流量、水位和浊度之间存在极显著相关关系;鲷亚科鱼属小型经济鱼类,鱼苗密度与径流之间显著正相关。

通过与以往相关领域的研究成果进行对比,东塔产卵场四大家鱼产卵条件在涨水持续时间、水位上涨速率、产卵适宜流速等方面的成果基本一致。东塔产卵场四大家鱼产卵的水文条件为:在繁殖季节(盛产期为 4—6 月),水温达到 21.7 ℃ 以上时,一旦江河流量增加,水位、流速相应增加,亲鱼便在产卵场上的泡漩水域中产卵繁殖。单次洪峰满足四大家鱼繁殖的基本水文条件为:洪峰初始水位达到 21.26~22.75 m,相应流量为 2 360~5 300 m³/s,洪峰最高水位为 23.62~28.13 m,相应流量为 5 560~12 000 m³/s,上涨持续时间为 1~5 d,流量涨率达到 260~1 700 m³/d,相应的水位上涨速率达到 0.24~0.96 m/d,流速在 0.50~1.57 m/s。

(五)典型水文过程

根据实测的 6 次江汛产卵情况,第三次江汛过程中四大家鱼等经济鱼类产卵量最多,且涨水持续时间、水位上涨速率、产卵适宜流速与以往的研究成果较吻合,为此推荐与第三次江汛过程相对应的涨水过程作为产卵场的典型需水过程,以便开展试验性的生态调度。该次江汛期间,洪峰初始水位达到 23.40 m,相应流量为 4 960 m³/s,洪峰最高水位为 26.98 m,相应流量为 10 700 m³/s,上涨持续时间为 3 d 7 h,水位上涨速率达到 0.96 m/d,流量涨率为 1 700 m³/d,平均流速在 0.90~1.5 m/s。在扣减去起始流量后,产卵场断面涨水持续时间为 3.5 d,流量增幅为 5 740 m³/s。流量过程见表 4-18。

表 4-18　东塔产卵场产卵期典型生态用水过程　　　　　　　　单位:m³/s

时间	实测流量	需水流量
5 月 4 日 20 时	4 960	0
5 月 5 日 8 时	5 110	150
5 月 5 日 20 时	5 440	480
5 月 6 日 8 时	5 600	640
5 月 6 日 20 时	5 990	1 030
5 月 7 日 8 时	8 100	3 140
5 月 7 日 20 时	10 500	5 540
5 月 8 日 8 时	10 700	5 740

四、试验性生态调度方案

(一)骨干水库造峰能力分析

根据东塔产卵场四大家鱼产卵的水文条件及产卵典型需水过程,刺激鱼类产卵需要的总水量为 5.98 亿 m³。在已建的骨干水库中,龙滩水库兴利库容及岩滩水库可利用库容在 5.98 亿 m³ 以上。由于龙滩、岩滩距离产卵场位置不同,调节性能及工程运行方式不同,水库造峰能力和效果也不同。郁江西津水库、红水河桥巩水库及柳江红花水库是距离东塔产卵场最近的水库,其造峰能力与水库的调节能力和运行方式有关。由于桥巩水库兴利库容仅为 0.27 亿 m³、红花水库兴利库容仅为 0.29 亿 m³,调节能力较小,为此主要分析龙滩、岩滩、西津水库的造峰能力。

1.龙滩、岩滩单独造峰能力

天峨水文站是红水河上游主要控制站,位于广西壮族自治区天峨县城上游,集水面积为 10.55 万 km²。天峨站前身为龙滩(一)站,设立于 1959 年 5 月 1 日,1962 年 4 月 1 日下迁 6 km,称龙滩(二)站,1973 年改名为天峨水文站。天峨水文站下游 63 km 处,1936 年设有东兰水文站。天峨站上游天生桥一级水电站于 1991 年 6 月正式开工,1994 年底实现截流,1998 年底第一台机组投产发电,电站投产对天峨站径流过程有一定影响,根据天峨站及东兰站 1936 年至 1998 年 4—6 月逐日平均流量统计,龙滩—岩滩河段流量情况见表 4-19、图 4-12。

表 4-19　龙滩—岩滩河段 4—6 月流量情况　　　　　　　　　单位:m³/s

时间		最大日均流量	最小日均流量	旬平均流量	月平均流量
4 月	上旬	1 320	170	380	
	中旬	2 570	200	430	463
	下旬	3 360	180	580	
5 月	上旬	3 740	170	770	
	中旬	5 860	180	1 120	1 173
	下旬	8 840	180	1 630	
6 月	上旬	10 500	170	2 270	
	中旬	12 900	270	2 860	3 000
	下旬	13 900	340	3 870	

注:龙滩—岩滩河段 4 月平均流量为 463 m³/s,计算中采用流量为 500 m³/s;5 月平均流量为 1 173 m³/s,计算中采用流量为 1 200 m³/s。

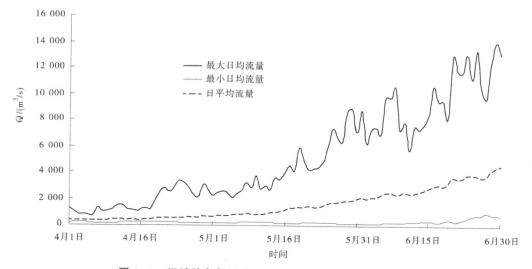

图 4-12　天峨站多年平均日均流量过程(1936—1998 年)

　　4—6 月龙滩—岩滩河段日均流量为 170~13 900 m³/s,其中 4 月平均流量约为 500 m³/s,5 月平均流量约为 1 200 m³/s,6 月平均流量为 3 000 m³/s。按照 4—6 月平均流量及水库放流能力,分析水库造峰能力(见表 4-20)。随着 4—6 月水库入库流量不断增加,水库造峰能力不断减少,龙滩、岩滩单独调度可使东塔产卵场断面流量增加:4 月为 2 750~3 830 m³/s、5 月为 2 180~3 840 m³/s、6 月为 400~3 660 m³/s,涨水时间均在 3.5 d 以上。

　　龙滩水电站机组下泄流量为 3 500 m³/s,4—6 月水库分别可增加泄量 3 000 m³/s、2 300 m³/s、500 m³/s,增泄流量可使东塔产卵场断面流量分别增加 3 000 m³/s、2 300 m³/s、500 m³/s,涨水持续时间为 7.5 d。

表 4-20　龙滩、岩滩水库单独造峰能力分析

造峰水库	时间	初始流量/（m³/s）	下泄流量/（m³/s）	下泄方式	下泄持续时间/d	东塔断面流量/（m³/s）	涨水持续时间/d
龙滩	4 月	500	3 500	机组过流	7.0	3 000	7.5
	5 月	1 200	3 500		9.5	2 300	7.5
	6 月	3 000	3 500		44.5	500	7.5
岩滩	4 月	500	3 400	机组过流	3.5	2 750	5.0
	5 月	1 200	3 400		5.0	2 180	6.5
	6 月	3 000	3 400		15.5	400	6.5
岩滩	4 月	500	10 500	机组及表孔,机组优先	0.5	3 830	3.5
	5 月	1 200	10 500		1.0	3 840	3.5
	6 月	3 000	10 500		1.0	3 660	3.5

岩滩水电站机组最大下泄流量为 3 445 m³/s,按 3 400 m³/s 流量计算 4—5 月水库可分别增加泄量 2 900 m³/s、2 200 m³/s,增泄流量可使东塔产卵场断面流量分别增加 2 750 m³/s、2 180 m³/s,涨水持续时间为 5.0~6.5 d;6 月岩滩水电站平均入库流量为 3 000 m³/s,在不影响电站发电情况下水库造峰能力仅为 400 m³/s。如考虑利用电站表孔溢流和机组同时下泄,4—6 月水库可分别增加泄量 10 000 m³/s、9 300 m³/s、7 500 m³/s,增泄流量可使东塔产卵场断面流量分别增加 3 830 m³/s、3 840 m³/s、3 660 m³/s,涨水持续时间为 3.5 d。

2. 龙滩、岩滩联合造峰能力

龙滩、岩滩水库单独运行均不能满足生态调度目标要求。龙滩、岩滩水库联合造峰能力分析见表4-21。由于龙滩水库机组下泄流量大于岩滩机组下泄流量,因此龙滩、岩滩联合造峰必须启用岩滩水库表孔泄流。

表 4-21　龙滩、岩滩水库联合造峰能力分析

时间	初始流量/（m³/s）	龙滩下泄			岩滩下泄			东塔断面	
		流量/（m³/s）	方式	持续时间/d	流量/（m³/s）	方式	持续时间/d	流量/（m³/s）	涨水持续时间/d
4 月	500	3 500	机组	7.0	10 500	机组及表孔	1.0	6 180	4.5
5 月	1 200	3 500		9.5	10 500		1.0	5 570	4.5
6 月	3 000	3 500		44.5	10 500		1.0	4 040	3.5

龙滩、岩滩联合造峰调度可使东塔产卵场断面流量增加 4 040~6 180 m³/s,涨水持续时间在 3.5 d 以上。受来水大小制约,4 月实施调度可以满足生态调度目标要求,5 月实施调度可以接近生态调度目标要求,6 月实施调度不能满足生态调度目标要求。

3. 郁江西津水电站造峰能力分析

南宁水文站位于左、右江汇合口下游 28 km 处的广西南宁市凌铁村郁江干流上,是郁江的主要控制站,集水面积为 7.27 万 km²。南宁(一)站设立于 1907 年,观测水位,1915 年停测,设站和观测情况不详;1936 年在南宁(一)站下游 390 m 处设立南宁(二)站,观测水位、流量,其中 1939 年 12 月至 1941 年 10 月、1944 年 10 月至 1945 年 7 月中断观测;1973 年水文站上移 11 km,称为南宁(三)站,观测至今。根据南宁站逐日流量观测成果,统计 4—6 月逐日平均流量,南宁站流量情况见表 4-22。

表 4-22　郁江南宁站 4—6 月流量情况　　　　　　　　　　单位:m³/s

时间		最大日均流量	最小日均流量	旬平均流量	月平均流量
4 月	上旬	2 900	118	370	430
	中旬	1 850	120	426	
	下旬	2 270	102	493	
5 月	上旬	7 450	96	779	1 038
	中旬	7 070	118	994	
	下旬	6 550	158	1 342	
6 月	上旬	11 100	114	1 896	2 364
	中旬	9 700	138	2 412	
	下旬	8 900	129	2 783	

4—6 月南宁站日均流量为 96~11 100 m³/s,其中 4 月平均流量为 430 m³/s,5 月平均流量约为 1 050 m³/s,6 月平均流量约为 2 400 m³/s。按照 4—6 月平均流量及西津水电站放流能力,分析水库造峰能力(见表 4-23)。随着 4—6 月水库入库流量不断增加,水库造峰能力不断减少,西津水电站在不影响发电的情况下,可使东塔产卵场断面流量增加,4 月为 1 500 m³/s、5 月为 840 m³/s,涨水持续时间分别为 2.5 d 和 3.5 d;由于 6 月郁江来水流量大于电站机组最大下泄流量,电站已经无造峰能力。

表 4-23　西津水库造峰能力分析

造峰水库	时间	初始流量/(m³/s)	下泄流量/(m³/s)	下泄方式	下泄持续时间/d	东塔断面流量/(m³/s)	涨水持续时间/d
西津	4 月	460	1 960	机组过流	2.5	1 500	2.5
	5 月	1 120	1 960		5.0	840	3.5
	6 月	2 550	1 960		—	—	—

注:初始流量按照南宁站与西津水电站面积比由南宁站流量计算得出。

综上所述,西津、岩滩、龙滩造峰能力受来水、泄流能力等多种因素影响,总体上看,利用西津水电站发电机组造峰可增加的东塔产卵场断面平均流量为 780 m³/s,利用岩滩水电站发电机组造峰可增加的东塔产卵场断面平均流量约为 1 400 m³/s,利用龙滩水电站发电机组造峰平均能力约为 1 900 m³/s,利用岩滩水电站机组及表孔造峰平均能力约为 3 800 m³/s,利用岩滩和龙滩联合造峰平均能力约为 5 360 m³/s。

(二)生态调度方案

东塔产卵场位于黔江、郁江汇合口处,4—6 月间洪水呈明显丰枯变化。2014 年 4—6 月产卵场断面涨水过程共计 14 次,其中满足产卵条件的涨水次数为 2 次,为枯水年。由于水库造峰受来水影响,为此针对产卵场断面洪水丰枯变化特点,生态调度可采取纯水库造峰、水库补水造峰 2 种方案。对于某一年采用何种方案实施生态调度需根据中长期预报及短期洪水预报结论进行综合判断。

纯水库造峰方案:即不考虑水库至产卵场断面之间区间洪水,仅利用龙滩、岩滩水电站下泄流量增加产卵场断面流量过程以达到生态调度目标要求。

水库补水造峰方案:即考虑水库至产卵场断面之间区间洪水,利用龙滩、岩滩、西津水电站增加下泄流量与区间洪水叠加形成洪水过程,达到延长洪水涨水持续时间或增加洪水涨幅以满足生态调度目标要求。按照《珠江水情手册》及洪水预报方案,龙滩水电站至大湟江口站洪水传播时间为 76 h,岩滩水电站至大湟江口站洪水传播时间为 67 h,西津水电站至大湟江口站洪水传播时间为 34 h,大湟江口水文站洪水预报期为 72 h,传播时间与洪水预见期基本满足洪水叠加要求。

1. 纯水库造峰

根据中长期洪水预报成果,当 4—6 月东塔产卵场流量过程不能满足四大家鱼产卵要求的洪水过程时,择机采取纯水库造峰调度方式。根据红水河、郁江来水组成情况以及龙滩、岩滩、西津水电站造峰能力,纯水库造峰可以采取龙滩与岩滩联合造峰(方案 1)、岩滩与西津联合造峰(方案 2)2 种方案。

1)龙滩与岩滩联合造峰方案(方案 1)

(1)调度时机:产卵场水温达到 21.7 ℃以上,预计产卵场断面无明显涨水过程。

(2)调度方案:龙滩水电站按照 3 500 m³/s 下泄并持续下泄 2.0 d,在龙滩水电站下泄 0.5 d 后,岩滩水电站加泄 6 800 m³/s 并持续下泄 1.0 d。

(3)调度效果:生态调度后东塔产卵场断面流量在 3.5 d 增加 5 900 m³/s,达到四大家鱼产卵需要的水文生态条件。调度过程中,利用龙滩水电站水量 6.48 亿 m³,水电站下泄水量均从电站机组下泄,对发电运行没有影响;利用岩滩水电站水量 8.81 亿 m³,岩滩最低水位为 214.12 m,水电站下泄水量从电站机组及溢流表孔下泄,对发电有一定影响。水库下泄流量见表 4-24,产卵场断面流量见表 4-25。

2)岩滩与西津联合造峰方案(方案 2)

(1)调度时机:产卵场水温达到 21.7 ℃以上,预计产卵场断面无明显涨水过程。

(2)调度方案:岩滩水电站按照 3 400 m³/s 下泄并持续下泄 3.0 d,在岩滩水电站下泄 2.0 d 后,西津水电站下泄 1 960 m³/s 并持续下泄 2.5 d。

表 4-24 龙滩、岩滩水库泄流量 单位:m³/s

时间		龙滩下泄	岩滩加泄量
日	时		
1	8	3 500	0
1	20	3 500	6 800
2	8	3 500	6 800
2	20	3 500	6 800
3	8	3 500	0

注:特枯年龙滩—岩滩河段 4—6 月平均流量为 460 m³/s,计算中采用流量为 500 m³/s。

表 4-25 东塔产卵场断面流量 单位:m³/s

时间		需水流量	造峰流量
日	时		
1	20	0	14
2	8	150	104
2	20	480	456
3	8	640	1 334
3	20	1 030	2 815
4	8	3 140	4 511
4	20	5 540	5 717
5	8	5 740	5 911

(3)调度效果:生态调度后东塔产卵场断面流量涨水持续时间为 4.5 d、流量增加 4 160 m³/s,不满足四大家鱼产卵需要的水文生态条件。调度过程中,利用岩滩水电站水量 8.14 亿 m³,利用西津水电站水量 4.0 亿 m³,水电站下泄水量均从电站机组下泄,对发电运行没有影响。水库下泄流量见表 4-26,东塔产卵场断面流量见表 4-27。

比较方案 1 与方案 2,方案 1 可以达到产卵需要的水文条件,而方案 2 不能满足要求;但方案 1 采用龙滩与岩滩水电站联合造峰,由于岩滩水电站机组最大下泄流量为 3 445 m³/s,与龙滩水电站机组最大下泄流量 3 500 m³/s 相当,两水电站联合造峰必然造成岩滩水电站弃水。为保障水库造峰不产生弃水,建议采取岩滩与西津联合造峰方案。方案 2 虽然不能达到产卵需要的典型涨水条件,但流量增加 4 160 m³/s,对鱼类产卵仍具有积极作用。

表 4-26　西津、岩滩水库下泄流量　　　　　　　　　单位:m³/s

时间		岩滩下泄流量	西津下泄流量
日	时		
1	8	2 900	0
1	20	2 900	0
2	8	2 900	0
2	20	2 900	0
3	8	2 900	1 960
3	20	2 900	1 960
4	8	2 900	1 960
4	20	0	1 960
5	8	0	1 960
5	20	0	1 960

注:特枯年岩滩 4—6 月平均流量为 460 m³/s,西津河段 4—6 月平均流量为 430 m³/s。

表 4-27　东塔产卵场断面流量　　　　　　　　　　单位:m³/s

时间		需水流量	造峰流量
日	时		
1	8	0	1
1	20	150	15
2	8	480	90
2	20	640	300
3	8	1 030	1 300
3	20	3 140	2 450
4	8	5 740	3 220
4	20	0	3 740
5	8	0	4 050
5	20	0	4 160

2. 水库补水造峰

1) 来水分析

根据《关于 2014 年汛期珠江流域雨水情预测的报告》(2014 年 4 月 1 日),经定性、定量预测,初步认为:2014 年 4—9 月受降雨时空分布不均影响,西江和北江可能发生中小洪水。根据 2014 年 4—6 月大湟江口洪水过程统计,发生 14 次明显的涨水过程,其中满足产卵条件的洪水过程 2 次,分别为:5 月 9 日 20 时至 5 月 13 日 8 时,涨水持续时间为 3.5 d,流量增幅为 7 600 m³/s;6 月 3 日 20 时至 6 月 7 日 8 时,涨水持续时间为 3.5 d,流量增幅为 15 890 m³/s。涨水次数统计情况见表 4-28。

表 4-28　2014 年 4—6 月产卵场涨水次数

次数	峰现时间	洪峰流量/ (m³/s)	涨水持续时间/d	涨水流量/ (m³/s)
1	4 月 2 日 8 时	11 100	1.0	3 620
2	4 月 9 日 8 时	7 150	1.5	980
3	4 月 12 日 8 时	9 880	1.5	3 200
4	4 月 28 日 20 时	10 700	4.5	4 930
5	5 月 3 日 20 时	7 330	1.0	370
6	5 月 8 日 20 时	5 600	2.0	310
7	5 月 13 日 8 时	12 700	3.5	7 600
8	5 月 20 日 8 时	9 460	2.0	3 520
9	5 月 24 日 8 时	14 200	2.0	6 830
10	5 月 29 日 8 时	11 300	2.0	3 050
11	6 月 7 日 8 时	23 200	3.5	15 890
12	6 月 12 日 8 时	12 200	1.5	2 350
13	6 月 19 日 8 时	9 200	1.0	1 130
14	6 月 22 日 20 时	17 000	1.5	6 900

注:涨水定义为连续涨水超过 1.0 d。

2)补水造峰方案

根据 2014 年来水情况及水库造峰能力,2014 年试验性生态调度可采用岩滩水电站补水造峰(方案 3)、西津水电站补水造峰(方案 4)。

a.方案 3:岩滩水电站补水造峰方案

(1)调度时机:产卵场水温达到 21.7 ℃以上并且流量持续增加 0.5 d,预计未来 3.0 d 流量持续增加但流量总增幅达不到 5 700 m³/s。

(2)调度方案:满足调度时机要求的实测涨水过程 1 次,为 4 月 28 日 20 时,洪峰流量为 10 700 m³/s、涨水持续时间为 4.5 d、流量增幅为 4 930 m³/s。调度方案为:2014 年 4 月 25 日 8 时岩滩水电站按照 3 400 m³/s 下泄并持续 1.5 d,电站增加下泄流量 1 400 m³/s;龙滩水电站同时增加下泄流量 1 400 m³/s,补水岩滩水库。

(3)调度效果:模拟实施试验性生态调度方案后,实施效果见图 4-13、表 4-29。调度实施后,东塔产卵场断面流量增加 5 830 m³/s,使得满足"涨水持续时间在 3.5 d 以上、流量增幅在 5 700 m³/s 以上"的涨水次数增加 1 次,全年达到 3 次。

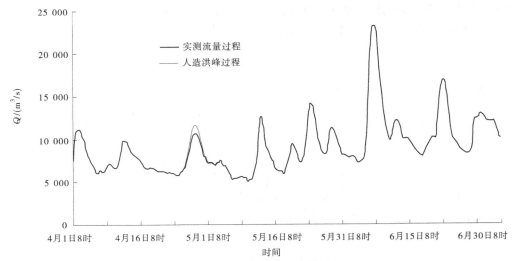

图 4-13　东塔产卵场流量过程

表 4-29　东塔产卵场流量过程对比　　　　　　单位:m³/s

时间	造峰前		造峰后	
	实测流量	增加流量	叠加流量	增加流量
4 月 24 日 8 时	5 770		5 770	
4 月 24 日 20 时	5 790		5 790	
4 月 25 日 8 时	6 210		6 220	
4 月 25 日 20 时	6 340		6 380	
4 月 26 日 8 时	6 740	4 930	6 890	5 830
4 月 26 日 20 时	8 070		8 420	
4 月 27 日 8 时	9 060		9 670	
4 月 27 日 20 时	10 100		10 900	
4 月 28 日 8 时	10 600		11 500	
4 月 28 日 20 时	10 700		11 600	

b. 方案 4:西津水电站补水造峰方案

(1)调度时机:产卵场水温达到 21.7 ℃以上并且流量持续增加 0.5 d,预计未来 3.0 d 流量持续增加,但流量总增幅达不到 5 700 m³/s。

(2)调度方案:满足调度时机要求的实测涨水过程 1 次,为 4 月 28 日 20 时,洪峰流量为 10 700 m³/s、涨水持续时间为 4.5 d、流量增幅为 4 930 m³/s。调度方案为:2014 年 4 月 26 日 8 时西津水电站按照 1 960 m³/s 下泄并持续 3.0 d,电站增加下泄流量 1 000 m³/s。

(3)调度效果:模拟实施试验性生态调度方案后,实施效果见图 4-14、表 4-30。调度实施后,东塔产卵场断面流量增加 5 930 m³/s,使得满足"涨水持续时间在 3.5 d 以上、流量增幅在 5 700 m³/s 以上"的涨水次数增加 1 次,全年达到 3 次。

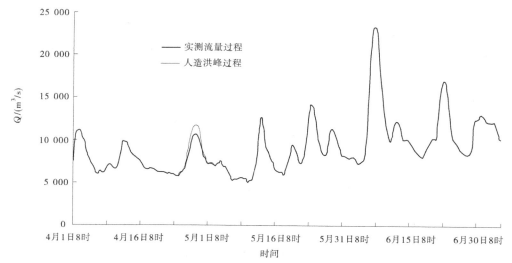

图 4-14　东塔产卵场流量过程

表 4-30　东塔产卵场流量过程对比　　　　　　　　　　　　单位:m³/s

时间	造峰前		造峰后	
	实测流量	增加流量	叠加流量	增加流量
4 月 24 日 8 时	5 770		5 770	
4 月 24 日 20 时	5 790		5 790	
4 月 25 日 8 时	6 210		6 210	
4 月 25 日 20 时	6 340		6 340	
4 月 26 日 8 时	6 740		7 120	
4 月 26 日 20 时	8 070	4 930	8 840	5 930
4 月 27 日 8 时	9 060		9 970	
4 月 27 日 20 时	10 100		11 100	
4 月 28 日 8 时	10 600		11 600	
4 月 28 日 20 时	10 700		11 700	

3. 推荐方案

利用岩滩、西津水电站造峰均能使东塔产卵场断面流量增加,满足生态调度的目标。由于岩滩水电站距离东塔产卵场 492 km,洪水传播时间为 62 h,岩滩下游有大化、百龙滩、乐滩、桥巩等水电站,水电站下泄流量受水库调蓄影响坦化严重,同时调度难度较大;而西津水电站距离东塔产卵场 242 km,洪水传播时间为 34 h,利用西津水电站造峰较为灵活,推荐采用西津水电站造峰。

(三)试验性生态调度影响

试验性生态调度方案主要是针对东塔产卵场四大家鱼产卵实施的人造洪峰调度。调度过程中应避免对中华鲟、广东鲂等产黏性卵鱼类繁殖产生影响。

中华鲟在西江流域已经多年未见,同时长江流域研究资料显示中华鲟产卵期一般在每年10月中旬至11月中旬产卵,尤其在10月中旬集中。东塔产卵场试验性生态调度方案于4—6月实施,对中华鲟产卵基本没有影响。

广东鲂为我国南方特有鱼种,在长江、黄河、黑龙江等水系中未曾被发现,而在珠江流域西江、东江水系中均有分布。20世纪80年代,珠江水产研究所在开展珠江水系渔业资源调查时,曾在西江干流封开至肇庆段调查到2个较为大型的广东鲂产卵场,分别为广东省封开县青皮塘产卵场和广东省郁南县罗旁产卵场。2006年1—12月,珠江水产研究所、广东省肇庆市渔政支队在西江肇庆段对江鱼情况进行了动态监测。监测数据显示,在西江肇庆段,40种已经鉴别的鱼苗中广东鲂占29.1%,仅次于鲴类鱼种(占33.9%),说明广东鲂为该江段优势渔业资源之一。广东鲂属敞水性砾石产卵类型,卵粒附于砂底砾石之上;产卵时亲鱼有向产卵场快速集群和撤离特点,一般亲鱼从集群到产完卵撤离产卵场仅用5~6 h,而高度集群时间只有2 h左右。广东鲂产卵时间为4—8月,其中4月中下旬左右为产卵高峰期。产卵时要求的水文条件为:江水水温在20.4 ℃以上;河水较清,透明度一般在48.0 cm以上;水流流量较小,水位较低,流速一般在1.0 m/s左右。从目前资料看,广东鲂主要分布在长洲水利枢纽下游,东塔产卵场试验性生态调度的实施对广东鲂不存在影响。

五、调度实施

(一)同步监测产卵场生态数据

本书利用1983年东塔产卵场的实测江汛资料,整理了四大家鱼产卵需要的水文条件,原有资料反映了当时条件下的水文生态条件。由于资料距今较远,西江干流河道采砂、航道整治及长洲水利枢纽的建设均不同程度地影响了产卵场的地形条件,产卵需要的涨水过程是否变化或者鱼类是否按照新的水文条件适应了环境条件,仍需要不断收集和积累新资料,进一步复核、对比分析确定。为评价和收集新的水文生态条件,建议同步监测调度期间东塔产卵场断面流量、流速、水位、水温等水文要素指标以及发江、鱼苗径流量等生态指标。

(二)优化长洲水利枢纽的运行方式

长洲水利枢纽位于东塔产卵场下游153.3 km处,是一座低坝壅水闸坝工程。工程正常蓄水位为20.6 m,死水位为18.6 m,汛期5—9月水库水位降至18.6 m运行,枯水期10月至翌年4月水库水位在20.6 m运行。按照《广西长洲水利枢纽可行性研究报告》(第三册)成果,水库回水线尖灭点位于郁江口,回水范围已经涵盖东塔产卵场。水库回水造成东塔产卵场水面比降降低、流速减小,不利于产漂流性卵鱼类产卵。生态调度期间,结合渔道运行要求,研究长洲水利枢纽工程生态调度方案,优化枢纽运行方式和运行水位。

第四节　北盘江流域水量调度

一、调度背景

水资源是人类社会的基础性自然资源和战略性经济资源,是改善和保护环境、维持生态平衡的控制性要素,也是国民经济建设的命脉。随着人口不断增长、经济迅速发展、城市化进程加快和人民生活水平逐步提高,水资源更加深刻地影响着经济社会活动的各个方面,直接关系到国家经济安全、社会稳定和可持续发展。

面对我国日益严重的水资源形势和紧迫的用水需求,国家相继出台了一系列与水资源相关的文件。2011 年《中共中央 国务院关于加快水利改革发展的决定》(2011 年中央一号文件)指出:"强化水资源统一调度,协调好生活、生产、生态环境用水,完善水资源调度方案、应急调度预案和调度计划"。2012 年国务院关于《实行最严格水资源管理制度的意见》(国发〔2012〕3 号)指出:"流域管理机构和县级以上地方人民政府水行政主管部门要依法制订和完善水资源调度方案、应急调度预案和调度计划,对水资源实行统一调度。区域水资源调度应当服从流域水资源统一调度,水力发电、供水、航运等调度应当服从流域水资源统一调度""进一步完善流域管理与行政区域管理相结合的水资源管理体制,切实加强流域水资源的统一规划、统一管理和统一调度"。

2011 年以来,珠江水利委员会先后开展了《北盘江流域水量分配方案》《北盘江流域综合规划》等水利前期工作;同时,北盘江干流规划的工程大部分已经建成或正在建设,工程在防洪与兴利调度中正在或将要发挥重大作用,流域具备了实施水量调度的基本条件。《北盘江流域水量调度方案编制和实施》属 2015 年中央分成水资源费项目,项目的主要目标是通过对流域内大型水库工程的调度研究,提出北盘江干流水量调度方案及调度实施建议,从而不断提高流域水资源管理水平和能力,为北盘江流域水量调度的组织实施及流域最严格水资源管理提供技术支撑。未来,根据确定的调度方案进行具体水量调度实施,有利于促进流域水资源的可持续利用及经济社会的可持续发展,保障流域上下游、左右岸不同用水户合法用水及维护河流生态环境健康。

二、调度目标

《北盘江流域水量调度方案编制和实施》的主要目标是在深入分析北盘江流域各大中型水利枢纽来水及水资源调度需求分析的基础上,结合水库现有的调度方式,以满足干流水资源调度需求为目标,科学合理选择参与水量优化调度水库,按不同水情进行水库调度原则和调度方式研究,提出北盘江流域水量调度方案,为北盘江流域水资源配置、开发利用和保护提供技术支撑,以便更加科学合理地管理和利用北盘江水资源,促进水资源的可持续利用及经济社会的可持续发展。

董箐断面是北盘江流域主要控制节点,可以反映整个北盘江流域调度后的水量下泄情况,而大渡口断面位于北盘江中游,可以反映其上游万家口子水库对北盘江中上游来水的影响程度和水资源补充作用,因此北盘江流域水量调度选择大渡口、董箐断面为控制断面。根据《北盘江流域水量分配方案》,大渡口控制断面的最小下泄流量为 20 m^3/s,董箐控制断面的最小下泄流量为 50 m^3/s,在保证该最小下泄流量的基础上,制定规划水平年北盘江各频率来水条件下的水资源调度方案。

三、北盘江流域概况

北盘江是珠江流域西江水系左岸一级支流,流经云南省和贵州省,流域面积为 2.64 万 km^2。北盘江流域水量丰富,多年平均地表水资源量为 149 亿 m^3,由于水资源时空分布不均,一方面,汛期(6—11 月)降水量约占全年的 85%,集中降水使径流以洪水形式流走,雨洪资源利用难度加大;另一方面,12 月至翌年 5 月的降水量只占全年降水量的 15%,给部分地区的冬春季节带来严重的干旱。加之,流域地形地质条件复杂,水资源开发利用难度大。受全球气候条件缓慢变化的影响,2000 年以来北盘江流域季节性干旱缺水甚至秋冬连旱出现的概率增加,致使塘库干涸、人畜饮水困难。近年来,由于流域内矿产资源开发以及城镇发展致使流域局部水体污染严重,河流生态环境问题逐渐凸显。

北盘江干流梯级开发采用寨田、龙口、黄莺洞、达开、范家、万家口子、毛家河、响水、石板寨一级、石板寨二级、善泥坡、光照、马马崖一级、马马崖二级和董箐 15 级方案,总装机容量 3 554.56 万 kW,年发电量为 113 亿 kW·h,保证出力 74.6 万 kW。其中具有调节能力的梯级有光照(不完全多年调节)、龙口(年调节)和万家口子(不完全年调节),大型水电站有光照、马马崖一级和董箐。各梯级中寨田梯级开发任务为发电、灌溉,光照开发任务为发电、航运和水资源配置,马马崖一级、二级和董箐开发任务以发电为主,兼顾航运,其他梯级开发任务均为发电。目前已建、正在建的梯级有寨田、龙口、黄莺洞、达开、万家口子、毛家河、响水、善泥坡、光照、马马崖一级和董箐等 11 级。

北盘江流域虽然已建及规划水利工程数量较多,但控制性骨干枢纽较少,自上而下有万家口子、光照、董箐等 3 座梯级,总调节库容为 23.17 亿 m^3,占流域多年平均水资源量的 15.5%,流域总体调节能力较好,但主要控制性工程仅光照一宗,其调节库容达 20.37 亿 m^3,占流域主要调节库容的 87.9%,占流域多年平均水资源量的 13.6%,而光照枢纽位于北盘江中游,工程以上集水面积为 13 548 km^2,占全整个北盘江流域面积的 51.4%,对枢纽下游水量调节作用明显,而光照以上流域调节库容相对较大的仅万家口子枢纽一宗,库容仅为 1.70 亿 m^3,对滇黔河段水量调节作用甚微。

四、调度方案

(一)水库情况

北盘江流域已建与规划工程中,万家口子水库为不完全年调节水库,调节库容为 1.70 亿 m^3,水库位于北盘江上游亦那河与革香河汇合口以下,是距离滇黔河段大渡口控制断面距离最近的大型水利工程,水库可以有效调节控制断面水量及迅速补充下游水库入库水量;光照水利枢纽位于北盘江中游,是北盘江流域内最大一宗水利工程,调节库容为 20.37 亿 m^3,水库具有不完全多年调节性能,由于库容巨大,水库可调控北盘江干流水量的时空分布,特别是可以有效提高枯水年及枯水期水量;董箐水库位于北盘江下游,是北盘江干流梯级开发中的最后一级,董箐水库虽仅具有日调节能力,但该水库调节库容达

1.44 亿 m³,其下泄水量直接控制着流域出境断面(董箐控制断面)的日流量过程。重点评价万家口子、光照、董箐等 3 座水电站水库的调度运行方式。

1. 万家口子水电站

万家口子水电站工程坝址位于北盘江干流革香河上,地理位置位于云南省宣威市及贵州省六盘水市境内,为两省交会地界,距云南省宣威市 55 km,距贵州省六盘水市 145 km。

万家口子水电站是北盘江干流梯级开发中的第五级,上接范家水电站、下接毛家河水电站,电站为北盘江上游的龙头电站,可提高下游梯级水电站的装机容量、保证出力,大幅度增加年发电量。根据珠江水利委员会《关于北盘江万家口子水电站规划意见的函》(珠水规计函〔2008〕209 号),万家口子水电站以发电为主,兼顾工农业用水。

万家口子水电站坝址集水面积为 4 685 km²,多年平均流量为 73.8 m³/s,多年平均径流量为 23.27 亿 m³,调节库容为 1.70 亿 m³,库容系数为 7.39%,为不完全年调节水库。坝后岸边式电站,正常蓄水位为 1 450 m,工程枢纽主要由挡水建筑物、泄水建筑物及引水建筑物等组成。碾压混凝土拱坝坝顶高程为 1 452.50 m,最大坝高为 167.50 m,坝顶厚度为 9.0 m,坝底拱冠处厚 36.0 m,坝身最大倒悬度为 0.14。坝顶中部设 3 孔 12.0 m× 13.0 m 的溢流表孔,堰顶高程为 1 437.0 m,坝身设 2 孔冲沙中孔,进口底高程为 1 365.0 m,设置水垫塘消能,水垫塘长度为 210.0 m。引水隧洞进口采用岸塔式,建基面高程为 1 395.50 m,电站厂房为地面式厂房,主厂房平面尺寸为 68.22 m×23.50 m,内设 2 台单机容量为 9.0 万 kW 的水轮发电机组,装机容量为 18.0 万 kW,保证出力为 3.33 万 kW,多年平均发电量为 7.10 亿 kW·h,装机年利用小时为 3 947 h。

万家口子水电站于 2008 年开工建设,因大坝基础地质条件复杂,加上资金筹措出现困难,工程于 2012 年 6 月停工,2014 年 12 月工程复工,2017 年 6 月工程投产发电。电站建设及运行管理单位为大唐宣威水电开发有限公司。

2. 光照水电站

光照水电站位于贵州省关岭县与晴隆县交界的北盘江干流中游光照河段,是北盘江干流的第十个梯级电站,也是北盘江上最大的水电梯级,上接善泥坡水电站、下接马马崖水电站,坝址下距南盘江汇合口 188 km。根据珠江水利委员会《关于北盘江光照水电站工程建设规划意见的函》(珠水规计函〔2005〕189 号),光照水电站工程开发目标是以发电为主,结合航运,兼顾灌溉、供水及其他综合利用,是流域内承担径流调配的骨干水库。

电站坝址集水面积为 1.35 万 km²,多年平均流量为 257 m³/s,多年平均径流量为 81.1 亿 m³,兴利库容为 20.37 亿 m³,库容系数为 0.251,为不完全多年调节水库。

光照水电站水库大坝坝顶高程为 750.50 m,设 3 个泄流表孔,每孔净宽 16.0 m,堰顶高程为 725.00 m,最大泄量为 9 857 m³/s。工程于 2003 年 5 月开工,2007 年 12 月下闸蓄水。电站建设及运行管理单位为贵州黔源电力股份有限公司。

3. 董箐水电站

董箐水电站是位于贵州北盘江下游贞丰县与镇宁县交界处,是北盘江干流梯级开发中的最后一级,上接马马崖水电站、下与红水河上的龙滩水电站库水位衔接。根据水电水利规划设计总院《关于印发〈贵州北盘江董箐水电站可行性研究报告审查意见〉的函》(水电规水工〔2008〕17 号),电站开发任务是以发电为主,航运次之。

电站坝址多年平均流量为 398 m³/s,多年平均径流量为 125.5 亿 m³,总库容为 9.55 亿 m³,兴利库容为 1.438 亿 m³,属于日调节水库。枢纽工程主要由钢筋混凝土面板堆石坝、左岸开敞式溢洪道、右岸放空隧洞、右岸引水系统及地面厂房、通航建筑物等组成。电站总装机容量为 88 万 kW,安装 4 台 22 万 kW 水轮发电机组,保证出力为 17.2 万 kW,年平均发电量为 31 亿 kW·h。

工程于 2005 年 3 月 28 日正式开工,2006 年 11 月 15 日实现截流,2009 年 8 月 20 日下闸蓄水,12 月 1 日首台机组发电,12 月 18 日第二台机组发电,2010 年 6 月 1 日第三、四台机组发电,2010 年 6 月工程完工。电站建设及运行管理单位为贵州黔源电力股份有限公司。

三座水库的具体情况见表 4-31,位置见图 4-15。

表 4-31　北盘江流域已建主要大中型水库主要情况

水库名称	集水面积/km²	总库容/亿 m³	兴利库容/万 m³	所在河流	调节性能	工程任务
光照	13 548	32.45	20.37	北盘江干流	不完全多年	发电、航运、水资源配置等
董箐	19 693	9.55	1.438	北盘江干流	日	以发电为主,航运次之
万家口子	4 685	2.793	1.7	北盘江干流	不完全年	以发电为主,兼顾工农业用水

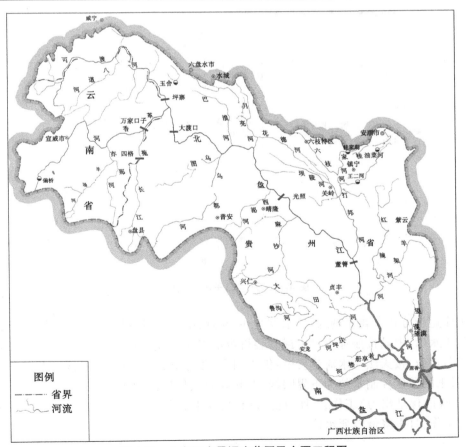

图 4-15　北盘江水量调度范围及主要工程图

(二)运行方式

光照、万家口子水电站水库库容较大,水库均按调度图进行运行调度。光照水电站为已建电站,电站现状兴利调度采用水库调度图和水文预报相结合的方式实施水库发电调度,根据计划用水、计划蓄水和计划发电的原则,合理控制电站水库水位的运用过程。董箐水电站为已建电站,水库仅具日调节功能,电站在日内按照电网要求进行调峰运行,水库水位在正常蓄水位至死水位之间运行。各水库的运行调度规则如下。

1. 万家口子水电站

万家口子水电站是以发电为主的水利水电工程,水库正常蓄水位为 1 450 m,死水位为 1 415 m,调节库容为 1.70 亿 m^3,库容系数为 7.39%,单独运行,具有不完全年调节能力。万家口子水库不承担防洪任务,为增加发电效益,汛限水位采用正常蓄水位1 450 m。

根据《云南省万家口子水电站工程补充可行性研究报告》(吉林省水利水电勘测设计研究院、广西电力工业勘察设计研究院,2008 年 4 月)成果,万家口子水库一般年份的枯水期为 12 月至翌年 5 月,蓄水期为 6—9 月,10—11 月为平水期。依据长系列径流调节计算成果绘制水库调度图,并依据此图进行水库调节计算。水库调度图见图 4-16。

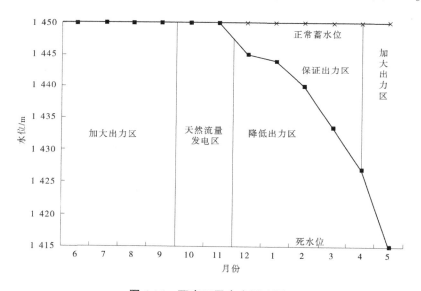

图 4-16　万家口子水库调度图

水库运行方式主要表现为:蓄水期为 6—9 月,由于库容系数较小,一般情况下 1 个月即可蓄满水库,电站按照加大出力或者装机容量工作;平水期为 10—11 月,水库水位维持在正常蓄水位,按天然来水流量发电;供水期为 12 月至翌年 4 月,以正常蓄水位为上界限线,各月末的最低控制水位为下界限线,在此区域按保证出力工作,下界限线以下按降低出力(80% 的保证出力)工作;5 月为蓄水前夕,在下界限线以下降低出力工作,否则按加大出力工作,月末降低至死水位。

2. 光照水电站

光照水电站以发电为主,结合航运,兼顾灌溉、供水及其他综合效益。水库为不完全多年调节水库,电站在电力系统中主要承担调峰、调频、事故及负荷备用的任务。为增加发电效益,汛限水位采用正常蓄水位 745 m。光照水库调度图见图 4-17。

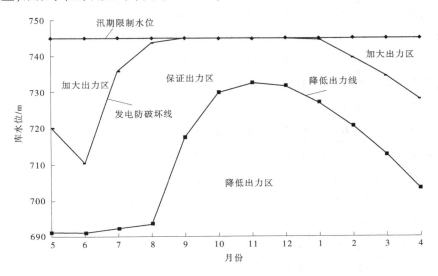

图 4-17　光照水库调度图

3. 董箐水电站

董箐水电站正常蓄水位为 490 m,死水位为 483 m,水库具有日调节性能。为满足贵州电网对董箐水电站的任务要求,其水库调节库容由日调节库容、负荷备用库容、事故备用库容组成。当电站同时承担以上任务时,水库有相应的水量来保证,库水位在 490~483 m 运行。当仅调配 1 d 的来水量时,水库昼夜维持在高水位运行,以获得较好的能量指标。

董箐水库不承担上下游的防洪任务,调洪主要是为了自身的安全。调洪方式为:洪水调节起调水位为正常蓄水位 490 m。当来流量小于起调水位相应的泄流能力时,来多少泄多少,维持水库水位在起调水位;当来流量大于起调水位相应的泄流能力时,按泄洪建筑物的泄流能力泄洪,水库水位开始上涨,直至来流量与泄流量相等,水库水位达到最高点,当来流量小于水库水位相应的泄流能力时,水库水位开始下降,直至水库水位下降至起调水位。

(三)方案比较

1. 长系列计算结果

结合水库来水情况,并考虑上游耗水,进行流域水库联合调节计算,确定流域参与水量调度的水利工程调度方式。按照 3 座大型水库现行调度图及运行方式,进行 1963 年 6 月至 2012 年 5 月共 50 年长系列逐月调节计算,对枯季径流改善效果见表 4-32。

表 4-32　　现有运用下多年平均情况下对比和控制断面流量　　　　单位：m³/s

月份		12	1	2	3	4	5	枯季平均流量	最小月均流量
万家口子水库	入库流量	37.24	28.32	24.07	20.04	18.24	33.34	26.87	18.24
	出库流量	37.94	33.86	32.11	33.06	32.05	68.12	39.52	32.05
	差值	−0.70	−5.54	−8.04	−13.03	−13.81	−34.78	−12.65	−13.81
大渡口控制断面	天然	59.33	46.33	39.45	33.22	30.14	52.14	43.43	30.14
	工程影响	59.43	51.27	46.88	45.65	43.35	86.32	55.48	43.35
	差值	−0.10	−4.94	−7.44	−12.43	−13.21	−34.18	−12.05	−13.21
光照水库	入库流量	92.66	78.22	73.58	69.99	72.77	165.91	92.19	69.99
	出库流量	116.47	166.13	161.88	171.51	195.16	274.71	180.97	116.47
	差值	−23.81	−87.91	−88.30	−101.51	−122.39	−108.80	−88.79	−46.47
董箐水库	入库流量	127.64	100.47	91.82	80.61	91.05	221.17	118.79	80.61
	出库流量	149.68	195.29	189.02	197.75	226.07	371.00	221.47	149.68
	差值	−22.04	−94.82	−97.20	−117.14	−135.02	−149.82	−102.67	−69.07
董箐控制断面	天然	127.64	100.47	91.82	80.61	91.05	221.17	118.79	80.61
	工程影响	149.68	195.29	189.02	197.75	226.07	371.00	221.47	149.68
	差值	−22.04	−94.82	−97.20	−117.14	−135.02	−149.82	−102.67	−69.07

根据长系列逐月调节计算结果，实施水量调度后可以保障流域河道外用水需求，调节后的大渡口、董箐控制断面最小月平均流量分别为 20 m³/s、45.4 m³/s，较调节前增加了 1.1 m³/s、10.4 m³/s，达到 20 m³/s、50 m³/s 控制目标的年保证率分别为 100%、98%，在长系列调算中，仅董箐控制断面 2012 年 4 月的月平均流量为 45.4 m³/s，未达到 50 m³/s 的断面最小下泄流量要求，需要上游水库对其进行补水，考虑到光照的调节性能较强，库容较大，且需要补水的量不大，可考虑由光照水库单独向董箐控制断面进行补水，由于补水量仅为 4.6 m³/s，占光照水电站同期来水量的 12.6%，因此由光照水电站单独向下游补水，可满足董箐控制断面的最小下泄流量要求。

2. 典型年计算结果

根据典型来水过程选取原则，以这洞水文站为依据站，选取年、枯水期平均流量接近设计频率 75%、90% 和 95% 的实际来水过程作为典型过程，分别为 1992 年 6 月至 1993 年 5 月、1988 年 6 月至 1989 年 5 月、1990 年 6 月至 1991 年 5 月。对各典型年系列进行逐日调节计算，统计各典型年的逐月调算结果（见表 4-33～表 4-35）。根据典型年逐日调算结果来看，大渡口及董箐控制断面的逐日流量均可以满足其断面 20 m³/s、50 m³/s 的最小下泄流量要求，各典型年流域现有的运行调度方式可满足流域水量调度目标要求。

表 4-33　现有运用下 75%来水频率对比和控制断面流量　　　单位：m³/s

月份		12	1	2	3	4	5	枯季平均流量	最小月均流量
万家口子	入库流量	38.51	33.29	32.79	25.86	18.76	16.77	27.66	16.77
	出库流量	36.78	32.97	33.11	33.61	35.04	60.48	38.66	32.97
	差值	1.72	0.33	−0.32	−7.75	−16.28	−43.71	−11.00	−16.19
大渡口	天然	58.30	49.50	47.30	37.80	30.40	26.60	41.65	26.60
	工程影响	56.58	49.17	47.62	45.55	46.68	70.31	52.65	45.55
	差值	1.72	0.33	−0.32	−7.75	−16.28	−43.71	−11.00	−18.95
光照	入库流量	68.24	55.68	57.08	55.27	56.83	99.52	65.44	55.27
	出库流量	133.32	136.75	141.03	146.13	152.19	228.04	156.24	133.32
	差值	−65.09	−81.07	−83.95	−90.86	−95.36	−128.51	−90.81	−78.06
董箐	入库流量	174.53	169.58	169.72	175.56	178.25	284.35	192.00	169.58
	出库流量	174.53	169.58	169.72	175.56	178.25	284.35	192.00	169.58
	差值	0	0	0	0	0	0	0	0
董箐控制断面	天然	111.17	88.84	85.45	76.95	66.60	112.13	90.19	66.60
	工程影响	174.53	169.58	169.72	175.56	178.25	284.35	192.00	169.58
	差值	−63.36	−80.75	−84.27	−98.61	−111.64	−172.22	−101.81	−102.98

表 4-34　现有运用下 90%来水频率对比和控制断面流量　　　单位：m³/s

月份		12	1	2	3	4	5	枯季平均流量	最小月均流量
万家口子	入库流量	26.65	20.48	18.01	13.87	12.09	19.50	18.43	12.09
	出库流量	33.25	34.40	11.68	36.07	32.59	18.27	27.71	11.68
	差值	−6.60	−13.92	6.33	−22.20	−20.50	1.23	−9.28	0.41
大渡口	天然	44.20	34.10	29.80	23.70	21.20	29.40	30.40	21.20
	工程影响	50.80	48.02	23.47	45.90	41.70	28.17	39.68	23.47
	差值	−6.60	−13.92	6.33	−22.20	−20.50	1.23	−9.28	−2.27
光照	入库流量	83.72	75.02	54.67	84.15	70.75	60.81	71.52	54.67
	出库流量	90.26	169.23	145.22	190.21	197.73	181.31	162.33	90.26
	差值	−6.54	−94.22	−90.55	−106.07	−126.97	−120.50	−90.81	−35.59
董箐	入库流量	118.50	192.72	166.39	214.30	221.43	205.21	186.42	118.50
	出库流量	118.50	192.72	166.39	214.30	221.43	205.21	186.42	118.50
	差值	0	0	0	0	0	0	0	0
董箐控制断面	天然	105.37	84.58	82.17	86.03	73.95	85.94	86.34	73.95
	工程影响	118.50	192.72	166.39	214.30	221.43	205.21	186.42	118.50
	差值	−13.13	−108.13	−84.22	−128.27	−147.47	−119.27	−100.08	−44.55

表 4-35 现有运用下95%来水频率对比和控制断面流量 单位：m³/s

	月份	12	1	2	3	4	5	枯季平均流量	最小月均流量
万家口子	入库流量	31.61	26.24	22.36	17.47	14.93	11.68	20.72	11.68
	出库流量	33.37	33.94	35.23	37.50	13.24	23.10	29.40	13.24
	差值	−1.76	−7.70	−12.86	−20.03	1.69	−11.42	−8.68	−1.56
大渡口	天然	47.30	39.60	33.20	25.90	22.30	18.90	31.20	18.90
	工程影响	49.06	47.30	46.06	45.93	20.61	30.32	39.88	20.61
	差值	−1.76	−7.70	−12.86	−20.03	1.69	−11.42	−8.68	−1.71
光照	入库流量	81.15	79.92	81.32	62.46	36.31	64.79	67.66	36.31
	出库流量	87.68	174.14	171.87	168.53	163.28	185.29	158.46	87.68
	差值	−6.54	−94.22	−90.55	−106.07	−126.97	−120.50	−90.81	−51.38
董箐	入库流量	104.77	191.33	201.05	184.39	176.04	208.29	177.64	104.77
	出库流量	104.77	191.33	201.05	184.39	176.04	208.29	177.64	104.77
	差值	0	0	0	0	0	0	0	0
董箐控制断面	天然	96.47	89.42	97.63	58.29	50.75	76.37	78.16	50.75
	工程影响	104.77	191.33	201.05	184.39	176.04	208.29	177.64	104.77
	差值	−8.29	−101.92	−103.42	−126.10	−125.28	−131.92	−99.49	−54.02

（四）推荐方案

根据北盘江长系列逐月与典型年逐日的调节计算结果，北盘江在一般年份，按照干流大型水库现有的调度规则，可以满足大渡口及董箐两个控制断面的最小下泄流量要求。在特枯水年偶有控制断面水量不达标的情况，当大渡口断面的下泄水量不达标时，可考虑由万家口子进行补水；当董箐控制断面的下泄水量不达标时，由于董箐水电站水库只能调蓄日内来水的下泄过程，故可由光照水电站增加下泄水量，补充董箐控制断面不足之水量，考虑到光照水电站距离董箐断面之间的距离尚有 86.5 km，水量传播需要一定时间，故可由董箐水电站提前应急放水，及时补充董箐控制断面缺水量。

五、调度实施建议

（一）水量调度实施主体

根据现行的水资源管理体制，北盘江流域水量调度实行分级管理：珠江水利委员会依照国务院水行政主管部门的授权，负责北盘江水量调度的组织实施和监督检查工作；云南省及贵州省人民政府水行政主管部门按照规定的权限，配合珠江水利委员会的相关工作；万家口子、光照、董箐等水电站业主单位按照珠江水利委员会的调度指令，具体负责调度的实施工作。

（二）水量调度实施流程

水量调度实施流程包括制定年度调度方案、调度实施与调度监督检查。

1. 制定年度调度方案

正常年份，万家口子、光照、董箐水电站业主单位根据水雨情信息编制水库年度调度运行计划，报电力主管部门审批执行；同时编制用水计划，报珠江水利委员会审批执行；遇特殊情况，启动应急调度，珠江防总组织编制应急调度方案。

2. 调度实施

根据水量调度方案研究成果，万家口子、光照、董箐等水电站按照原有的发电调度规则可满足控制断面的流量要求，珠江水利委员会在一般年份不需要对水库调度进行干预，水库由电站建设单位按照发电调度自行调度。当启动应急调度后，万家口子、光照、董箐等水电站业主单位必须按照珠江水利委员会的调度指令，具体负责调度的实施工作。

水库调度期间，三大水库应当充分发挥水库蓄丰补枯性能，严格按照要求定期上报水库下泄流量并接受珠江水利委员会的监督。当电力调度部门对三大水库进行电力调度，需调整水库出库流量时，须经珠江水利委员会同意后实施。特殊情况下确需临时调整出库流量的，应当及时向上报。

3. 调度监督检查

珠江水利委员会及相关省（自治区）负责北盘江流域水量调度执行情况的监督检查，监督检查的内容包括：①水库、水电站调令执行情况；②主要断面流量、水电站水库出库流量情况；③信息报送情况；④水量调度其他相关执行情况。

（三）水量调度监测方案

大渡口断面、董箐断面作为北盘江水量调度主要监测断面，应根据需要设置临时监测断面及监测要求。

大渡口站是国家基本水文站，为已建站点，属贵州省水文局管理，观测项目有水位、流量等，监测频次满足《河流流量测验规范》（GB 50179—2015）要求。董箐断面可用董箐水电站的出库断面作为监测断面，董箐水电站的出库断面的监测系统已经建成，主要监测数据有出库流量等。

相应北盘江流域不同频率来水时年下泄流量的控制目标，需要监测大渡口站、董箐站下泄流量；相应大渡口站、董箐站生态流量 20 m^3/s、50 m^3/s 的下泄要求，需要监测大渡口站、董箐站瞬时流量。综合两项要求，考虑将两站流量测验数据纳入珠江水情信息平台，实现在线监控。其中，将董箐站纳入北盘江流域水量调度监测站后，应依照监测要求对该站进行标准化建设，并与董箐水电站实现水文监测数据共享。

（四）水量调度保障措施

（1）珠江流域防汛抗旱总指挥部和各成员单位团结协作，统一指挥；云南、贵州省防汛抗旱指挥机构密切配合，通力合作。珠江防总和相关省级防汛抗旱指挥机构要建立专家库，强化技术支撑，科学指导水量调度工作；地方各级人民政府和防汛抗旱指挥机构应组织动员社会力量投入和配合水量调度工作。

（2）珠江流域防汛抗旱总指挥部及各成员单位坚持以公用通信网为主，充分利用现有专用通信网络，确保信息传输及时畅通，逐步实现实时监测北盘江水量调度所需要的信息。

（3）水量调度期间，交通等部门密切关注河道内水位、航深，必要时发布安全预警，对相关河道实施管制或禁航；相关部门应采取限排、减排措施，确保水质安全；旅游部门应密切关注水文气象信息，必要时调整旅游线路，合理安排旅游活动，以保障人员安全。

（4）珠江流域防汛抗旱总指挥部以及相关各级防汛抗旱指挥机构、相关地方人民政府水行政主管部门，按照职责或授权负责对辖区内水量调度工作实施监督检查。发现影响水量应急调度实施的行为，应责令其迅速整改，并严肃查处。

（5）珠江流域防汛抗旱总指挥部和地方各级防汛抗旱指挥机构应结合实际，采取定期与不定期相结合的形式进行水量应急调度培训。定期举行不同级别水量调度演习，以检验、完善和强化应急准备和应急响应能力。

第五节　黄泥河流域水资源年度调度

一、调度背景

2011 年中央一号文件《中共中央　国务院关于加快水利改革发展的决定》指出："强化水资源统一调度，协调好生活、生产、生态环境用水，完善水资源调度方案、应急调度预案和调度计划"。2012 年国务院关于《实行最严格水资源管理制度的意见》（国发〔2012〕3号）指出："流域管理机构和县级以上地方人民政府水行政主管部门要依法制订和完善水资源调度方案、应急调度预案和调度计划，对水资源实行统一调度。区域水资源调度应当服从流域水资源统一调度，水力发电、供水、航运等调度应当服从流域水资源统一调度"。《中华人民共和国水法》（2016 年修正）规定，水量分配方案和旱情紧急情况下的水量调度预案经批准后，有关地方人民政府必须执行。

为贯彻和落实 2011 年中央一号文件、2012 年国发〔2012〕3 号文件等要求，加强珠江流域水资源的统一管理，合理配置、优化调度水资源，开展流域水资源调度方案及调度计划编制十分必要。截至目前，珠江流域已经连续多年开展了西江、北江、东江、韩江、柳江、北盘江、黄泥河等主要干支流年度水量和水资源调度。

黄泥河是珠江流域西江干流一级支流，流经云南、贵州两省。该流域水资源矛盾突出，为协调用水矛盾，水利部 2016 年批复了《黄泥河水量分配方案》。为落实《黄泥河水量分配方案》，利用黄泥河流域大中型水库水资源调配功能，规范和加强流域水资源统一调度管理，实现水资源的经济、生态和社会最大效益，保障经济社会生态可持续发展，珠江水利委员会于 2018 年启动了黄泥河流域水资源调度工作，实施了 2018—2019 年度、2019—2020 年度、2020—2021 年度、2021—2022 年度水资源调度。本书简要介绍 2020—2021 年度黄泥河流域水资源调度工作。

二、调度目标

依据已印发的《黄泥河水量调度方案》（珠水政资函〔2018〕607 号），结合云南省、贵州省用水计划和 2020 年 6 月至 2021 年 5 月雨水情预测成果，确定 2020 年 6 月至 2021 年

5月云南省、贵州省河道外地表水分配份额采用《黄泥河水量调度方案编制说明》的50%年型和75%年型进行内插,成果见表4-36。流域内各省年度取水总量不得超过表4-36划定的红线。

表4-36　2020年6月至2021年5月黄泥河流域水量分配指标

区域	地表水分配份额/亿 m³
云南省	5.37
贵州省	1.89
黄泥河流域	7.26

注:不含外调水量。

黄泥河水量调度计划的控制断面为长底、岔江断面。下泄水量根据流域预测来水频率、年度地表水分配水量及耗水情况控制,分别为27.7亿 m³、39.4亿 m³。

根据《黄泥河水量调度方案》(珠水政资函〔2018〕607号)和《水利部关于印发第一批重点河湖生态流量保障目标的函》(水资管函〔2020〕43号)要求,长底、岔江断面生态基流指标分别为12.4 m³/s、19.7 m³/s,生态基流保障情况原则上按日均流量进行评价,保证率原则上应不小于90%。

调度期间,确保云南省、贵州省地表水用水总量不超年度水量分配指标5.37亿 m³、1.89亿 m³ 的控制要求。根据流域水雨情预报成果及水库蓄水情况,调度期内满足下游生活、生产、生态等用水要求,在保障流域上下游、左右岸不同用水户合法用水的前提下,确保长底和岔江控制断面下泄水量符合27.7 m³/s、39.4亿 m³ 的要求,日均下泄流量符合生态基流12.4 m³/s、19.7 m³/s 的要求。

三、流域概况

(一)自然地理

黄泥河为珠江流域西江水系南盘江左岸一级支流,位于云南省罗平县与贵州省兴义市之间,地理位置为东经103°45′~104°45′,北纬24°40′~25°50′。流域地势北面高、南东面低,分水岭高程一般在2 000~2 400 m,最高为流域北端的者竹山,高程为2 744 m;最低为流域东南的三江口,高程仅1 240 m。

黄泥河流域主要由上游的九龙河、块泽河两条主要河流汇流而成,全流域集水面积为8 271 km²,河长235 km,落差为1 246 m,主要支流有子午河(响水河)、小黄泥河、块泽河、多依河等,平均坡降为4.8‰。九龙河流域习惯称为黄泥河上游干流,集水面积为2 108 km²,河长163 km,落差为784 m,平均坡降为4.8‰,发源于云南省富源县东山镇鲁租壁村,河流自北向南偏西蜿蜒曲折流经独木、东山、高桥,然后转向南偏东流经戈维、妥者、木作达到大落水洞流入地下,成为地下暗河,于东南方向直线距离约2 km处的冒水洞出露成为地表明流,下折向东北汇入块泽河,改称喜旧溪河。之后河流折向东流,于岔江接纳小黄泥河后急转向南,穿越乃格沙—鲁布革—乃格峡谷等崇山峻岭,于乃格峡谷后接纳多依河注入南盘江。水量调度研究范围见图4-18。

图 4-18　水量调度研究范围

(二)降雨径流

　　黄泥河流域内降水地区分布差异较大,由北向南逐渐递增,北部的富源站多年平均降水量为 1 084 mm,白马河以北的地区多年平均降水量为 1 200 mm 左右,白马河以南地区多年平均降水量为 1 400 mm 左右,接近罗平一带多年平均降水量为 1 600 mm 左右,是降水高值区,罗平站平均降水量为 1 700 mm。由西向东逐渐递增,西部的陆良站平均降水量为 976 mm,往东的师宗站平均降水量为 1 205mm,再往东罗平站平均降水量为 1 700 mm,再往东边又递减,流域东边的兴义站平均降水量为 1 507 mm。

　　黄泥河流域内曾先后设立 14 处水文站、水位站。经撤销并合后,系列较长的有他谷、长底、岔江、河边、普梯等 5 个水文站,水文站多年平均径流量及水文计算成果见表 4-37、表 4-38。

　　黄泥河流域大部分地区属山丘区,地表水资源量实际上是包含了全部地下水资源的水资源总量。黄泥河流域多年平均水资源总量为 57.75 亿 m³。

(三)水库工程

　　黄泥河流域已建蓄水工程 414 座,总库容为 4.35 亿 m³,兴利库容为 3.45 亿 m³。其中,大型水库 2 座,一是以发电为主的鲁布革水电站,总库容为 1.10 亿 m³,兴利库容为 0.74 亿 m³,二是以灌溉为主的独木水库,总库容为 1.06 亿 m³,兴利库容为 0.94 亿 m³;中型水库 7 座,总库容为 1.42 亿 m³,兴利库容为 1.17 亿 m³;小型水库、塘坝 405 座,总库容为 0.77 亿 m³,兴利库容为 0.60 亿 m³。从规模工程组成来看,流域内以中小型水利工程为主,调节性能较差。因鲁布革水电站水库位于黄泥河干流下游出口处、长底和岔江断面的下游,能对控制断面启动径流调节作用的大型水库仅有独木水库。

表 4-37　水文站多年平均径流量　　　　　单位:m³/s

站名	6 月	7 月	8 月	9 月	10 月	11 月	12 月	1 月	2 月	3 月	4 月	5 月	平均
长底	178.6	265.8	256.6	189.0	133.6	73.8	45.2	33.5	27.8	23.7	20.0	40.6	108.0
普梯	62.5	88.1	81.1	62.5	43.1	24.7	15.6	11.8	10.6	9.2	8.3	16.2	36.3
岔江	258.6	374.7	359.5	265.8	187.0	105.1	65.8	48.2	41.6	35.8	30.8	61.8	152.9
他谷	50.6	77.7	80.2	56.6	39.2	23.2	14.6	10.1	8.8	8.4	6.9	12.6	32.6
河边	32.8	47.5	44.4	35.0	27.1	17.0	11.0	8.3	7.2	6.5	5.9	8.7	21.0

表 4-38　水文站水文计算成果

断面	项目	参数			设计值/(m³/s)									
		$Q_{均}/$ (m³/s)	C_V	$C_S/$ C_V	各级频率/%									
					5	10	15	25	50	75	85	90	95
长底	年	108.0	0.25	2	156.0	144.0	135.0	125.0	106.0	88.8	80.0	75.2	67.7
	枯期	31.9	0.28	2	47.9	43.7	41.1	37.5	31.1	25.5	23.0	21.1	18.7
普梯	年	36.3	0.22	2	50.3	46.8	44.6	41.2	35.7	30.7	28.1	26.5	24.2
	枯期	11.9	0.23	2	16.7	15.5	14.7	13.6	11.7	10.0	9.1	8.6	7.8
岔江	年	152.9	0.25	2	221.9	204.4	192.7	178.1	150.9	126.5	113.9	107.1	96.5
	枯期	47.3	0.26	2	69.4	63.9	60.2	55.1	46.4	38.7	34.9	32.5	29.2
他谷	年	32.6	0.30	2	50.2	45.6	42.6	38.4	31.6	25.6	22.8	20.9	18.4
	枯期	10.3	0.32	2	16.3	14.7	13.7	12.3	10.0	7.9	7.0	6.4	5.5
河边	年	21.0	0.30	2	32.3	29.4	27.5	24.8	20.4	16.5	14.6	13.4	11.8
	枯期	8.0	0.26	3	11.8	10.7	10.1	9.2	7.7	6.5	5.9	5.5	5.1

独木水库位于黄泥河干流上游,集水面积为 196 km²,1978 年 11 月开始建设,1988 年竣工验收投入运行。独木水库总库容为 10 560 万 m³,正常蓄水库容为 10 410 万 m³,死库容为 198 万 m³。水库最大坝高 36.3 m,坝顶高程为 2 010.20 m,坝顶长 156 m、宽 6 m。水库的主要功能是以灌溉为主,同时兼顾防洪、生活和发电供水,水库设计灌溉面积为 16 万亩,现在实际灌溉面积为 9.3 万亩,主要灌溉草百海子和罗平坝子,多年平均农业灌溉用水量为 3 045.03 万 m³;水库对罗平坝子和草百海子人民生命财产及耕地起着重要的防洪作用,同时对南盘江流域的防洪起着调洪作用;水库坝后电站装机容量为 1 000 kW,发电量为 500 万 kW·h,并解决了 2 454 人的饮水问题;年供水量达 1.244 6 亿 m³。

四、调度方案

(一)来水形势

1. 前期雨水情

2020年1—6月,流域面平均降水量为371.0 mm,比多年同期偏少11%,黄泥河控制站岔江站实测月平均流量为55.7 m³/s,比多年同期偏少28%。

2. 水库蓄水情况

2020年1—6月,独木水库月平均入库流量为1.01 m³/s,比多年同期偏少37%。2020年7月1日8时,独木水库蓄水量为3 440万m³,有效蓄水量为3 242万m³,有效蓄水率约33%,较2019年同期多蓄1 076万m³,较2018年同期少蓄297万m³。

3. 后期来水形势预备

黄泥河岔江站预测2020年天然径流量约为44.42亿m³(P=65%)。汛期(6—11月)天然径流量约为35.97亿m³(P=65%),比多年同期偏少约一成;非汛期(12月至翌年5月)岔江站天然径流量约为8.45亿m³(P=70%),比多年同期偏少约二成。

黄泥河流域主要断面逐月平均流量预测成果见表4-39、典型年黄泥河流域主要断面逐月流量见表4-40。

表4-39 黄泥河流域主要断面逐月平均流量预测成果 单位:m³/s

断面	独木入库	长底站	岔江站
6月	0.9	118	156
7月	9.5	296	421
8月	7.5	236	341
9月	5	151	201
10月	3	111	151
11月	1.5	66	86
12月	0.6	46	61
1月	0.4	41	61
2月	0.3	31	41
3月	0.4	31	46
4月	0.3	33	48
5月	1	49	64
非汛期平均	0.5	39	54

(二)调度方案

考虑阿岗水库拟于2020年9月完成下闸蓄水计划,10月下闸蓄水,对阿岗水库蓄水进行风险分析,调度水库仅考虑独木水库,待阿岗水库完成蓄水计划后,进行复核调整,确保阿岗蓄水不影响长底、岔江断面下泄要求。

表 4-40　典型年黄泥河流域主要断面逐月流量　　　单位:m³/s

断面	长底站	岔江站
6 月	130	175
7 月	402	588
8 月	340	486
9 月	345	474
10 月	264	348
11 月	101	135
12 月	53	81
1 月	48	57
2 月	34	46
3 月	28	36
4 月	31	39
5 月	34	46

　　黄泥河水量调度采用水文年为调度期,为 6 月至翌年 5 月。对来水频率不大于 90% 年份,调度选择 12 月至翌年 5 月为关键调度期。根据雨水情预测结论,2020 年汛期(6—11 月)岔江站来水比多年同期偏少约一成;非汛期(12 月至翌年 5 月)岔江站来水比多年同期偏少近二成。汛期来水较丰,各断面来水均能满足生态基流要求,因此本次方案重点计算分析 2020 年 12 月至 2021 年 5 月调度情况,水库按照 2020 年 6 月月初实测库水位起调。

　　结合来水情况拟定 2 个计算工况进行分析:

　　工况一:独木水库按照运行计划运行,来水条件为预测来水。

　　工况二:独木水库按照运行计划运行,来水条件为典型年来水。

　　2020 年 6 月至 2021 年 5 月黄泥河流域独木水库调度运行计划见表 4-41。

　　按工况一调度后,长底、岔江断面日均流量低于生态基流的天数均为 0;按工况二调度后,长底断面日均流量低于 12.4 m³/s 的天数为 16 d,岔江断面日均流量低于 19.7 m³/s 的天数为 17 d,破坏天数集中在 5 月中上旬,全年保证率分别为 95.6%、95.3%,大于 90%。调度期内,两种工况下,独木水库按运行计划运行,均能满足长底、岔江断面生态基流要求(见表 4-42~表 4-44)。预测来水条件下,长底断面下泄水量 28.9 亿 m³,岔江断面下泄水量 40.4 亿 m³,考虑阿岗水库蓄水量,长底断面下泄水量 27.9 亿 m³,岔江断面下泄水量 39.4 亿 m³,符合控制断面下泄水量指标要求。典型年来水条件下,长底断面下泄水量 44.9 亿 m³,岔江断面下泄水量 62.6 亿 m³,考虑阿岗水库蓄水量,长底断面下泄水量 43.9 亿 m³,岔江断面下泄水量 61.6 亿 m³,符合控制断面下泄水量指标要求。

表 4-41　2020 年 6 月至 2021 年 5 月黄泥河流域独木水库调度运行计划

月份	月初水位/m	月末水位/m	入库流量/(m³/s)	出库流量/(m³/s)	水库月初蓄水/(m³/s)	中涵农业灌溉供水出库流量/(m³/s)
6	1 998.10	1 996.80	0.9	0.89	4 112	2.58
7	1 996.80	1 997.60	2.6	0.2	3 446	0.65
8	1 997.60	2 000.70	7.5	0.2	3 899	0.45
9	2 000.70	2 002.31	5	0.2	5 676	0.30
10	2 002.31	2 003.07	3	0.44	6 843	0.12
11	2 003.07	2 003.41	1.5	0.44	7 475	0.01
12	2 003.41	2 003.34	0.6	0.44	7 746	0.37
1	2 003.34	2 002.35	0.4	3.5	7 692	0.06
2	2 002.35	2 001.16	0.3	3.5	6 874	0.21
3	2 001.16	1 999.71	0.4	3.5	5 989	0.57
4	1 999.71	1 997.30	0.3	3.5	5 038	1.97
5	1 997.30	1 996.23	1	0.2	3 698	2.84

表 4-42　各调度方案长底、岔江断面流量情况　　　　　　单位:m³/s

月份	长底站断面流量		岔江站断面流量	
	预测	典型年	预测	典型年
12	39	47	52	73
1	35	43	53	49
2	26	29	33	38
3	28	25	41	31
4	25	23	37	28
5	34	16	44	24

表 4-43　各调度方案长底、岔江站下泄流量和下泄水量破坏情况

项目	长底站断面下泄流量		岔江站断面下泄流量	
	预测	典型年	预测	典型年
流量破坏天数/d	0	16	0	17
水量破坏情况	未破坏	未破坏	未破坏	未破坏

表 4-44　各调度方案独木水库水位、库容统计

方案	5 月底水位/m	5 月底库容/万 m³	5 月底有效库容/万 m³
运行计划+预测来水	1 996.23	3 171	2 971
运行计划+典型年来水	1 999.67	5 012	4 812

综上分析,预测来水条件下和典型年来水条件下,独木水库按运行计划调度运行均能满足长底、岔江断面生态基流及水量要求。考虑到预测来水工况更贴近实际情况,本次非汛期水量调度采用工况一成果,即 2020 年 12 月至 2021 年 5 月独木水库按运行计划调度运行。

(三)调度要求

1. 独木水库

按照《黄泥河水量调度方案》(珠水政资函〔2018〕607 号),结合非汛期来水预测成果,制订独木水库年度调度运行计划。当独木水库入库低于预测成果时,根据实时雨水情形势,视情调整水库下泄流量。为保障非汛期生态水量调度,汛末独木水库合理安排蓄水,在确保防洪安全的前提下,尽可能多地增加蓄水量。

2. 其他梯级

独木水库下游已建梯级电站不得超设计标准(正常蓄水位)运行,对独木水库生态补水量不得截留拦蓄,按来多少放多少原则进行运行调度。阿岗水库需充分考虑河道生态需求下泄生态流量;水库下闸蓄水计划需充分考虑下游长底、岔江断面生态基流及下泄水量要求,若来水偏丰,在蓄满后尽早发挥调节作用蓄丰补枯;若来水偏枯,建议分段蓄水,视情蓄至正常蓄水位。

(四)动态调度

调度实施过程中,根据实时滚动来水预报,若预计未来长底、岔江断面日均流量将小于控制指标 12.4 m³/s、19.7 m³/s 时,珠江水利委员会密切关注雨水情变化,及时组织会商研判,根据实时雨情、水情、水库蓄水及流域用水需求变化等情况,提出预警,视情况对已下达的水量调度计划进行动态调整,下达实时调度指令。云南省、贵州省需积极采取节水措施,加大节水力度,必要时按先农业后工业、生活次序限制取水。

当预测黄泥河流域非汛期来水频率大于或等于 90%,或者可能发生严重干旱、突发水污染等事件,可能危及供水安全、生态安全等紧急情况时,珠江水利委员会或云南省、贵州省水行政主管部门按权限组织实施应急水量调度。各控制断面下泄流量允许短历时破坏,破坏深度按不超过 20% 控制。

五、保障措施

为保证 2020 年 6 月至 2021 年 5 月黄泥河流域水量调度工作有序进行,保证区域供水安全,拟采取以下措施:

(1)严格履行水量调度职责。

黄泥河流域水量调度各相关单位应各司其职,密切配合,加强沟通和协调,确保调度计划顺利实施。

珠江水利委员会负责黄泥河流域年度、月水量调度计划的制订和下达,组织省级水行政主管部门及纳入流域统一调度的工程管理单位实施水量调度,组织开展省界直管水文监测设施的建设和运行监测,负责对水量调度计划进行动态调整,组织开展流域水量调度执行情况监督检查,组织开展统计数据信息报送及年度水量调度执行总结、评估等工作。

云南省、贵州省水行政主管部门积极配合珠江水利委员会编制年度水量调度计划,服从流域水量统一调度,按照下达的年度水量调度计划和调度指令,组织实施辖区内水量调度,开展相关断面水文监测设施建设和运行监测,开展辖区内取用水管理,按要求向珠江水利委员会报送相关统计数据信息,组织开展辖区内水量调度执行情况监督检查,确保责任范围内的省界和其他重要断面下泄水量(流量)符合规定控制指标。

独木水库、阿岗水库等水库运行管理单位应按规定向珠江水利委员会和云南省水行政主管部门报送年度水库工程运行计划建议,并依据下达的年度水量调度计划和调度指令,实施水量调度,坚持电调服从水调,确保下泄流量达到规定的控制指标。

(2)加强监测和预报预警。

珠江水利委员会组织开展长底控制断面的水位、流量等水文信息监测。贵州省水行政主管部门组织开展岔江控制断面的水位、流量等水文信息监测。鉴于目前岔江水文站受下游永康桥水电站回水影响、测流数值不准的实际情况,贵州省水行政主管部门需尽快提出岔江水文站测流方案,在此之前,珠江水利委员会需组织永康桥水电站运行管理单位报送永康桥电站水库水位及出入库流量等信息。

云南省、贵州省水行政主管部门需加强对主要取水口取水计量监测设施的监督管理。独木水库、阿岗水库、永康桥水电站等运行管理单位要做好水库的水位及出入库流量等水文信息监测。

珠江水利委员会要密切监视雨情、水情及旱情变化,要加强水文测报,做好预报预警,同时根据来水、水库蓄水及区域用水情况,做好调度滚动,必要时对调度计划进行动态调整,下达实时调度指令。

(3)加强信息报送和共享。

云南省、贵州省水行政主管部门要加强用水计划管理和取水计量监测统计工作,按要求向珠江水利委员会报送年度取用水计划建议、取水量监测数据和水量调度计划落实情况。

调度实施期间,贵州省水行政主管部门每日 8 时向珠江水利委员会报送前一日岔江断面日均流量。水利部珠江水利委员会水文局每日 8 时向珠江水利委员会报送前一日长底断面日均流量。独木水库、阿岗水库、永康桥水电站运行管理单位每日 8 时向珠江水利委员会报送前一日水库水位及出入库流量日均值等水库运行信息。动态调度期间,根据实际需要,加密报送控制断面及水库相关信息。

六、调度总结

在上级部门的正确领导下,在云南和贵州两省相关单位和部门的全力支持配合下,至 2021 年 5 月圆满完成黄泥河流域 2020—2021 年度水量调度工作,有力保障了流域用水安全和河流生态安全。

(一)指标达标情况

长底水文站 2020 年 8 月开始测流报送数据,2021 年 1 月通过验收。根据长底水文站 2020 年 8 月 7 日至 2021 年 5 月 31 日的逐日流量资料统计,长底断面下泄水量为 27.51

亿 m³。岔江水文站因受下游永康桥水电站影响无法施测,贵州省在电站下游新建站点,站点于 2020 年 8 月 1 日开始检测。根据 2020 年 8 月 1 日至 2021 年 5 月 31 日的逐日流量资料统计,岔江断面下泄水量为 26.48 亿 m³。由于两个控制断面全年水文监测资料不全,本次无法对断面全年水量下泄达标情况进行评价。

长底断面 2020 年 8 月 7 日至 2021 年 5 月 31 日的日均下泄流量有 33 d 未满足最小下泄流量 12.4 m³/s 的要求,达标率 89%;岔江断面 2020 年 8 月 1 日至 2021 年 5 月 31 日的日均下泄流量有 9 d 未满足最小下泄流量目标 19.7 m³/s 的要求,达标率 97%。

黄泥河骨干水库及主要控制站点调度效果统计见表 4-45。

表 4-45　黄泥河骨干水库及主要控制站点调度效果统计　　　　单位:m³/s

水库/控制站		12 月	1 月	2 月	3 月	4 月	5 月
独木水库	入库流量	1.27	1.13	1.12	0.94	1.41	1.25
	出库流量	0.61	0.55	0.86	1.37	4.06	9.82
	补水	0	0	0	0	0	0
阿岗水库	入库流量	—	—	—	3.24	4.67	14.65
	出库流量	—	—	—	2.8	2.97	11.7
	补水	0	0	0	0	0	0
长底	月均流量	114	20.6	20.4	14.7	14.8	21.7
	最小日流量	11.1	9.62	10.2	9.12	8.3	9.89
岔江	月均流量	53.0	60.9	58.5	56.8	40.8	33.4
	最小日流量	27.0	43.6	31.2	33.5	15.1	15.8

注:阿岗水库 2021 年 3 月之前未蓄水,没有安装流量监测设备。

(二)取用水总量情况

2020—2021 年调度期,黄泥河流域地表水实际取用水总量为 3.58 亿 m³。其中,贵州省地表水实际取用水量为 0.38 亿 m³,未超过年度水量分配指标 1.89 亿 m³,亦满足按实际来水频率(P=94%)修正后的年度水量分配指标 2.01 亿 m³;云南省地表水实际取用水量为 3.2 亿 m³,未超过年度水量分配指标 5.37 亿 m³,亦满足按实际来水频率(P=94%)修正后的年度水量分配指标为 5.89 亿 m³。

(三)存在主要问题

2020—2021 年黄泥河水量调度取得了圆满成功,积累了一定的水量调度管理经验,但在调度管理过程中也暴露出控制断面水文监测能力不足、水量调度协调机制不全、中长期水文预报精度不足等诸多问题。

(1)控制断面水文监测能力不足。一是珠江委直管长底水文站 2021 年初刚建成验收,达到运行稳定尚需时间;二是岔江水文站改造前受下游电站影响无法施测,部分骨干调度水库工程水情数据还未接入珠江委监控平台,不利于预测预报、水量调度、断面流量监管工作开展。

（2）水量调度协调机制有待建立。一是水量调度涉及对流域骨干水库（水电站）工程运行调度规则的调整，由于工程的管理权限不属于珠江水利委员会，在《珠江水量调度条例》出台前，需要开展的协调工作难度大；二是水量调度涉及多省、多行业部门，流域与省之间、流域与行业外部门之间的协调联动机制、信息与数据共享等机制尚未有效建立。

（3）中长期水文预报精度不足。目前，流域年度计划是基于中长期水文预报成果进行制订的。经对比发现，流域实际发生的雨水情与年度计划制订时依据的中长期水文预报成果相差较大。

第六节　龙滩水电站水库防洪调度

一、调度背景

根据《珠江流域综合规划（修编）》成果，珠江流域各主要防洪区现状防洪能力差别较大。西江中下游已建堤防一般能够防御 10 年一遇左右的洪水，部分重点堤防可防御 20~50 年一遇的洪水，初步形成了以堤防工程为基础，结合水库调控的防洪工程体系，由于受控制流域面积的限制，已建龙滩水库不能调控来自柳江、桂江及红水河都安—迁江等流域暴雨中心区的洪水，对西江流域中下游型洪水的调控作用甚微。

龙滩水电站位于西江干流红水河上游段，下距广西壮族自治区天峨县县城 16 km，控制流域面积 9.85 万 km²，占西江下游防洪控制断面梧州水文站上流域面积的 32.4%。龙滩水电站是国家实施西部大开发和"西电东送"战略的标志性工程，红水河干流水电梯级开发的大型电站、骨干工程和龙头水库，其开发任务为发电，兼顾防洪、航运、水资源配置等综合利用。根据《红水河龙滩水电站初步设计报告》，龙滩水电站工程分近期、远期建设，水库近期正常蓄水位为 375 m，远期正常蓄水位为 400 m。按照《珠江流域防洪规划》，龙滩水电站近期防洪库容为 50 亿 m³、远期防洪库容为 70 亿 m³，后汛期防洪库容为 30 亿 m³。龙滩水电站水库的防洪受益区主要为浔江、西江及北江三角洲防洪保护区。水库对西江全流域型或上中游型洪水具有较好的调控作用，可将下游重点防洪保护对象的防洪标准由 50 年一遇提高到 100 年一遇以上。但受控制流域面积的限制，龙滩水库不能调控来自流域暴雨中心柳江、桂江的洪水及红水河都安—迁江暴雨区的洪水，对中下游型洪水的调控作用甚微。为发挥龙滩水电站水库的防洪作用，针对全流域型洪水、上中游洪水和中下游洪水特点，研究优化水库防洪调度规则，进一步提高龙滩水电站的防洪效果。

二、工程情况

龙滩水库工程分两期进行建设，近期主体工程于 2001 年 7 月 1 日正式开工，2003 年 11 月 6 日实现大江截流，2006 年 9 月 30 日电站成功下闸蓄水，2007 年 5 月第一台机组发电，2009 年 12 月电站近期 375 m 方案主体工程完工，水库总库容为 162.1 亿 m³，兴利库容为 111.5 亿 m³，防洪库容为 50 亿 m³，汛期防洪限制水位为 359.3 m（后汛期防洪限制水位为 366.0 m),装机容量为 7×70 万 kW。龙滩水库具有较好的调节性能,发电、防洪、航运等综合利用效益显著,经济技术指标优越。

龙滩水电站水库按 500 年一遇洪水设计,10 000 年一遇洪水校核。设计洪水位为 377.26 m,相应洪峰流量为 27 600 m³/s,7 d 洪水总量为 124 亿 m³;校核洪水位为 381.84 m,相应洪峰流量为 35 500 m³/s,7 d 洪水总量为 158 亿 m³;正常高水位为 375.00 m,死水位为 330.00 m;总库容为 188.12 亿 m³,调洪库容为 75.66 亿 m³,兴利库容为 111.5 亿 m³,死库容为 50.6 亿 m³,属周调节水库。

工程主要由大坝、地下发电厂房和通航建筑物三大部分组成。主坝为碾压混凝土重力坝,坝顶高程为 382.0 m,坝高 192.0 m,坝长 761.26 m,坝顶宽 14.0 m,坝基防渗型式为黏土心墙;溢洪道型式为实用堰,7 孔,堰顶高程为 355.0 m,最大泄量为 28 190 m³/s,消能方式是鼻坎挑流消能;坝式进水口底板高程为 303.0~313.0 m,断面尺寸为 φ10.0~φ8.7 m。地下发电厂房装机 7 台,装机容量共 490 万 kW,设计多年平均发电量为 156.7 亿 kW·h。船闸标准按工程分期不同,近期 375.00 m 蓄水方案建设 250 t 级升船机,远期 400.00 m 蓄水方案建设 500 t 级升船机。特征水位示意图见图 4-19。

三、调度方案

(一)现状调度

龙滩水库为西江中下游防洪工程体系中的重要防洪水库,水库正常蓄水位为 375.0 m,主汛期 5 月 1 日至 7 月 15 日水库防洪限制水位为 359.3 m,防洪库容为 50 亿 m³;后汛期 7 月 16 日至 8 月 31 日水库防洪限制水位为 366.0 m,后汛期防洪库容为 30 亿 m³。根据《珠江流域防洪规划》《珠江流域洪水调度方案》,龙滩水电站调度规则如下:

(1)梧州涨水期,控制水库下泄流量不大于 6 000 m³/s;当涨水超过 25 000 m³/s 时,控制水库下泄流量不超过 4 000 m³/s。

(2)梧州退水期,当流量大于 42 000 m³/s 时,控制水库泄量不大于 4 000 m³/s;当流量小于 42 000 m³/s 时,控制水库按入库流量下泄。

(3)当龙滩水库蓄满时,水库按入库流量泄水。

根据《龙滩水电站可行性研究补充设计报告》及《龙滩水电站基本资料汇编》,龙滩水电站分二期建设,一期工程泄水建筑物由 7 个表孔和 2 个底孔组成,其中表孔溢洪道承担全部泄洪任务,底孔仅用于水库放空和后期导流。水库调洪计算时电站按 2/3 机组过水流量(2 500 m³/s)参加泄洪,在遇厂房校核洪水标准(1 000 年一遇)以下洪水时,电站按正常发电运行;在遇厂房校核洪水标准以上洪水时,泄流中不考虑发电流量。

(二)优化调度

龙滩至梧州之间较大的支流有柳江、郁江、蒙江、北流江、桂江。从干支流洪水遭遇情况看,郁江与黔江洪水遭遇较小;蒙江、北流江、桂江流域集水面积较小,洪水暴涨暴落,由于龙滩水电站距离梧州较远,洪水传播到梧州的时间大于蒙江、北流江、桂江洪水的涨水时间,若以蒙江、北流江、桂江洪水流量作为水库起蓄条件,则必须在蒙江、北流江、桂江洪水量级较小(小于控制站多年平均洪峰流量)时启动水库拦洪才能起到削峰的作用。此种情况下,龙滩水电站处于频繁蓄水中,调度方案不可行。

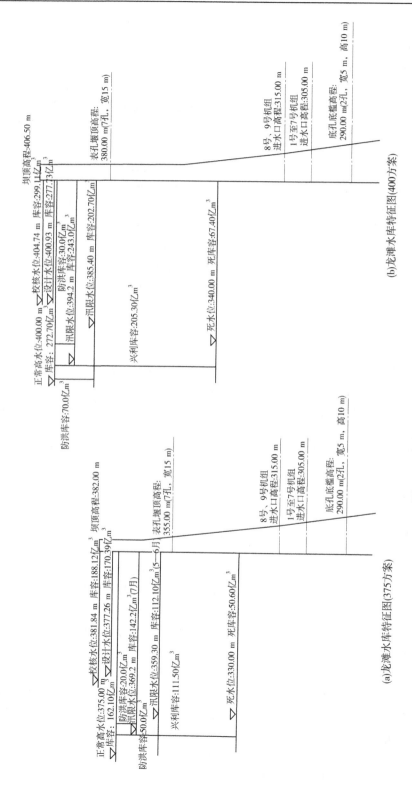

(a)龙滩水库特征图(375方案)

(b)龙滩水库特征图(400方案)

图 4-19 龙滩水电站水库特征水位示意图

柳江是西江主要支流,柳江柳州站洪峰模数为 0.35 $m^3/(s \cdot km^2)$,是红水河迁江站、郁江贵港站洪峰模数的 3.5 倍。目前,柳江流域已经建有柳州市洪水预警预报系统,系统由水情遥测、计算机广域网和洪水预报模型等子系统组成,其水情遥测系统通过公网(GPRS)把柳江 21 个水文站和 39 个雨量站连接起来;遥测站至分中心采用 GPRS 方式通信,分中心至广西壮族自治区中心采用计算机广域网通信方式;洪水预报方案以长安、三岔水文站为主,加上贝江勾滩、阳江小长安及区间入流预报柳州市洪水,预见期可以达到 36 h,准确预报可达到 18 h。

基于以上分析,提出以下 3 种龙滩水电站水库防洪优化调度规则:

规则一:龙滩拦洪以梧州为判断条件:①梧州站处于涨水期,控制水库下泄流量不大于 6 000 m^3/s;当梧州站流量超过 25 000 m^3/s 且龙滩水库当前入库流量小于 11 200 m^3/s(坝址多年平均洪峰流量)、当前水库水位小于后汛期防洪限制水位(366.04 m)时,龙滩水电站按照 500~2 000 m^3/s 控泄,否则控制水库下泄流量不超过 4 000 m^3/s。②梧州站处于退水期,当流量大于 42 000 m^3/s 时,控制水库泄量不大于 4 000 m^3/s;当流量小于 42 000 m^3/s 时,控制水库按入库流量下泄。③当龙滩水库蓄满时,水库按入库流量泄水。

规则二:龙滩拦洪以柳州为判断条件:当预报柳江站 12 h 内洪峰流量大于 19 200 m^3/s(相当于 5 年一遇洪水)且龙滩水库当前入库流量小于 11 200 m^3/s(坝址多年平均洪峰流量)、当前水库水位小于后汛期防洪限制水位(366.04 m)时,龙滩水电站按照 500~2 000 m^3/s 控泄;否则按照批复的调度规则调度,即①梧州涨水期控制水库下泄流量不大于 6 000 m^3/s,当涨水超过 25 000 m^3/s 时控制水库下泄流量不超过 4 000 m^3/s;②梧州退水期流量大于 42 000 m^3/s 时控制水库泄量不大于 4 000 m^3/s,流量小于 42 000 m^3/s 时控制水库按入库流量下泄;③当龙滩水库蓄满时,水库按入库流量泄水。

规则三:龙滩拦洪以梧州和柳州为判断条件,当满足规则一和规则二中一个条件时,龙滩即实施拦洪。

各控泄方案计算成果与原方案计算成果对比情况见表 4-46,控泄 500 m^3/s 方案计算成果见表 4-47。

表 4-46　龙滩水电站严格控泄方案计算成果对比情况　　　　　单位:m^3/s

年型	梧州调节前	梧州调节后(典型年)			
		原方案	严格控泄方案		
			500	1 000	2 000
1947 年	39 700	39 700	37 500	37 900	38 700
1949 年	48 900	44 000	45 400	44 700	44 700
1968 年	38 900	36 100	34 800	35 000	35 300
1976 年	42 400	39 600	39 100	39 200	39 200
1988 年	42 500	37 700	37 700	37 700	37 700

续表 4-46

年型	梧州调节前	梧州调节后（典型年）			
		原方案	严格控泄方案		
			500	1 000	2 000
1994 年	49 200	46 700	44 800	45 000	45 300
1998 年	52 900	52 800	50 500	51 000	51 800
2005 年	53 800	52 600	50 400	50 700	51 200
年型	梧州调节前（50 年一遇洪水）	梧州调节后（50 年一遇洪水）			
		原方案	严格控泄方案		
			500	1 000	2 000
1947 年	50 400	50 200	47 300	47 800	48 700
1949 年	50 400	45 200	46 800	46 800	46 800
1968 年	50 400	45 600	44 100	44 300	44 600
1976 年	50 400	46 900	46 300	46 300	46 300
1988 年	48 300	43 900	43 900	43 900	43 900
1994 年	50 400	47 800	45 900	46 100	46 400
1998 年	50 400	50 400	48 200	48 600	49 500
2005 年	50 400	49 600	48 900	49 000	49 200
年型	梧州调节前（100 年一遇洪水）	梧州调节后（100 年一遇洪水）			
		原方案	严格控泄方案		
			500	1 000	2 000
1947 年	52 700	52 300	49 400	49 900	50 900
1949 年	52 700	48 100	48 900	49 500	48 900
1968 年	52 700	47 600	46 700	46 300	46 700
1976 年	52 700	48 600	48 100	48 100	48 100
1988 年	50 900	47 600	47 600	47 600	47 600
1994 年	52 700	49 800	47 900	48 100	48 500
1998 年	52 700	52 600	50 300	50 800	51 700
2005 年	52 700	51 500	49 800	50 000	50 400

注：表中梧州站调节前设计洪水为部分归槽成果，目前正在开展的《珠江流域防洪规划》（修编）中提出的梧州站归槽洪水，50 年一遇设计洪水成果为 55 200 m^3/s，100 年一遇设计洪水成果为 59 100 m^3/s。

表4-47　龙滩水电站控泄500 m³/s方案防洪调度效果

单位:m³/s

典型洪水

年型	龙滩			武宣			江口+甘王水道			梧州		
	入库	下泄	削减量	天然	调节后	削减量	天然	调节后	削减量	天然	调节后	削减量
1947年	8 490	8 490	0	21 700	20 700	1 000	31 400	29 000	2 400	39 700	37 500	2 200
1949年	13 000	12 300	700	45 300	38 800	6 500	48 800	43 900	4 900	48 900	45 400	3 500
1968年	15 800	15 800	0	33 700	31 800	1 900	39 000	34 600	4 400	38 900	34 800	4 100
1976年	12 000	9 550	2 450	43 400	39 100	4 300	42 000	36 000	6 000	42 400	39 100	3 300
1988年	16 500	9 710	6 790	42 200	35 500	6 700	45 400	38 600	6 800	42 500	37 700	4 800
1994年	11 400	7 750	3 650	44 400	39 300	5 100	48 000	41 800	6 200	49 200	44 800	4 400
1998年	5 950	5 950	0	37 600	34 800	2 800	44 600	41 700	2 900	52 900	50 500	2 400
2005年	8 010	4 710	3 300	38 400	33 200	5 200	45 300	39 700	5 600	53 800	50 400	3 400

50年一遇洪水

年型	龙滩			武宣			江口+甘王水道			梧州		
	入库	下泄	削减量	天然	调节后	削减量	天然	调节后	削减量	天然	调节后	削减量
1947年	10 800	10 800	0	27 500	26 000	1 500	39 900	36 400	3 500	50 400	47 300	3 100
1949年	13 400	12 700	700	46 700	40 500	6 200	50 300	45 200	5 100	50 400	46 800	3 600
1968年	20 500	20 500	0	43 700	41 200	2 500	50 500	47 200	3 300	50 400	44 100	6 300
1976年	14 300	11 400	2 900	51 600	46 100	5 500	49 900	43 200	6 700	50 400	46 300	4 100
1988年	18 800	11 000	7 800	48 000	38 800	9 200	51 600	43 400	8 200	48 300	43 900	4 400
1994年	11 700	7 900	3 800	45 500	40 200	5 300	49 200	42 900	6 300	50 400	45 900	4 500
1998年	5 700	5 700	0	35 800	33 100	2 700	42 500	39 800	2 700	50 400	48 200	2 200
2005年	7 500	5 150	2 350	36 000	34 000	2 000	42 400	39 700	2 700	50 400	48 900	1 500

续表4-47

100年一遇洪水

年型	龙滩			武宣			江口+甘王水道			梧州		
	入库	下泄	削减量	天然	调节后	削减量	天然	调节后	削减量	天然	调节后	削减量
1947年	11 300	11 300	0	28 800	27 600	1 200	41 700	38 100	3 600	52 700	49 400	3 300
1949年	14 000	13 300	700	48 800	42 500	6 300	52 600	47 200	5 400	52 700	48 900	3 800
1968年	21 400	21 400	0	45 700	43 100	2 600	52 800	50 100	2 700	52 700	46 700	6 000
1976年	14 900	12 100	2 800	53 900	47 600	6 300	52 200	44 800	7 400	52 700	48 100	4 600
1988年	19 800	12 200	7 600	50 500	41 300	9 200	54 400	47 800	6 600	50 900	47 600	3 300
1994年	12 200	8 300	3 900	47 600	42 000	5 600	51 400	44 700	6 700	52 700	47 900	4 800
1998年	5 900	5 900	0	37 500	34 700	2 800	44 400	41 600	2 800	52 700	50 300	2 400
2005年	7 800	4 600	3 200	37 600	32 900	4 700	44 400	39 200	5 200	52 700	49 800	2 900

200年一遇洪水

年型	龙滩			武宣			江口+甘王水道			梧州		
	入库	下泄	削减量	天然	调节后	削减量	天然	调节后	削减量	天然	调节后	削减量
1947年	11 900	11 900	0	30 400	29 200	1 200	44 100	40 200	3 900	55 700	52 200	3 500
1949年	14 800	14 600	200	51 600	45 000	6 600	55 600	52 200	3 400	55 700	53 000	2 700
1968年	22 600	22 600	0	48 300	45 500	2 800	55 800	53 000	2 800	55 700	49 300	6 400
1976年	15 800	13 700	2 100	57 000	50 100	6 900	55 200	47 700	7 500	55 700	50 700	5 000
1988年	20 800	16 200	4 600	53 300	46 000	7 300	57 400	52 500	4 900	53 700	50 900	2 800
1994年	12 900	8 800	4 100	50 300	44 300	6 000	54 300	47 400	6 900	55 700	50 600	5 100
1998年	6 300	6 300	0	39 600	36 600	3 000	47 000	44 000	3 000	55 700	53 200	2 500
2005年	8 300	4 900	3 400	39 800	34 500	5 300	46 900	41 100	5 800	55 700	52 200	3 500

由表 4-46 可知,严格控泄流量为 500~2 000 m³/s 等不同量级时,除"49·6"年型洪水外,对于其他年型的洪水水库防洪效果均好于原调度规则下的防洪效果,50 年一遇洪水梧州站削峰流量增加 400~2 900 m³/s,100 年一遇洪水梧州站削峰流量增加 500~2 900 m³/s。对于"49·6"年型 50 年一遇洪水,严格控泄方案削峰流量较原方案减小 1 600 m³/s,但削峰后的洪峰流量仍小于 30 年一遇洪水;100 年一遇洪水,严格控泄方案削峰流量较原调度方案减小 800~1 400 m³/s,但削峰后的洪峰流量仍小于 50 年一遇洪水。

从各严格控泄方案看,严格控泄 500 m³/s 方案可以将除"05·6"外的其他年型 50 年一遇洪水削减为 30 年一遇以下,将所有年型 100 年一遇洪水削减为 50 年一遇以下;严格控泄 1 000 m³/s 方案可以将除"05·6"外的其他年型 50 年一遇洪水削减为 30 年一遇以下或接近于 30 年一遇洪水,将除"98·6"外的其他年型 100 年一遇洪水削减为 50 年一遇以下;严格控泄 2 000 m³/s 方案可以将"49·6""68·6""76·7""88·9""94·6"等年型50 年一遇洪水削减为 30 年一遇洪水以下、100 年一遇洪水削减为 50 年一遇洪水以下。

综合考虑各方案防洪效果,本次推荐严格控泄 500 m³/s 方案。从龙滩严格控泄 500 m³/s 方案动用的防洪库容看,对于中下游型洪水,水库动用的防洪库容较原调度方案大幅提高,50~100 年一遇洪水水库多拦蓄 12.0 亿 m³ 洪量。龙滩水库动用防洪库容对比见表 4-48。

表 4-48　龙滩水库动用防洪库容对比　　　　　　　　　单位:亿 m³

年型	原调度方案				严格控泄 500 m³/s 方案			
	典型	50 年	100 年	200 年	典型	50 年	100 年	200 年
1947 年	9.5	38.1	46.3	50.0	26.7	50.0	50.0	50.0
1949 年	50.0	50.0	50.0	50.0	50.0	50.0	50.0	50.0
1968 年	50.0	50.0	50.0	50.0	50.0	50.0	50.0	50.0
1976 年	32.8	50.0	50.0	50.0	37.6	50.0	50.0	50.0
1988 年	50.0	50.0	50.0	50.0	50.0	50.0	50.0	50.0
1994 年	23.4	24.8	27.6	33.2	31.7	33.2	36.2	39.4
1998 年	3.2	1.7	3.1	4.9	23.0	17.2	22.9	24.0
2005 年	6.5	4.3	6.0	7.5	21.9	14.6	21.3	22.1

控泄 500 m³/s 方案与原调度方案相比较,水库防洪调度规则的改变不影响水库承担的防洪任务的实现,且有利于进一步提高龙滩水库的防洪作用。经计算,控泄 500 m³/s 方案可以将梧州站 100 年一遇洪水削减为 50 年一遇洪水,需要说明的是在上述计算及分析中,均基于梧州站部分归槽设计洪水。梧州站 100 年一遇部分归槽洪水洪峰流量为 52 700 m³/s,而归槽设计洪水洪峰流量为 55 200 m³/s。1998 年,西江流域大洪水后,西江干流沿江堤防不断建设,洪水归槽问题不断凸显。近年来,西江干流先后发生了"05·6""08·6"等归槽大洪水。按照控泄 500 m³/s 方案,龙滩水库可以将梧州站 100 年一遇归

槽设计洪水 55 200 m³/s 削减为 52 200~53 200 m³/s,仍高于梧州市堤防 50 年一遇部分归槽设计标准(流量为 50 400 m³/s),而此时武宣削减后的洪峰流量为 34 500~36 600 m³/s,大湟江口站削减后的洪峰流量为 41 100~44 000 m³/s,均小于堤防 20 年一遇的设计标准,说明西江中下游洪水处于归槽状态。大藤峡水利枢纽是《珠江流域综合规划》《珠江流域防洪规划》确定的西江中下游防洪工程体系的重要组成部分,其距离梧州市较近,可有效控制调控西江洪水,对于提高流域防洪能力及应对归槽洪水均具有重要作用。

四、调度影响

(一)自身安全

龙滩水电站规划设计始于 20 世纪 50 年代中期,其先后成果有《红水河龙滩水电站开发可行性研究报告》(1985 年 5 月)、《红水河龙滩水电站初步设计报告》(1990 年 8 月)、《红水河龙滩水电站项目建议书》(1992 年 4 月)、《龙滩水电站可行性研究补充设计报告》(2001 年 4 月)等。各阶段成果关于龙滩水电站水库设计及校核洪水位成果不同。各阶段水库设计及校核洪水位成果见表 4-49。

表 4-49 龙滩水库设计及校核洪水位成果

项目		单位	洪水频率/%			资料来源	备注
			0.2	0.1	0.01		
初步设计	最大入库流量	m³/s		29 500	35 500	《红水河龙滩水电站初步设计报告》(1990 年 8 月)	
	坝前最高水位	m		377.51	380.21		
	最大下泄流量	m³/s		23 598	27 191		
	其中:发电流量	m³/s		2 500	2 500		
	相应下游水位	m		257.57	261.29		
可行性研究补充设计	最大入库流量	m³/s	27 600		35 500	《龙滩水电站可行性研究补充设计报告》(2001 年 4 月)	
	坝前最高水位	m	376.47		379.34		
	最大下泄流量	m³/s	23 524		28 190		
	其中:发电流量	m³/s	2 500		2 500		
	相应下游水位	m	257.49		262.3		
新 375 m 建设方案	最大入库流量	m³/s	27 600	29 500	35 500	《龙滩水电站可行性研究补充设计报告》(2001 年 4 月)	目前建成情况
	坝前最高水位	m	377.26	379.35	381.84		
	最大下泄流量	m³/s	22 422	23 090	27 144		
	其中:发电流量	m³/s	2 500	0	0		
	相应下游水位	m	254.86	255.54	259.23		

注:表中设计洪水位及校核洪水位计算中起调水位均为正常蓄水位 375 m。

根据《龙滩水电站可行性研究补充设计报告》(2001 年 4 月),龙滩水电站坝址设计洪水采用天峨站天然设计洪水成果,500 年一遇设计洪水为 27 600 m³/s,10 000 年一遇设计洪水为 35 500 m³/s;典型洪水为"66·7"及"88·9"年型洪水;考虑到水库在蓄满正常库容时有发生大洪水可能,从偏安全角度出发,水库在遇到设计洪水及校核洪水时调洪计算起调水位为正常蓄水位 375 m。按照本次防洪调度规则水库设计洪水及校核洪水位计算成果见表 4-50。由表 4-50 可知,严格控泄 500 m³/s 方案无论以正常蓄水位 375 m 起调,还是以汛期限制水位 359.2 m 起调,水库校核洪水位为 381.63～381.73 m,与原调度方案的校核洪水位 381.84 m 基本一致,调洪规则的改变没有增加水库校核洪水位,水库调洪规则的变化不影响水库自身的安全。

表 4-50　龙滩水库设计及校核洪水位计算成果对比

项目		单位	洪水频率/%		备注
			0.2	0.01	
原调度方案	最大入库流量	m³/s	27 600	35 500	按正常蓄水位 375 m 起调
	坝前最高水位	m	377.26	381.84	
	最大下泄流量	m³/s	22 422	27 144	
	其中:发电流量	m³/s	2 500	0	
严格控泄方案	最大入库流量	m³/s	27 600	35 500	
	坝前最高水位	m	376.03	381.73	
	最大下泄流量	m³/s	24 011	26 098	
	其中:发电流量	m³/s	2 500	0	
严格控泄方案	最大入库流量	m³/s	27 600	35 500	按汛期限制水位 359.2 m 起调
	坝前最高水位	m	375.95	381.63	
	最大下泄流量	m³/s	23 913	26 021	
	其中:发电流量	m³/s	2 500	0	

注:表中设计洪水位及校核洪水位计算中起调水位均为正常蓄水位 375 m。

(二)淹没影响

根据《龙滩水电站可行性研究补充设计报告》(2001 年 4 月)及《红水河龙滩水电站开发可行性研究报告》(1985 年 5 月),龙滩水电站土地淹没征地标准为 5 年一遇洪水,相应洪峰流量为 14 000 m³/s;人口迁移标准为 20 年一遇洪水,相应洪峰流量为 18 500 m³/s。水库回水计算考虑了建库后泥沙淤积影响,并以正常蓄水位 375 m 作为起推水位。

龙滩水电站于 2008 年建成投产,正常蓄水位为 375 m,水库征地及移民安置已经全部解决;电站投产至今,设计单位确定水库淹没范围的各项计算条件均无明显变化。龙滩水库调洪规则变化仅涉及水库临时淹没。从严格控泄 500 m³/s 方案调洪成果看,典型年、50 年一遇、100 年一遇及 200 年一遇洪水水库最高运行水位 375 m,而龙滩水库淹没范围以正常蓄水位 375 m 作为起推水位,所以水库调洪规则的变化不会增加水库临时淹没范围,仅会增加临时淹没历时。当梧州断面发生 100 年一遇洪水时,不同年型龙滩水库临时淹没历时相差 24 h,仅占淹没总历时的 10%。可以认为严格控泄 500 m³/s 方案对水库淹临时淹没影响较小。龙滩水库入库洪峰流量见表 4-51,不同方案水库临时淹没历时见表 4-52。

表 4-51　龙滩水库入库洪峰流量　　　　　　单位:m³/s

年型	典型年	50 年一遇洪水	100 年一遇洪水
1947 年	8 490	10 800	11 300
1949 年	13 000	13 400	14 000
1968 年	15 800	20 500	21 400
1976 年	12 000	14 300	14 900
1988 年	16 500	18 800	19 800
1994 年	11 400	11 700	12 200
1998 年	5 950	5 700	5 900
2005 年	8 010	7 500	7 800

表 4-52　不同方案水库临时淹没历时　　　　　　单位:h

年型	典型年		50 年一遇洪水		100 年一遇洪水	
	原方案	控泄方案	原方案	控泄方案	原方案	控泄方案
1947 年	0	0	0	0	0	0
1949 年	0	0	0	0	0	0
1968 年	0	24	120	120	216	240
1976 年	0	0	0	0	0	0
1988 年	0	0	0	0	0	0
1994 年	0	0	0	0	0	0
1998 年	0	0	0	0	0	0
2005 年	0	0	0	0	0	0

(三)兴利影响

龙滩水电站开发任务为发电,兼顾防洪、航运、水资源配置等综合利用。严格控泄 1 000 m³/s 方案并未改变水库汛期限制水位及汛期限制时间,防洪调度规则的改变不影响水电站枯水期的运行方式,对枯水期发电及航运没有影响。与原防洪调度规则相比较,严格控泄 1 000 m³/s 方案采用早控方式,电站提前蓄水提高发电水头的同时也增加了电站蓄满防洪库容后电站弃水的概率。原调度方案与严格控泄 1 000 m³/s 方案,典型年洪水期发电量对比情况见表4-53。由表4-53可知,严格控泄 500 m³/s 方案洪水期发电量均值为 35.66 亿 kW·h,较原方案的均值 38.15 亿 kW·h,减少了 2.49 亿 kW·h,占多年平均发电量的 1.6%,可以认为防洪调度规则的改变对电站发电影响很小。

在近年来实施的珠江枯水期水量调度实践中,龙滩水库是向下游补水的骨干水源。电站防洪规则改变后,又利用水库后汛期多蓄水,在珠江流域水资源配置体系尚未完善之前,按照严格控泄 500 m³/s 方案,总体上对枯水期水量调度的实施有利。

表 4-53　典型年洪水期发电量对比情况　　　　　　单位:亿 kW·h

年型	原调度方案发电量	严格控泄 500 m³ 方案发电量	发电量绝对差
1947 年	35.94	31.04	-4.90
1949 年	44.03	41.68	-2.35
1968 年	40.29	38.41	-1.88
1976 年	38.79	38.03	-0.76
1988 年	39.23	39.23	0
1994 年	37.35	36.17	-1.18
1998 年	37.41	32.25	-5.16
2005 年	32.20	28.51	-3.69
平均值	38.15	35.66	-2.49

注:表中发电量为理论值。

第七节　柳江流域落久水利枢纽工程水库调度规程

一、目的依据

落久水利枢纽工程位于广西壮族自治区柳州市融水苗族自治县境内的柳江流域融江支流贝江下游,是国务院批准的《珠江流域防洪规划》和《珠江流域综合规划》(2012—2030 年)确定的广西柳江防洪控制性工程之一,其工程任务以防洪为主,兼顾灌溉、城镇供水、发电和航运等综合利用。

落久水利枢纽工程可行性研究报告于 2015 年 7 月 7 日获批,主体工程于同年 9 月 29 开工,2016 年 10 月 28 日实现大江截流,2018 年 12 月 31 日主坝全断面封顶至 161.8 m,发电厂房工程整体浇筑至 129.1 m,闸墩混凝土浇筑至 126.4 m;根据工程建设进度,2020年 7 月下闸蓄水。

为规范落久水利枢纽工程水库调度,保证水库工程安全,充分发挥水库防洪、灌溉、供水、发电、航运等综合利用作用,实现水库调度标准化、制度化、科学化,提高水库调度管理水平,特编制落久水利枢纽工程水库调度规程。

落久水利枢纽工程水库调度规程编制依据有:《中华人民共和国水法》《中华人民共和国防洪法》《中华人民共和国防汛条例》《中华人民共和国抗旱条例》《水库大坝安全管理条例》《水库调度规程编制导则》(SL 706—2015)、《大中型水电站水库调度规范》(GB 17621—1998)等相关的法律法规、标准规范,以及《落久水利枢纽工程可行性研究报告》《落久水利枢纽工程初步设计报告》及其有关审批文件和数据资料。

二、工程概况

落久水利枢纽工程位于柳江流域融江支流贝江下游,距下游融水县城约 13 km,距离柳州市 121 km。工程建设任务为以防洪为主,兼顾灌溉、供水、发电和航运等综合利用。工程主要防洪保护对象为柳州市,设置 2.5 亿 m³ 防洪库容;工程设计灌区为原融水县榄口电灌工程灌区,灌区灌溉面积为 8.84 万亩;工程供水范围为融水县城及周边农村,设计水平年供水量为 7.5 万 t/日;电站装机容量为 2×21 000 kW,设计多年平均发电量为 1.42亿 kW·h。

落久水利枢纽工程由拦河主坝及榄口副坝、灌溉及供水设施、坝后式电站、生态保护设施等建筑物组成。枢纽水库校核洪水位为 161.13 m,相应总库容为 3.46 亿 m³,电站装机容量为 2×2.1 万 kW,属于 Ⅱ 等大(2)型工程。主要建筑物拦河主坝[左岸挡水坝段、左岸门库坝段、泄水闸坝段、厂房坝段、右岸门库坝段、右岸挡水坝段(含鱼道挡水部分)]、榄口副坝、灌溉及供水取水建筑物级别为 2 级;坝后式电站厂房、升压站、鱼道等为 3 级;消力池底板及边墙、厂区挡墙、榄口副坝引水明渠等次要建筑物为 3 级。为保护坝址下游水生态环境,工程同步建设了生态流量泄放设施,生态流量为 10.9 m³/s。

落久水利枢纽水库死水位为 142.0 m,亦为汛期限制水位,相应库容为 0.93 亿 m³;正常蓄水位为 153.5 m,相应库容为 2.07 亿 m³,调节库容为 1.14 亿 m³;防洪高水位为161.0 m,亦为设计洪水位 161.0 m(100 年一遇设计洪峰流量为 7 550 m³/s);校核洪水位为 161.13 m(1 000 年一遇设计洪峰流量为 10 200 m³/s),相应库容为 3.43 亿 m³。

落久水利枢纽工程是以防洪为主,兼顾灌溉、供水、发电和航运等综合利用的水利枢纽工程。目前,防洪、灌溉、发电相关设施已经建成,但融水县县城取水工程、航运设施及灌区输水配套设施尚未建成,暂不具备向县城供水、航运、灌溉的条件。

落久水利枢纽工程是柳江中下游防洪工程体系的重要组成部分。按《珠江流域综合规划(2012—2030 年)》成果,柳江中下游防洪工程体系由柳江沿江堤防及干流的洋溪水库、支流古宜河木洞水库和贝江落久水库组成,保护对象主要为柳州市;三库联合调度,可将柳州市的防洪能力由堤防的 50 年一遇洪水提高到 100 年一遇洪水。目前,柳州市主城区 50 年一遇防洪堤已经建成,洋溪水库正在开展前期优化工程,木洞水库尚未开展前期工作,落久水利枢纽工程是柳江中下游防洪工程体系中最早投入运行的控制性防洪水库。按照《落久水利枢纽工程初步设计报告》及《水利部关于广西落久水利枢纽工程初步设计报告的批复》(水规计〔2015〕415 号),柳江流域防洪调度为落久水利枢纽的单库调度。

三、调度条件与依据

(一)水库安全运用条件

1. 水工建筑物安全运用条件

主坝为混凝土重力坝,坝轴线垂直河床布置,坝轴线全长 317.90 m。主坝坝顶高程为 161.80 m,坝顶上游侧设防浪墙,墙顶高程为 162.90 m,最大坝高 59.8 m。

副坝为混凝土重力坝,坝顶长 117.0 m,坝顶高程为 161.80 m,坝顶宽 5.0 m,上游侧设防浪墙,墙顶高程为 162.4 m,最大坝高 15.8 m。

2. 水工金属结构安全运用条件

枢纽共设置各类闸门 17 扇、拦污栅 6 扇;各类门槽 24 孔、栅槽 6 孔;各类启闭设备 18 台套;金属结构总重量约为 3 934 t。枢纽大坝溢流坝段总长 79 m,采用胸墙式泄水闸的断面布置,共设泄洪孔 5 孔,每孔设有弧形闸门控制泄流,孔口尺寸为 10 m×12.0 m;堰顶高程为 131.0 m。

当汛期限制水位为 142.0 m 时,最大泄流能力为 3 534 m^3/s;当设计洪水位为 161.0 m 时,最大泄流能力为 6 670 m^3/s,相应下游水位为 128.31 m;当校核洪水位为 161.13 m 时,最大泄流能力为 7 430 m^3/s,相应下游水位为 129.9 m。

3. 机电设备安全运用条件

1) 水轮机组

坝后式水电站布置在右岸,厂房内设有 2 台轴流转桨式水轮发电机组,机组引水流道采用一流道一机组的单元引水形式。

电站装机容量为 4.2 万 kW,机组额定水头为 28 m,最大水头为 42 m,最小水头为 18 m。水轮机型号为 ZZK152-LJ-340,额定水头为 28.00 m,单机额定流量为 84.93 m^3/s,额定效率为 92.8%,水轮机额定出力为 2.165 万 kW。

配套发电机采用悬式立轴风冷同步发电机,型号为 SF21-28/5800,额定电压为 10.5 kV,额定电流为 1 359 A。

2) 榄口灌溉泵站

榄口灌溉泵站位于榄口副坝下游,安装 3 台潜水轴流泵 900ZQB-70+2°,设计扬程为 5.89 m,最高扬程为 6.13 m,设计流量为 2.18 m^3/s,额定转速为 490 r/min,叶轮直径为 850 mm,配套电动机型号 YQGN740S2-12,N=180 kW,总装机容量为 540 kW。

4. 安全监测检查与巡查要求

1) 监测项目

建有水工建筑物、金属结构及机电设备自动监测系统,可实时监测坝体、闸墩、溢流坝等水工建筑物的位移和沉降、坝体应力应变观测、钢筋应力、基岩应变等,裂缝及伸缩缝观测等;监测建筑物的闸门和启闭设备;实测机组、泵站流量、导叶开度等。

各监测项目的最低测次满足《混凝土坝安全监测技术规范》(SL 601—2013)监测频次要求;遇高水位或特殊情况下,可加密观测测次。

2) 巡视检查一般要求

巡视检查严格按照混凝土大坝监测规范和现场检查提纲要求开展,内容应客观真实,做到有检查、有记录、有落实。检查中发现大坝有损伤、附近岸坡有滑移崩塌征兆或其他异常迹象,应立即上报,并分析原因,提出整改措施。

3)巡视检查次数

(1)日常巡视检查。日常巡视检查应每日一次;汛期应增加巡视检查次数;水库水位达到设计水位前后,每时至少应巡视检查一次。

(2)年度巡视检查。在每年汛前、汛后及高水位时,应按规定的检查项目对大坝以及金属结构和机电设备进行较为全面的巡视检查(在汛前可结合防汛检查进行)。年度巡视检查每年应进行2~3次。

(3)特殊情况下的巡视检查。在坝区或附近发生有感地震或大坝遭受大洪水及发生其他特殊情况时应立即进行巡视检查。

4)巡视检查的记录和报告

每次检查均应做好详细的现场记录,并及时整理。还应将检查结果与历次检查结果对比,分析有无异常迹象。如有疑问或发现异常迹象,应立即对该检查项目进行复查,以保证记录准确无误。

日常巡视检查中发现异常情况时,应立即编写检查报告,并及时上报。年度巡视检查和特殊情况下的巡视检查,在现场工作结束后一个月内应提交详细报告。特殊情况下的巡视检查,在现场工作结束后,还应立即提交一份简报。

(二)水文气象情报与预报

1.站网及观测

落久水利枢纽工程水情信息处理系统已经与柳州市水情中心联网,实现数据的实时共享。系统可以监测14个雨量站、7个水位(水文)站的实时雨量、水位、流量信息,可以雨水情信息为基础开展洪水及径流预报。

水位(水文)站有副坝水位站、导流洞水雨站、坝下水文站、四荣水位站、沟滩水文站、坝上水位站、落久水库水文站。

雨量站有罗洞、九东、永安、四荣、产儒、沙街、兴洞口、吉羊、洋洞、林洞、荣地、再老、香粉、中寨。

2.水文气象预报

(1)防汛值班员要密切关注本流域气象预报,根据附近气象台和有关专业气象网站的中长期天气预报及近时雨量数据,对坝址洪水及径流进行预报,预报成果应满足水文预报技术相关规定。

(2)洪水预报项目包括入库洪峰流量及出现时间、入库流量过程、次洪水总量。径流预报项目包括未来年、季、月、旬平均入库流量。

四、防洪调度

(一)防洪调度任务

(1)当柳州市将发生大于50年一遇天然洪水(29 700 m^3/s)时,落久水库尽量拦蓄坝址断面的洪水,最大限度地削减柳州市洪峰流量,以提高柳州市的防洪能力。

(2)当水库水位达到设计洪水位161.0 m后,水库转入保坝运行。

(二)汛期水位要求

汛期为 5 月 11 日至 9 月 10 日。

非汛期为 9 月 11 日至翌年 5 月 10 日。

落久水利枢纽工程防洪调度时段:5 月 11 日至 9 月 10 日。该时段落久水库水位应控制在 142.0 m;当入库洪水流量大于汛期限制水位 142.0 m 对应的泄洪闸最大泄洪流量(3 534 m³/s)时,水库水位可超过汛期限制水位,但入库洪水处于退水段时应尽快腾空库容,腾空库容过程中应避免人为造成洪水并避免与柳江干流洪水遭遇。

(三)防洪控制断面

根据现阶段落久水利枢纽工程的防洪任务,确定防洪控制断面为落久水库坝址和柳州水文站断面。落久水库坝址至柳州水文站的平均洪水传播时间约为 20 h。

(四)调度指示站

沟滩水文站集水面积为 1 677 km²,占落久水利枢纽工程坝址集水面积(1 746 km²)的 96.05%,规划设计阶段防洪调度计算以沟滩水文站的实测流量作为落久水库入库洪水指示流量。因水库建设沟滩水文站迁移至坝下,实际调度中以上游中寨站、甲昂站、香粉站作为防洪调度指示站。

(五)防洪调度规则

落久水库单库的防洪调度规则见表 4-54。

表 4-54　落久水库单库的防洪调度规则　　　　　　　　　　单位:m³/s

判别条件		落久水库入库流量	落久水库下泄流量
柳州涨水	$Q_{柳州} < 21\ 000$		$Q_{入库}$
	$Q_{柳州} \geq 21\ 000$	$Q < 1\ 500$	500
		$1\ 500 < Q \leq 2\ 500$	500~1 200
		$2\ 500 < Q \leq 4\ 000$	1 200~1 800
		$4\ 000 < Q \leq 5\ 000$	1 800~2 500
		$Q > 5\ 000$	2 500
柳州退水	$Q_{柳州} \geq 24\ 000$		$Q_{入库}$
	$Q_{柳州} < 24\ 000$	$Q > 3\ 000$	$Q_{入库}$
		$Q \leq 3\ 000$	3 000

注:(1) $Q_{柳州}$ 为柳州本时段实测流量,时段为 6 h。

(2)退水判别条件为:当前时段流量小于上一时段流量且大于下一时段流量,否则为涨水。

(六)泄水设施运用

(1)泄水系统闸门编号自左岸向右岸依次为 1#、2#、3#、4#、5# 闸门。闸门开启一般先开 3# 闸门,再开 1# 和 5# 闸门,最后 2# 和 4# 闸门。

(2)开启过程中,应控制相邻闸孔水位,保持多孔同开度开启,保障水流处于最佳状态。

五、发电调度

(一)发电调度任务

通过水库调度增加电力和电量供应。一般年份,电站承担电网的基本负荷,电站出力不小于保证出力 4 574 kW(N_p=90%)。

(二)发电调度方式

当汛期(5 月 11 日至 9 月 10 日)水库入库流量小于 170 m³/s 时,机组发电流量按入库流量,维持水库水位为 142.0 m;当入库流量大于 170 m³/s 时,按照机组满发安排发电流量,多余水量通过泄水闸下泄。当处于非汛期(9 月 11 日至翌年 5 月 10 日)时,电站按照发电调度图运行:

(1)当前水库水位处于保证出力区时,电站发保证出力。

(2)当前水库水位降低出力区时,电站发 90% 的保证出力。

(3)当前水库水位处于加大出力区时,电站发 1.1 倍的保证出力至预想出力。

(三)发电调度图

根据融水县供水规划情况,近期融水县城取用水源为贝江干流地表水,水厂取水点上游 1 000 m 至下游 100 m 为城市供水水源保护区;远期选择落久水利枢纽作为县城取水水源。融水县城区 2025 年最高日供水量为 12.0 万 t,平均日用水量为 7.5 万 t,将供水水源从抽提融江河水改为从落久水利枢纽自流供水,大大地降低了供水成本,且水质优于融江河水。因此,本次调度图绘制按照无供水任务情况考虑。具体调度图见图 4-20 及表 4-55。

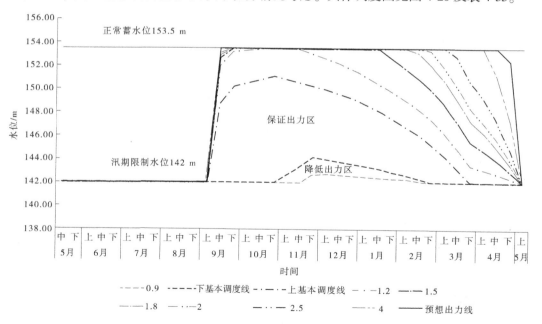

图 4-20 不考虑供水条件下水库调度图

表4-55　未考虑供水的不同出力下水位变化过程

单位：m

月份	旬	系数=0.9	下基本调度线	上基本调度线	系数=1.2	系数=1.5	系数=1.8	系数=2	系数=2.5	系数=4	预想出力线
5	中	142.00	142.00	142.00	142.00	142.00	142.00	142.00	142.00	142.00	142.00
	下	142.00	142.00	142.00	142.00	142.00	142.00	142.00	142.00	142.00	142.00
6	上	142.00	142.00	142.00	142.00	142.00	142.00	142.00	142.00	142.00	142.00
	中	142.00	142.00	142.00	142.00	142.00	142.00	142.00	142.00	142.00	142.00
	下	142.00	142.00	142.00	142.00	142.00	142.00	142.00	142.00	142.00	142.00
7	上	142.00	142.00	142.00	142.00	142.00	142.00	142.00	142.00	142.00	142.00
	中	142.00	142.00	142.00	142.00	142.00	142.00	142.00	142.00	142.00	142.00
	下	142.00	142.00	142.00	142.00	142.00	142.00	142.00	142.00	142.00	142.00
8	上	142.00	142.00	142.00	142.00	142.00	142.00	142.00	142.00	142.00	142.00
	中	142.00	142.00	142.00	142.00	142.00	142.00	142.00	142.00	142.00	142.00
	下	142.00	142.00	142.00	142.00	142.00	142.00	142.00	142.00	142.00	142.00
9	上	142.00	142.00	148.69	152.01	152.62	152.90	153.08	153.50	153.50	153.50
	中	142.00	142.00	150.25	153.19	153.50	153.50	153.50	153.50	153.50	153.50
	下	142.00	142.00	150.52	153.29	153.50	153.50	153.50	153.50	153.50	153.50
10	上	142.00	142.00	150.80	153.39	153.50	153.50	153.50	153.50	153.50	153.50
	中	142.00	142.00	151.08	153.50	153.50	153.50	153.50	153.50	153.50	153.50
	下	142.00	142.00								

续表 4-55

月份	旬	系数=0.9	下基本调度线	上基本调度线	系数=1.2	系数=1.5	系数=1.8	系数=2	系数=2.5	系数=4	预想出力线
11	上	142.00	142.59	150.83	153.50	153.50	153.50	153.50	153.50	153.50	153.50
	中	142.00	143.32	150.56	153.37	153.50	153.50	153.50	153.50	153.50	153.50
	下	142.68	144.09	150.28	153.04	153.50	153.50	153.50	153.50	153.50	153.50
12	上	142.71	144.00	149.94	152.64	153.50	153.50	153.50	153.50	153.50	153.50
	中	142.63	143.80	149.59	152.21	153.50	153.50	153.50	153.50	153.50	153.50
	下	142.56	143.60	149.23	151.76	153.50	153.50	153.50	153.50	153.50	153.50
1	上	142.50	143.40	148.69	151.16	153.50	153.50	153.50	153.50	153.50	153.50
	中	142.45	143.20	148.12	150.49	153.40	153.50	153.50	153.50	153.50	153.50
	下	142.31	142.90	147.46	149.78	152.63	153.50	153.50	153.50	153.50	153.50
2	上	142.29	142.69	146.83	149.10	151.84	153.50	153.50	153.50	153.50	153.50
	中	142.15	142.36	146.16	148.32	150.95	153.11	153.50	153.50	153.50	153.50
	下	142.00	142.00	145.39	147.44	149.95	152.06	153.25	153.50	153.50	153.50
3	上	142.00	142.00	144.34	146.29	148.72	150.70	151.89	153.50	153.50	153.50
	中	142.00	142.00	143.23	144.94	147.23	149.16	150.26	152.69	153.50	153.50
	下	142.00	142.00	142.00	143.46	145.51	147.30	148.38	150.66	153.50	153.50
4	上	142.00	142.00	142.00	143.15	144.76	146.27	147.16	149.16	153.50	153.50
	中	142.00	142.00	142.00	142.80	143.94	145.03	145.74	147.31	151.07	153.50
	下	142.00	142.00	142.00	142.42	143.04	143.62	144.01	144.95	147.49	152.44
5月	上	142.00	142.00	142.00	142.00	142.00	142.00	142.00	142.00	142.00	142.00

六、调度图绘制

(一)基本原理

1.调度图的绘制原理

1)调度图的组成

一般以发电为主的水库调度图由正常工作区、降低出力区、加大出力区及调洪区四个基本工作区域组成。正常工作区表示水电站按保证出力工作的区域;降低出力区表示水电站小于保证出力工作的区域;加大出力区表示水电站大于保证出力工作的区域;调洪区表示汛期的调洪区段。有时各区域还细分为若干小区。各区域的范围用调度线划分。

调度线是由实测的历史径流特性资料计算和绘制而来的一组表示水库特征水位的调度曲线。它以水平横坐标表示时间,以垂直纵坐标表示水库水位。调度线分为基本调度线和附加调度线。基本调度线包括上基本调度线(又称防破坏线)和下基本调度线(又称限制出力线)。它体现了水电站的保证运行方式。附加调度线包括一组加大出力线、降低出力线和防弃水线,是体现水电站在丰水年对多余水量的利用方式及在枯水年的利用方式。

水库实际运行时,按照时间和水位,可以查得在调度图中的位置,并根据水电站所处的调度区域确定水库的工作方式。

2)调度图的绘制

a.上、下基本调度线的绘制

上、下基本调度线是在设计枯水年(具有各种不同年内分配)的来水条件下,水电站按保证出力工作时,各水文年内水库水位过程线的上、下包线。它是决定水电站及水库合理运行调度方式的基本依据。

年调节水库上、下基本调度线的绘制方法如下:首先选择符合设计保证率的几个典型年,并按设计枯水年进行优化,使典型年供水期的平均出力等于或接近保证出力,供水期的终止时刻基本相同;然后对各年均按保证出力自供水期末死水位开始,逆时序进行水能计算至蓄水期初,即回到死水位,得出各年水电站运行的水位变化过程;最后,取各年水电站运行水位过程线的上、下包线并经过对下包线的适当优化,即得到上、下基本调度线。

b.加大出力调度线的绘制

加大出力调度线的一般绘制方法是首先根据上基本调度线和保证出力推求出相应各时段的发电用水量,再由水量平衡公式推求水库的来水过程,将此来水过程作为下一步推求各加大出力线时所需的典型年径流过程。根据典型年径流过程分别按不同等级的加大出力值(大于保证出力 N_p,小于预想出力 $N_{预}$),从供水期末上基本调度线相应的指示水位(死水位)起,对整个调节年逆时序逐时段试算,直至蓄水期初库水位落至相应水位,即可得相应各加大出力的时段初水位过程。最后将计算所得的各加大出力值对应时段初水位过程点绘于调度图中,加以优化,即得到一组加大出力线。

c.降低出力调度线的绘制

降低出力调度线的一般绘制方法是首先根据下基本调度线和保证出力推求出相应各时段的发电用水量,再由水量平衡公式推求水库的来水过程,并作为推求各降低出力线的计算典型年径流过程。根据该过程分别按不同等级的降低出力值(小于 N_p,大于水电站最小技术出力),从供水期末由死水位开始逆时序计算至蓄水期初,库水位又回落至死水位为止,可得相应各等级降低出力的时段初水位过程。最后将所计算的各等级降低出力值对应的时段初水位过程点绘于调度图中,并将各线的供水期终点优化至下基本调度线在供水期同一终点,即得到各降低出力调度线。

2. 常规调度图的编制与运用

1) 典型径流的分析

调度图绘制的计算是一个逆时序的计算,原则上是从供水期末相应的指示水位(死水位)起,对整个调节年逆时序逐时段试算,直至蓄水期初水库水位回落至相应水位。因此,确定水电站水库的供、蓄期就变得必要,尤其是要确定供水期的结束时刻,它决定了整个计算的起始时段。同时,在调度图上、下基本调度线的绘制中,需要用到多条符合设计保证率的典型径流过程,因此有必要对整个水文年度系列进行分析、选取。调度图绘制的计算是一个逆时序的计算。

a. 水库供、蓄水期的划分

落久水库供、蓄水期的划分按水能计算中采用的等流量试算方法确定。具体方法是:将水文年度系列资料按年排序,并求得各月的平均流量 $Q_{月}$,以及多年平均流量 $Q_{年}$,根据 $Q_{月}$ 和 $Q_{年}$ 进行判断,如果 $Q_{月} > Q_{年}$,则可认为对应该月为蓄水月份;反之如果 $Q_{月} < Q_{年}$,则可认为对应该月为供水月份,然后进行进一步试算。

由于电站特征水位和动能参数已定,供水期的引用流量可用下式进行判断:

$$Q = \frac{V_{调} + W_{供} - W_{损} - W_{用}}{T_{供}} \tag{4-2}$$

式中:Q 为供水期的引用流量,m^3/s;$V_{调}$ 为水库的调节库容,m^3;$W_{供}$ 为供水期的来水总量,m^3;$W_{损}$ 为供水期的损失水量,m^3;$W_{用}$ 为供水期的其他用水量,m^3;$T_{供}$ 为供水期的时间长度,s。

$T_{供}$ 首先由 $Q_{月}$ 和 $Q_{年}$ 判定,然后由上式进行计算,若计算得 Q 大于供水期所有月份的月平均流量 $Q_{月}$,且小于非供水期各月份的天然来水量,则认为确定的供水期正确,否则重新假定试算,直到满足条件。

这个方法简单合理,概念明确,它考虑了整个水文年度系列。虽然在水文年度系列中可能会有个别的年份与其不符,但在整个水文系列中所占比例很小。即使在运行中出现稍有不符的情况,也可根据预报采取相应的措施。

b. 典型径流过程的选取

设计枯水径流资料已经在设计时确定,所以在此环节中只需要选取年均流量与设计年年均流量相接近的典型枯水过程,然后按设计枯水年的年均流量为控制条件,对各典型径流过程进行优化,优化系数如下:

$$K = \frac{Q_{设}}{Q_{典}} \tag{4-3}$$

式中:K 为优化系数;$Q_{设}$ 为设计年年均流量;$Q_{典}$ 为典型年年均流量。

由此得到数条优化后的径流过程资料,即可作为推求上、下基本调度线的典型径流过程。

2)调度图的绘制

a.计算模型

整个调度图绘制的计算模型采用等出力计算模型,即在满足各种严格边界约束的条件下,水电站水库采取等出力的方式运行——在绘制上、下基本调度线时,等出力为保证出力;在绘制加大、降低出力线时,等出力为对应等级的加大、降低出力。

约束条件如下:

水量平衡约束:
$$V_{t+1} - V_t = (Q_t - q_t)T - W_t$$

水位约束(或库容约束):
$$Z_{\min,t} \leq Z_t \leq Z_{\max,t}$$

出力约束:
$$N_{\min} \leq N_t \leq N_{预}$$

下泄流量约束:
$$q_{\min} \leq q_t \leq q_{\max}$$

其中:Z_t 为 t 时段的初水位;$Z_{\min,t}$、$Z_{\max,t}$ 分别为对应时段 t 的最低控制水位和最高控制水位;N_t 为 t 时段的出力;$N_{\min}$、$N_{预}$ 分别为对应时段的最低限制出力和预想出力;T 为时段的时间长度;V_t、Q_t、q_t 和 W_t 分别对应 t 时段的时段初库容、入库流量、下泄流量和损失水量;$q_{\min}$、$q_{\max}$ 分别为允许的最小下泄流量和最大下泄流量。

b.调度图绘制

(1)基本调度线的绘制。

对选取的每一个典型径流过程,采取等保证出力的方式,从供水期末相应的指示水位(死水位),逆时序计算至蓄水期初(回到相应水位),对于每一个时段的计算步骤如下:

第一步:假定初始下泄流量,由水库时段末水位、当前时段入库流量等基本资料,运用水量平衡原理,计算时段初水位。

第二步:由计算所得的初水位及已知的末水位、假定的下泄流量等资料,用出力公式计算时段出力。

第三步:判断时段出力是否等于保证出力(或者差值在迭代精度范围内),如果两者相等或者满足迭代精度,则进入第四步,否则返回第一步,重新假定下泄流量。

第四步:判断满足保证出力条件下的时段初水位(或库容)是否在水位控制范围内,即是否在死水位和正常蓄水位(或汛限水位)之间,若在此区间则直接进入下一个时段计算,若不在此区间,则进入第五步。

第五步:若计算的时段初水位大于正常蓄水位(或汛限水位),则强制时段初水位为正常蓄水位(或汛限水位),然后运用出力公式计算实际出力,此时意味着以当前运用的典型径流过程来计算,不能满足此时段进行保证出力(由于涉及的水电站水库,总的来说调节性能偏弱,而典型径流偏枯,这种情况时有出现);若时段初水位低于死水位,则强制时段初水位为死水位,同理运用出力公式计算实际出力,此时则表明天然来水较丰,仅以保证出力发电,将会产生弃水。

将所有的典型径流过程进行计算后,即得到一组对应的水库水位过程线,然后取其上、下包线,即得到上、下基本调度线,然后结合调度线和实际情况,可以对调度线进行适当调整。

等出力的计算流程见图 4-21。

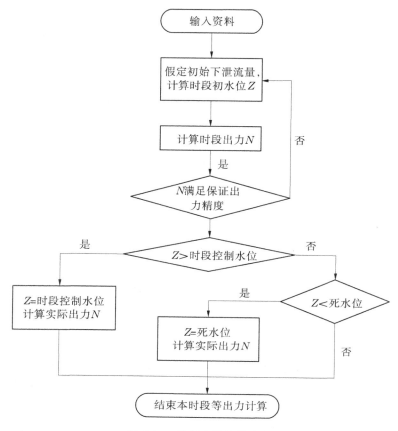

图 4-21　等出力的计算流程

（2）加大、降低出力调度线的绘制。

从原理上来讲，加大、降低出力调度线的绘制与基本调度线的绘制是一致的，均采用等出力方式，对典型径流自供水期末起进行逆时序计算，回到蓄水期初。加大、降低出力调度线的绘制与基本调度线的绘制的不同之处有以下两点：

首先，加大、降低出力的等出力不是保证出力，而是对应不同等级加大、降低系数的加大、降低出力。

其次，加大、降低出力调度线计算采用的典型径流过程是各有一条，不同于绘制基本调度线时的一组典型径流过程。对于任一加大、降低出力系数，所计算出的水位过程线有且仅有一条，即为对应等级的调度线，无须取上、下包线。

加大出力调度线计算所采用的典型径流过程通过上基本调度线进行推求。首先根据上基本调度线的时段水位过程，对各时段逐一按保证出力进行发电，推求出各时段水库的发电流量；然后根据水量平衡公式，推求各时段的来水量，即得到典型径流过程。

降低出力调度线计算所采用的典型径流过程推求方法和加大出力一致，区别在于计算中采用的水位过程线为下基本调度线。

对以上推求的典型径流过程,分别按不同等级系数加大或降低出力,如 $1.2N_P$、$1.5N_P$、$0.8N_P$、$0.9N_P$(N_P 为保证出力)等,按等出力的计算程序计算,即可得到对应的加大或降低出力调度线。

3)调度图的运用

a.调度图运行规则

水库调度图绘成后,可利用调度图来指导水库运行。一般来说,有如下运行规则:

(1)当水库的实际蓄水位位于上、下基本调度线之间的保证出力区时,水电站按保证出力工作。

(2)当水库的实际蓄水位位于上基本调度线之上的加大出力区(含预想出力区)时,水电站按加大出力工作。

(3)当水库的实际蓄水位位于下基本调度线和死水位之间时,水电站按降低出力工作。

然而仅以当前水库的实际蓄水位来作为调度的判定依据是不够的,通常还要结合当前水库的来水等实际情况,充分利用当前已知信息对调度作出科学的判断。本书将对调度结果进行分析,针对各个水库的实际情况,对调度规则进行优化。

b.调度图的模拟运行

绘制调度图的目的是指导实际的水库运行。调度图编制得合理与否,需要通过实际径流的模拟运行操作来检验。此次参与调度图编制的水电站水库都具有 40 年左右的历史径流资料,为调度图运行检验提供了有利的条件。即调度图运行检验可以运用历史径流资料,按调度图调度规则指导梯级电站运行,根据模拟运行结果来进行调度图合理性分析。

按调度图指导运行的步骤如下:

第一步:根据当前水库实际蓄水位,结合调度图,按调度规则判定当前时段的出力状态。

第二步:根据判定的出力状态,结合当前来水信息,进行运行计算,得出时段末水库的蓄水状态。

第三步:判断时段末状态是否满足约束条件。如果满足约束条件,则此时段按此出力运行,然后进入下个时段判定、运行。若不满足约束条件,则调整出力状态,具体如下:

(1)若时段末水位高于正常蓄水位(或汛限水位),意味着初始判定出力过小,则令时段末水位为正常蓄水位(或汛限水位),然后进行水能计算,直接求出此时段的实际出力。

(2)若时段末水位低于死水位,表明初始判定出力过大,则令时段末水位为死水位,通过水能计算得出此时段的实际出力。

模拟运行程序流程见图4-22。

(二)落久水利枢纽调度图

1.典型径流的确定

编制落久水利枢纽常规调度图,计算其基本调度线所需的典型径流过程,按设计枯水年进行缩放后的结果见表4-56。

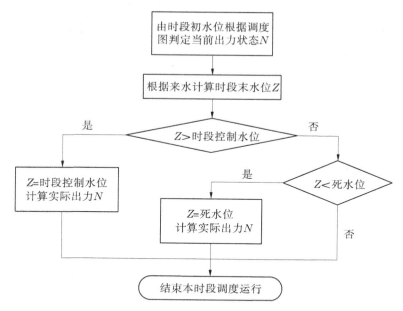

图 4-22　模拟运行程序流程

表 4-56　落久水利枢纽典型径流过程　　　　　　　　单位:m³/s

时间	1966—1967 年	1974—1975 年	1986—1987 年	1998—1999 年	1999—2000 年	2003—2004 年	2009—2010 年
5 月	68.9	100.2	112.4	85.0	87.0	125.8	122.8
6 月	249.8	224.9	232.1	374.8	136.4	172.6	209.3
7 月	339.4	517.3	306.0	339.4	313.3	112.3	391.4
8 月	49.1	86.2	63.8	90.4	77.1	71.0	56.9
9 月	17.6	32.1	30.1	38.6	45.1	44.5	31.9
10 月	32.5	29.6	23.9	21.7	21.5	30.8	14.8
11 月	17.9	14.3	27.6	13.2	23.5	17.1	11.5
12 月	15.3	13.3	14.1	11.7	12.6	14.3	11.1
1 月	12.4	12.8	28.3	10.0	11.5	15.7	16.7
2 月	16.0	14.0	18.2	10.6	14.9	17.6	12.6
3 月	42.2	24.8	18.3	8.9	29.5	27.2	10.5
4 月	55.0	67.6	51.7	38.5	43.3	36.3	35.3

2. 初始调度图

落久水利枢纽的初始调度图(即降低、加大出力线按保证出力的 90%、1.2 倍、1.5 倍、1.8 倍、2 倍、2.5 倍、4 倍及预想出力进行绘制)。加大、降低出力调度线的计算过程中,由于严格受到时段允许的最低水位与最高水位限制,因此在计算过程中会出现不满足加大出力或降低出力的情况。

3. 调度图模拟运行结果分析

分析不同出力倍比下的实际出力状态可知,降低出力线反映的是在枯水期,水电站不能持续保证出力的情况下所采取的出力措施。由调度规则可知,若没有降低出力线,当前库水位低于下基本调度线时,将以保证出力发电。枯水期末一般来水较少,后续时段出力破坏程度较大,不利于后续发电,但当前时段却有可能得到保证,有利于提高出力保证率;若有降低出力线,则按降低出力运行,那么后续时段出力破坏程度将减小,水头相对维持较高,有利于发电,但当前时段必定得不到保证,不利于提高出力保证率。

综合比较上述几种情况,在实际的调度运行过程中,分别采用不同的加大、降低出力线来指导运行,分析计算结果,筛选合适的调度出力线。根据上述分析,主要采取以下两种运行方式:

方式(1)倍比系数选择:90%,1.2 倍,1.5 倍,1.8 倍,2 倍,2.5 倍,4 倍,预想出力。

方式(2)倍比系数选择:1.2 倍,1.5 倍,1.8 倍,2 倍,2.5 倍,4 倍,预想出力。

一共两种方式,用以指导运行,有实测历时径流资料 60 年,以旬为时段共 2 160 个时段,计算结果见表 4-57。

表 4-57　调度运行结果统计

项目	方式(1)	方式(2)
年均发电量/亿 kW·h	1.432 0	1.429 0
出力年保证率	90%	90%
出力月保证率	95.69%	96.25%

由表 4-57 可以看出,方式(1)与方式(2)在出力年保证率方面相同。调度图比较精细的方式(1)发电量较高,而没有降低出力线的方式(2)出力月保证率比较高,从而验证了前面的分析。由于两方案都满足水电站出力年保证率 90% 的要求,且两种方案的出力月保证率相差较小,故选择年均发电量较大的方式(1)作为拟订最佳方案。根据枢纽的综合利用要求和贝江的来水情况,拟定水库的运行方式如下:

(1)5 月 11 日至 9 月 10 日:水库维持在汛期限制水位 142.00 m 运行,当发生洪水时,按落久水库防洪调度原则运行,当水库水位超过防洪高水位 161 m 后,进入保坝运行状态,在不形成人造洪峰的前提下,使水库水位快速下降;当退水时,水库水位回落至 161 m 以下后,仍按落久水库防洪调度原则运行。在满足防洪调度的基础上,可利用天然径流按水库兴利的顺序满足灌溉、供水和发电等需求。

(2)9 月 11 日至翌年 5 月 10 日:按照调度图调度。利用水库兴利库容从 9 月 11 日开始蓄水,在保证灌溉、供水和生态用水的基础上尽可能地抬高水库水位。在水位高于上调度线时可加大水电站出力,水位低于下调度线时降低电站出力;超过预想出力线时按照装机容量出力。供水期末根据来水情况,适当加大电站出力,让水库水位缓慢回落至汛限水位 142.00 m。

第八节　西江水库群洪水联合调度

一、调度背景

2015 年 4 月 3 日,《关于 2015 年汛期珠江流域雨水情预测的报告》指出,受降雨时空分布不均影响,西江和北江可能发生中小洪水,中小河流可能发生暴雨洪涝灾害;各大江河除红水河年最高水位低于警戒水位外,其余均接近或略高于警戒水位。2015 年,珠江流域年最高水位高于警戒水位的江河测站有柳江柳州站、西江梧州站及北江清远站,结合目前珠江流域各防洪保护区防洪现状,2015 年珠江流域防洪工作侧重于西江中下游防洪保护区,重点为减少西江中下游城市的防洪压力。

为做好 2015 年珠江流域洪水防御工作,根据 2015 年汛期流域雨水情预测成果,针对西江干流上的龙滩、岩滩、大化、百龙滩、乐滩、桥巩等大型水库、电站工程运行情况,编制西江水库群洪水联合调度方案,以应对 2015 年西江流域发生的洪水,减少西江中下游城市的防洪压力,避免发生洪灾及减少洪灾损失。

二、调度目标

根据《珠江流域综合规划(修编)》成果,珠江流域各主要防洪区现状防洪能力差别较大。西江中下游已建堤防一般能够防御 10 年一遇左右的洪水,部分重点堤防可防御 20~50 年一遇的洪水,初步形成了以堤防工程为基础,结合水库调控的防洪工程体系,由于受控制流域面积的限制,已建龙滩水库不能调控来自柳江、桂江及红水河都安—迁江等流域暴雨中心区的洪水,对西江流域中下游型洪水的调控作用甚微;郁江上游右江已建成百色水库,与南宁市城区堤防联合运用,可使南宁市主城区的防洪能力达到近 100 年一遇;柳江尚未建设防洪水库,国家重点防洪城市柳州市的防洪仍依靠堤防,主城区防洪能力基本达到 50 年一遇;北江中下游已初步形成以北江大堤和飞来峡水库为主体,潖江滞洪区、芦苞涌和西南涌分洪水道共同发挥作用的防洪工程体系,捍卫广州市防洪安全的北江大堤可抵御北江 300 年一遇的洪水;西、北江三角洲佛山大堤、樵桑联围、中顺大围、江新联围等重点堤围的防洪能力约 50 年一遇,一般堤围的防洪(潮)能力为 20 年一遇;东江下游及三角洲的防洪工程体系较为完善,经上游的新丰江、枫树坝和白盆珠三库联合调度,可将下游重点防洪保护对象的防洪能力提高到 100 年一遇;桂江中上游重要防洪城市桂林市的防洪主要依靠堤防和水库,城区堤库结合,防洪能力基本达到 20 年一遇;南盘江中上游防洪体系中没有水库建成,其主要堤防现状防洪能力为 10~20 年一遇。

西江流域防洪工程体系尚未完善,郁江中下游防洪工程体系、柳江中下游防洪工程体系、南盘江中上游防洪工程体系及桂江中上游防洪工程体系中没有防洪水库建成或仅有 1 座防洪水库,不具备水库群联合防洪调度条件。西江中下游防洪工程体系中,已经建成龙滩防洪水库,西江干流建有岩滩、大化、百龙滩、乐滩、桥巩、长洲等大型水库,具备利用已建骨干水库提高西江中下游防洪能力的条件。

根据 2015 年珠江流域水雨情预报成果、西江流域防洪现状及流域骨干水库防洪潜力,确定 2015 年年度防洪目标为:当西江梧州站发生预报年型洪水时,利用龙滩水电站以及红水河水库群联合调度,将武宣站和大湟江口站洪峰流量削减至或接近 10 年一遇洪水以下,避免西江中下游苍梧、藤县、平南、桂平等县级城市发生洪灾;同时,削减梧州站洪峰流量,减少梧州市的洪水威胁。

三、总体思路

2015 年,西江流域洪水来源于柳江及西江武宣至梧州之间,属于中下游洪水类型,南盘江、红水河、郁江的洪水量级较小。根据《珠江流域防洪规划》《珠江流域综合规划(修编)》成果,龙滩水电站工程受控制流域面积的限制,按照目前的调度规则,水库对中下游型洪水的调控作用甚微。为实现年度防洪目标,必须进一步挖掘龙滩水电站防洪作用及西江流域其他骨干水库的滞洪作用。

西江干流大型水库(含电站、航电枢纽)有天生桥一级、天生桥二级、平班、龙滩、岩滩、大化、百龙滩、乐滩、桥巩、长洲水利枢纽等 10 个梯级,主要支流上有北盘江光照,郁江百色、西津和柳江红花等 4 座水库、电站工程。受西江洪水组成规律及水库自身情况的限制,各水库、电站拦洪、蓄洪对于提高西江中下游防洪能力的差异较大,可利用性不同。

(一)天生桥一级水电站及光照水电站防洪可利用性

天生桥一级水电站与光照水电站均位于龙滩水电站上游,虽然具有较大的库容,但电站不承担防洪任务。为降低水库库区淹没及降低工程投资,电站设计时水库设置了汛期限制水位(天生桥一级水电站汛期限制水位为 773.1 m;光照水电站汛期限制水位为745.0 m,与正常蓄水位一致),水库设计洪水位、校核洪水位及水库回水计算均以汛期限制水位为起调水位计算确定。截至 2015 年 4 月 10 日,天生桥一级水电站水库水位为763.7 m,光照水电站水库水位为 726.6 m,分别低于汛期限制水位 9.4 m、18.4 m,汛期限制水位以下可利用库容分别为 13.6 亿 m³、8.5 亿 m³,合计为 22.1 亿 m³。

龙滩水电站是西江中下游重要的防洪水库,按照目前水库防洪调度规则,龙滩水电站单库对上中游洪水及全流域洪水的削峰作用明显,而对中下游型洪水削峰作用较小。2015 年,西江流域洪水为中下游型洪水,按照龙滩水电站目前防洪调度规则运用,龙滩水电站防洪库容利用量不足 6.0 亿 m³("96·7""98·6"年型洪水),水库的防洪库容尚未充分利用。对于 2015 年可能发生的中下游型洪水情况,在龙滩水库防洪库容未被充分利用的前提下,挖掘天生桥一级水电站和光照水电站的防洪作用甚微。

(二)浔江长洲水利枢纽工程防洪可利用性

长洲水利枢纽工程位于西江干流浔江下游河段,距离梧州市 12 km,是距离梧州市最近的大型骨干工程,工程于 2009 年 12 月建成投产。工程主要任务是发电,兼有航运、提水灌溉和水产养殖等综合利用效益。工程地处浔江低丘平原地带,人口稠密,耕地集中,土地肥沃,是广西壮族自治区乃至珠江流域主要产粮区之一。根据《广西长洲水利枢纽可行性研究报告》,水库淹没设计洪水标准为:土地淹没征用线为 5 年一遇洪水(11 800

m³/s)、人口迁移线为20年一遇洪水(18 100 m³/s)。为减少水库淹没损失,枢纽汛期降低水库水位至18.6 m运行,当坝址流量大于或等于21 000 m³/s时,枢纽43孔泄洪闸全部敞开泄洪,敞开后水库沿江水位基本恢复到天然状态。长洲水库淹没处理范围涉及梧州市的长洲区、苍梧县、藤县和贵港的平南县、桂平市共5个县(市、区)、31个乡镇、142个村、1 232个村民小组,防护前淹没土地总面积为26.76万亩,其中陆地面积为5.94万亩、水域面积为20.82万亩。截至枢纽工程投产,枢纽设计时确定的水库库区建设征地及移民安置已经基本完成。目前,梧州市防洪堤防洪能力达到30年一遇洪水(48 500 m³/s),大于长洲水利枢纽工程人口迁移线确定的20年一遇洪水(18 100 m³/s)标准以及枢纽43孔泄洪闸全部敞开泄洪时的设计洪水(21 000 m³/s),利用长洲水利枢纽提高梧州市的防洪能力会引起临时淹没并影响闸门的运行安全。

梧州市洪水主要来源于浔江,但浔江洪水与桂江洪水叠加对于梧州市的防洪威胁更大。长洲水利枢纽工程土地淹没征用线及人口迁移线以上耕地多、人口集中,近年来尚未开展过详细调查,利用长洲水利枢纽对桂江洪水实行错峰,需进一步核实库区经济社会指标后再研究。2015年西江洪水来源于柳江及武宣至梧州区间,不宜利用长洲水利枢纽临时拦蓄洪水。

(三)郁江西津水电站工程防洪可利用性

西津水电站位于西江主要支流郁江上,距离上游国家重点防洪城市南宁市100 km。电站原设计正常蓄水位为63.6 m,因水库库区淹没和人口搬迁问题未解决,水库从未蓄水至正常蓄水位。目前,水库正常蓄水位汛期控制在61.6 m,非汛期控制在62.1 m,死水位为57.6 m,电站运行水位在57.6~62.1 m,相应调节库容为4.48亿m³。利用西津水库拦洪来提高西江中下游的防洪能力、梧州的防洪能力,以及解决涉及水库库区人口及耕地的淹没问题,其防洪调度十分敏感,在各级防汛机构和历次防洪调度中均未被利用。从西江流域洪水组合情况看,郁江洪水与黔江和浔江洪水遭遇的情况较少,2015年郁江洪水量级较小,具备利用西津水电站对黔江洪水实施错峰调度的条件,但由于目前尚未开展针对水库库区实物指标的调查工作,临时拦洪存在较大的防洪风险,其拦洪作用及可操作性仍需进一步研究。

(四)柳江红花水电站工程防洪可利用性

红花水电站是柳江梯级开发中的最后一级,工程开发任务以发电、航运为主,兼顾灌溉、旅游、养殖等综合利用。水电站坝址距离上游国家重点防洪城市柳州市25 km,工程设计时为尽量减少电站泄洪回水对柳州市防洪的影响,按照发生50年一遇洪峰流量(29 700 m³/s)时,柳江上游鸡喇水位壅高控制不超过0.2 m的原则确定电站的泄洪规模,泄洪规模较大,为19孔(包括1孔排漂孔),每孔净宽16 m。为避免电站发电运行对柳州市区排涝的影响,电站采用柳州断面发电回水不超过78.5 m的运行方式,即当水库天然来水流量大于发电停机流量(4 800 m³/s)时,水库水闸开启泄水直至敞泄。2015年柳江洪峰流量预测为16 000 m³/s,接近2年一遇洪水标准,红花水电站应以保坝运行为主。

(五)右江百色水利枢纽工程防洪可利用性

百色水利枢纽位于郁江上游的右江上,能较好地控制右江洪水。从西江流域洪水组成情况看,当梧州发生大洪水时郁江洪水所占的比例较小,而右江洪水所占的比例更小。

同时,百色水利枢纽工程是郁江中下游防洪工程体系的主要组成部分,保护对象为南宁市及贵港市,且其距离梧州市流程较长,从枢纽坝址到梧州防洪控制断面多年平均洪水传播时间为5.3 d,远大于梧州站洪水涨水历时(3~5 d)。因此,难以利用百色水利枢纽削减梧州洪峰流量。

(六)红水河水库群防洪可利用性

红水河龙滩水电站下游有岩滩、大化、百龙滩、乐滩、桥巩等水电站工程,梯级总库容为64.75亿 m³,调洪库容达32.67亿 m³,在2015年红水河来水较小的情况下可以利用水电站水库调洪库容对柳江洪水实施调度,削减武宣至大湟江口的防洪压力,实现年度防洪调度目标。红水河龙滩以下梯级情况见表4-58。

表4-58　红水河龙滩以下梯级情况

项目	岩滩	大化	百龙滩	乐滩	桥巩	合计
总库容/亿 m³	34.30	8.52	3.40	9.50	9.03	64.75
正常蓄水位以下库容/亿 m³	26.12	3.93	0.70	4.02	1.91	36.66
调洪库容/亿 m³	12.00	4.59	2.75	5.94	7.39	32.67
调节库容/亿 m³	4.32	0.37	0.05	0.46	0.27	5.47
死库容/亿 m³	21.20	3.56	0.65	3.56	1.64	30.61
库容系数/%	0.77	0.06		0.07	0.04	0.94

四、相似水情

根据《关于2015年汛期珠江流域雨水情预测的报告》成果,西江流域主要控制站中,柳江柳州站及西江梧州站2015年最高水位超过河流警戒水位,2015年西江流域洪水来源于柳江流域及黔江武宣水文站至西江梧州水文站之间,属于中下游型洪水类型。根据《珠江水情手册》中各站水位流量关系,确定2015年各主要站点洪峰流量如下:天峨站为4 700 m³/s、柳州站为16 000 m³/s、南宁站为8 650 m³/s、武宣站为24 300 m³/s、梧州站为29 500 m³/s。主要站点2015年洪峰流量成果见表4-59。

表4-59　主要站点2015年洪峰流量成果

站名	历年最高水位均值/m	警戒水位/m	2015年最高水位/m	最高水位对应流量/（m³/s）	多年平均洪峰流量/（m³/s）	5年一遇设计洪水/（m³/s）
天峨	233.37	234.5	227	4 700	11 200	14 000
柳州	82.53	82.5	83	16 000	15 200	19 200
南宁	72.46	73.0	72	8 650	9 440	11 800
武宣	56.6	55.7	55	24 300	26 900	33 300
梧州	20.95	18.5	20	29 500	32 000	37 800

统计 1947—2005 年梧州站 59 年实测洪水,梧州站年洪峰流量超过 5 年一遇洪水的有 13 场(成果见表 4-60、表 4-61),其中"49·7""68·7"等 2 场洪水为全流域型洪水,"76·7" "88·9"等 2 场洪水为中上游型洪水,"47·6""62·6""74·7""94·6""96·7" "97·7""98·6""02·6""05·6"等 9 场洪水为中下游型洪水,洪水主要来源于柳江、武 宣—梧州区间。

表 4-60　梧州站 5 年一遇以上洪水情况　　　　　　　单位:m³/s

年份	龙滩实测 洪峰流量	迁江实测 洪峰流量	柳州实测 洪峰流量	武宣实测 洪峰流量	大湟江口实测 洪峰流量	梧州实测 洪峰流量
1947	8 490	12 720	8 140	21 700	31 400	39 700
1949	13 000	18 300	27 300	45 300	48 800	48 900
1962	8 680	14 300	21 800	36 500	41 400	39 800
1968	15 800	17 500	16 600	33 700	39 000	38 900
1974	9 160	13 300	14 500	32 100	37 000	37 900
1976	12 000	15 900	21 600	43 400	42 000	42 400
1988	16 500	18 400	26 800	42 200	45 400	42 500
1994	11 400	17 900	26 500	44 400	48 000	49 200
1996	5 690	13 600	33 700	42 700	45 800	39 800
1997	12 200	13 700	13 600	33 300	36 800	43 700
1998	5 950	10 500	19 700	37 600	44 600	52 900
2002	5 360	8 930	17 900	31 500	36 200	38 900
2005	8 010	16 600	16 700	38 400	45 300	53 800

表 4-61　5 年一遇以上洪水类型

年份	龙滩 重现期/年	迁江 重现期/年	柳州 重现期/年	武宣 重现期/年	大湟江口 重现期/年	梧州 重现期/年	洪水类型
1947	<1 *	<1	<1	<1	=2	=8	中下游型洪水
1949	=2 * *	=10	=30	=30	=50	=30	全流域型洪水
1962	<1	=2	=8	=8	=12	=8	中下游型洪水
1968	=8	=8	=2	=5	=8	=7	全流域型洪水
1974	<1	=1	<1	=3	=6	=5	中下游型洪水
1976	=2	=2	=8	=20	=15	=10	上中游型洪水

续表4-61

年份	龙滩重现期/年	迁江重现期/年	柳州重现期/年	武宣重现期/年	大湟江口重现期/年	梧州重现期/年	洪水类型
1988	= 10	= 10	= 20	= 15	= 20	= 15	上中游型洪水
1994	= 1	= 8	= 20	= 20	= 50	= 50	中下游型洪水
1996	< 1	= 2	= 100	= 30	= 50	= 8	中下游型洪水
1997	= 2	= 1	< 1	= 5	= 5	= 15	中下游型洪水
1998	< 1	< 1	= 5	= 9	= 20	= 100	中下游型洪水
2002	< 1	< 1	= 2	= 2	= 5	= 8	中下游型洪水
2005	< 1	= 5	= 2	= 10	= 20	= 100	中下游型洪水

注:"＊"为该年该断面洪峰流量小于多年平均洪峰流量;"＊＊"为该年该断面洪峰流量约为2年一遇洪水。

2015年西江流域可能发生中小洪水(5~20年一遇),以梧州发生中等洪水(20年一遇)洪峰流量与实测洪峰流量的比例放大"47·6""62·6""74·7""94·6""96·7""97·7""98·6""02·6""05·6"等9场相似洪水。放大前后,武宣站、大湟江口站洪峰流量超过20年一遇洪水的相似洪水有"62·6""74·7""94·6""96·7""98·6""02·6""05·6"等7场。推荐该7场洪水为代表洪水,作为分析水库群洪水联合调度方案编制的依据洪水。代表洪水见表4-62。

表4-62　代表年型及20年一遇设计洪水　　　　　　　　　　单位:m³/s

年份	代表年型洪水洪峰流量						
	天峨	岩滩	迁江	柳州	武宣	大湟江口	梧州
1962	8 680	9 220	14 300	21 800	36 500	41 400	39 800
1974	9 160	9 730	13 300	14 500	32 100	37 000	37 900
1994	11 400	12 100	17 900	26 500	44 400	48 000	49 200
1996	5 690	6 040	13 600	33 700	42 700	45 800	39 800
1998	5 950	6 320	10 500	19 700	37 600	44 600	52 900
2002	5 360	5 690	8 930	17 900	31 500	36 200	38 900
2005	8 010	8 510	16 600	16 700	38 400	45 300	53 800
年份	20年一遇设计洪水						
	天峨	岩滩	迁江	柳州	武宣	大湟江口	梧州
1962	9 900	10 500	16 300	24 900	41 600	47 200	45 400
1974	11 000	11 700	15 900	17 400	38 500	44 300	45 400
1994	10 500	11 200	16 500	24 500	41 000	44 300	45 400
1996	6 490	6 890	15 500	38 400	48 700	52 200	45 400

续表 4-62

年份	20 年一遇设计洪水						
	龙滩	岩滩	迁江	柳州	武宣	大湟江口	梧州
1998	5 110	5 420	9 010	16 900	32 300	38 300	45 400
2002	6 260	6 640	10 400	20 900	36 800	42 200	45 400
2005	6 760	7 180	14 000	14 100	32 400	38 200	45 400

注:岩滩洪水依据《岩滩水电站初步设计报告》方法计算。

五、调度方案

拟订以下 3 种调度方案。

方案 1:龙滩水电站单库调度方案,即按照龙滩水电站水库目前实际运行的防洪调度规则进行防洪计算,分析应对"62·6""74·7""94·6""96·7""98·6""02·6""05·6"等 7 场年型洪水的防洪效果。具体计算方法见第六节。

方案 2:龙滩水电站应急调度方案,即利用龙滩水电站防洪库容大、2015 年龙滩水电站来水较小的特点,依据龙滩水电站水库入库洪水、梧州站和柳州站洪水情况,加大龙滩控泄力度,分析拦洪效果;计算"47·6""49·6""68·6""76·7""88·9""94·6""98·6""05·6"等 8 场典型洪水、50 年一遇洪水、100 年一遇洪水的防洪效果,评价龙滩水电站防洪任务的实现程度。具体计算方法见第六节。

方案 3:红水河水库群错峰调度方案,即利用红水河梯级水库调洪库容对柳江洪水实施错峰调度。首先,分析岩滩、大化、百龙滩、乐滩、桥巩等梯级防洪能力及运行风险;其次,在以往研究的基础上,合理分摊岩滩、大化、百龙滩、乐滩、桥巩等梯级的防洪风险,拟定水库群联合调度规则,计算分析防洪效果以及岩滩、大化、百龙滩、乐滩、桥巩等梯级运行风险。

岩滩水电站水库调度方案为:当预测 12 h 内柳州站流量大于 19 200 m^3/s(相当于 5 年一遇洪水)、龙滩水库当前蓄水位小于后汛期防洪限制水位 366.0 m,且预报 24 h 内岩滩水库入库流量小于 6 700 m^3/s 时,控泄岩滩水电站下泄流量不大于 500 m^3/s(单机满发流量为 567 m^3/s),配合龙滩减少汇入大化、百龙滩、乐滩、桥巩等梯级的洪量;其他时段,水库按照当前入库流量下泄,但不大于泄流设施在水库当前水位时对应的最大泄流能力。

红水河其他梯级调度方案为:当预报 12 h 内柳州洪水流量大于 25 700 m^3/s(相当于 20 年一遇洪水)且上游龙滩、岩滩水电站已经开始控泄 500 m^3/s 时,大化、百龙滩、乐滩、桥巩梯级同时拦蓄红水河洪水。大化、百龙滩水电站按照入库流量削减 500 m^3/s,乐滩、桥巩水电站按照入库流量削减 1 000 m^3/s。

西江水库群洪水联合调度效果见表 4-63。当发生"62·6""74·7""94·6""96·7""02·6""05·6"年型代表洪水时,通过龙滩、岩滩、大化、百龙滩、乐滩、桥巩等水库群联合调度,可以将武宣站、大湟江口站洪峰流量削减至或接近 10 年一遇洪水,最大削峰流量为 8 700 m^3/s;当发生"98·6"年型代表洪水时,大化、百龙滩、乐滩、桥巩等水库群联合调度对于武宣站、大湟江口站无削峰作用,但是通过龙滩、岩滩的联合调度,可以将武宣站洪峰流量由 37 600 m^3/s 削减至 34 600 m^3/s、大湟江口站洪峰流量由 44 600 m^3/s 削减至 41 500 m^3/s。

表4-63　西江水库群洪水联合调度效果

単位：m³/s

代表年型洪水

年型	武宣			大湟江口+甘王水道			梧州		
	调节前	调节后	削减量	调节前	调节后	削减量	调节前	调节后	削减量
1962	36 500	31 000	5 500	41 400	36 400	5 000	39 800	35 300	4 500
1974	32 100	30 300	1 800	37 000	36 800	200	37 900	36 600	1 300
1994	44 400	37 100	7 300	48 000	39 300	8 700	49 200	41 000	8 200
1996	42 700	35 800	6 900	45 800	39 400	6 400	39 800	33 900	5 900
1998	37 600	34 600	3 000	44 600	41 500	3 100	52 900	50 400	2 500
2002	31 500	31 500	0	36 200	36 200	0	38 900	38 800	100
2005	38 400	33 200	5 200	45 300	39 700	5 600	53 800	50 400	3 400

20年一遇洪水

年型	武宣			大湟江口+甘王水道			梧州		
	调节前	调节后	削减量	调节前	调节后	削减量	调节前	调节后	削减量
1962	41 600	35 800	5 800	47 200	41 800	5 400	45 400	40 000	5 400
1974	38 500	31 400	7 100	44 300	43 600	700	45 400	43 600	1 800
1994	41 000	34 800	6 200	44 300	37 300	7 000	45 400	38 900	6 500
1996	48 700	41 100	7 600	52 200	45 200	7 000	45 400	38 900	6 500
1998	32 300	30 000	2 300	38 300	35 900	2 400	45 400	43 600	1 800
2002	36 800	36 000	800	42 200	41 500	700	45 400	44 400	1 000
2005	32 400	31 400	1 000	38 200	36 800	1 400	45 400	44 700	700

对于"96·7"年型洪水,大化、百龙滩、乐滩、桥巩等水库群联合调度的作用非常明显,联合调度可以将武宣站洪水削减 2 800~2 900 m³/s,将大湟江口站洪水削减 2 400 m³/s。对于其他年型洪水,大化、百龙滩、乐滩、桥巩等水库群联合调度的作用不明显。

六、保障措施

(1)进一步明确调度权限。龙滩、岩滩以及大化、百龙滩、乐滩、桥巩等水电站工程分属不同的部门管理,其防洪调度规则的改变涉及各方利益的冲突和矛盾。在目前西江流域防洪工程体系尚未完善的情况下,采取西江水库群洪水联合调度可以提高西江中下游的防洪能力。应根据相关法律、法规进一步明确防洪调度管理权限,明确调度实施程序和执行主体。

(2)建立信息共享机制。本次拟定的防洪调度规则以水库自身水情预报信息和实际运行指标以及梧州、柳州等主要控制站当前流量和预报信息为决策依据,信息虽然容易获取,但实时信息均掌握在不同单位,为保障调度的顺利、有效实施,应建立信息共享机制,整合水电站水情测报信息、地方水文监测信息、流域机构洪水调度系统等各种资源,实现西江水情信息的实时、快速共享。

第九节　柳江流域落久水库防洪调度

一、调度背景

柳江是珠江流域西江水系第二大支流,发源于贵州省独山县,流经黔、桂、湘三省(自治区)的 34 个县(市),干流全长 750 km,流域面积约 5.85 万 km²。柳江属西江水系暴雨高值区,降雨集中,洪水频发,柳江干流中下游地区的柳州市、融安县、融水县、柳城县、象州县等县(市)经常遭受洪水威胁。1996 年"7·19"洪水,柳州站实测洪峰流量达到 33 700 m³/s,最高洪水位达 93.10 m,超过 100 年一遇(洪峰流量为 32 700 m³/s),柳州全市一片汪洋,市区受淹面积达 75 km²,占全市建成区面积的 91.5%,全市 99% 的工矿企业停产,绝大部分工厂、商店被淹,全市断水、断电,直接经济损失 97 亿元。

根据相关规划成果,柳江中下游按照"堤库结合、以泄为主、泄蓄兼施"的方针,采用修建水库和堤防及整治河道等措施形成防洪工程体系,其中柳州市防洪标准为 100 年一遇,城区堤防建设标准为 50 年一遇(洪峰流量为 29 700 m³/s),防洪水库为洋溪水利枢纽工程(防洪库容为 7.8 亿 m³)和落久水利枢纽工程(防洪库容为 2.5 亿 m³)。截至目前,柳州市城区部分堤段防洪标准偏低,当发生 5 年一遇洪水时,柳州市城区仍有 4 个街道(0.53 km²)0.19 万人被洪水淹没。已经建成的落久水利枢纽限于目前的防洪调度方式对柳州站洪水流量小于 21 000 m³/s 以下的洪水并不能发挥防洪作用。基于柳州市堤防实际建成状况、落久水利枢纽工程调度运行情况及柳江流域干支流水电站建设情况,开展柳江流域水库联合调度十分必要。

二、调度目标

柳江流域水库群联合调度研究主要围绕柳江干支流上的麻石、浮石、古顶、大埔、红花、落久等水电站水库防洪调度,主要目的与任务是:根据流域洪水组成特点和流域水雨情预报情况,研究落久水利枢纽工程防洪调度方式,优化水库防洪调度规则,通过实施场次洪水调度运用,提出柳州市城区应对柳江流域发生不同量级洪水减少洪水淹没和损失的调度方案。

三、水库概况

(一)总体情况

柳江流域水系发达,河流众多。目前,流域建成水库796座,湖南省境内4座,贵州省境内128座,广西壮族自治区境内664座。其中,水电站工程110座;大型水库9座,总库容为52.4亿 m³,兴利库容为5.27亿 m³,防洪库容为4.79亿 m³。柳江流域有大型水库9座,分别为麻石、浮石、古顶、大埔、红花、拉浪、叶茂、洛东、落久。具体情况见表4-64。

表 4-64　柳江流域大型水库基本情况

水库名称	总库容/亿 m³	防洪库容/亿 m³	兴利库容/万 m³	防洪高水位/m	正常水位/m	防洪限制水位/m	死水位/m	功能	防洪保护对象
麻石	2.88		5 890		134.0	134.0	130.0	发电、航运	
浮石	4.66	1.20	4 700	115.8	113.0	112.5	110.2	发电、航运、灌溉	融水
古顶	2.04		440		102.0		101.5	发电、航运	
大埔	5.25	1.09	2 340	96.0	93.0	91.8	80.0	发电、防洪	铁路
红花	30.0		23 650		77.5		72.5	发电、航运	
拉浪	1.25		2 300		177.0		174.0	发电、灌溉、供水	
叶茂	1.07		700		140.5		136.2	发电	
洛东	1.83		1 300		117.0		112.0	发电、灌溉、供水	
落久	3.46	2.50	11 400	161.0	153.5	142.0	142.0	防洪、发电、灌溉	融水、柳城及柳州

柳江流域内具有防洪功能的水库有195座。其中小(1)型水库61座,防洪库容为5 374.94万 m³,有44座水库防洪库容小于100万 m³,有17座水库防洪库容大于100万 m³,主要分布在支流龙江及洛清江流域;中型水库15座,防洪库容为10 126万 m³,多数水库位于支流龙江及洛清江流域;大型水库3座,分别为柳江干流融江段的浮石水库、大埔水库及支流贝江上的落久水库,总调节库容为47 940万 m³。其中,落久水库为流域内以防洪为主要任务的流域控制性水库,具备2.5亿 m³的防洪库容。

(二)落久水利枢纽

1.基本情况

落久水利枢纽大坝位于柳州市融水县境内融江支流贝江下游,是贝江干流规划四级开发方案中的第三个梯级,距上游四荣镇约 15 km,距下游融水县城约 13 km,距下游柳州市约 121 km。水库以防洪为主,兼顾灌溉、供水、发电和航运等综合利用。水库主坝工程于 2016 年 10 月开工建设,2020 年 10 月进行下闸蓄水。

落久水利枢纽拦河主坝主要建筑物有左岸挡水坝段、左岸门库坝段、泄水闸坝段、厂房坝段、右岸门库坝段、右岸挡水坝段。主坝为混凝土重力坝,最大坝高 59.8 m,坝顶高程为 161.8 m,水库枢纽建筑物按 100 年一遇洪水设计、1 000 年一遇洪水校核。发电厂房位于拦河坝右端,为坝后式电站厂房,总装机容量为 4.2 万 kW(2×2.1 万 kW);溢流坝设 5 孔闸门,单孔尺寸为 10 m×12 m,最大泄流量为 6 960 m^3/s。

坝址以上控制流域面积 1 746 km^2,坝址处多年平均流量为 82.3 m^3/s,坝址处 100 年一遇设计洪峰流量为 7 550 m^3/s,1 000 年一遇校核洪峰流量为 10 200 m^3/s,调查到历史最大的洪水流量为 5 210 m^3/s。水库总库容为 3.46 亿 m^3,校核洪水位(0.1%)为 161.13 m,设计洪水位(1%)为 161.00 m,防洪高水位 161.00 m,正常蓄水位 153.5 m,对应库容为 2.07 亿 m^3;汛期限制水位 142.00 m;死水位 142.00 m,死库容 0.93 亿 m^3。水库防洪库容为 2.5 亿 m^3,兴利库容为 1.14 亿 m^3。水库为不完全年调节水库。

根据 2020 年 10 月 12 日广西壮族自治区水利厅印发的《广西落久水利枢纽工程下闸蓄水验收鉴定书》,广西落久水利枢纽工程已按照初步设计批复完成主坝挡水、泄水、消能防冲、发电引水和鱼道挡水部分等建筑物,以及副坝挡水、灌溉及供水取水等建筑物的建设,施工过程中出现的质量缺陷已按相关要求进行了处理,工程质量合格。蓄水安全鉴定报告已提交,蓄水后可能影响工程安全运行的问题已处理,广西落久水利枢纽工程已具备下闸蓄水的条件。

2. 防洪调度

落久水利枢纽工程是国务院批准的《珠江流域防洪规划》和《珠江流域综合规划》(2012—2030 年)确定的广西柳江防洪控制性工程之一,其主要保护对象为柳州市,落久水库防洪库容为 2.5 亿 m^3,未来与柳江上游洋溪进行联合调度,通过堤库结合可将柳州市防洪能力提升至 100 年一遇。按照《落久水利枢纽工程初步设计报告》及《水利部关于广西落久水利枢纽工程初步设计报告的批复》(水规计〔2015〕415 号),当前落久水利枢纽防洪实行单库调度。单库调度规则见表 4-65。单库运行,调洪成果见表 4-66。

表 4-65　落久水库防洪调度规则(单库)　　　　　　　　单位:m^3/s

判别条件		落久入库流量	落久下泄流量
柳州涨水	$Q_{柳州}<21 000$		$Q_{入库}$
	$Q_{柳州}\geqslant21 000$	$Q<1 500$	500
		$1 500<Q\leqslant2 500$	500~1 200
		$2 500<Q\leqslant4 000$	1 200~1 800
		$4 000<Q\leqslant5 000$	1 800~2 500
		$Q>5 000$	2 500

续表 4-65

判别条件		落久入库流量	落久下泄流量
柳州退水	$Q_{柳州} \geqslant 24\,000$		$Q_{入库}$
	$Q_{柳州} < 24\,000$	$Q > 3\,000$	$Q_{入库}$
		$Q \leqslant 3\,000$	$3\,000$

注:$Q_{柳州}$为柳州本时段实测流量,时段为 6 h;退水判别条件为:当前时段流量小于上一时段流量且大于下一时段流量,否则为涨水(下同);数据摘自《落久水利枢纽工程初步设计报告》,下同。

表 4-66　落久水库调洪成果(单库)

年份	落久入库流量/(m^3/s)	落久—柳州区间流量/(m^3/s)	柳州流量/(m^3/s)			降低柳州洪水位/m	利用防洪库容/亿 m^3
			落久建库前	落久建库后	削减洪峰流量		
1962	7 360	27 593	32 700	29 533	3 167	1.63	2.5
1970	5 440	30 389	32 700	31 510	1 190	0.60	2.0
1976	6 810	27 987	32 298	29 812	2 486	1.28	2.5
1978	7 490	30 331	32 700	31 620	1 080	0.54	1.6
1983	5 250	30 717	32 700	31 748	952	0.48	2.5
1988	5 520	30 684	33 588	32 498	1 090	0.54	2.5
1993	6 620	30 232	31 885	30 893	992	0.50	1.8
1994	4 790	29 743	32 700	31 555	1 145	0.57	2.5
1996	7 670	29 943	32 700	32 034	666	0.33	2.5
1998	3 800	31 375	32 998	31 944	1 054	0.53	1.6
2000	5 420	30 111	32 704	31 393	1 311	0.66	1.4

由调度成果可知,落久水库单库运行对中下游型洪水调节效果非常显著,其中 1962 年洪水尤其明显,可将柳州市 100 年一遇洪水洪峰削减至柳州安全泄量以下(50 年一遇)。

3. 水情预报

目前,落久水利枢纽建有水情自动测报系统 1 套,与柳州水文中心联网,实现数据共享,设 1 个分中心、1 个遥测水文站、1 个遥测水位雨量站、1 个遥测水位站、14 个雨量遥测站(其中 10 个为共享水文站点)及复改建后的勾滩水文站(复改建内容:落久上下游设 2 个监测断面及对上游支流的中寨、甲昂、香粉 3 站增设流量设施),系统开发基于行业内较为成熟可靠的 API、新安江模型 2 种预报方案,实现落久水情的自动采集、自动预报、自动预警。运行期委托专业的气象水文服务机构开展水情预报服务：每日 10 时前，提供依据当日 8 时做出预见期为 48 h 的入库流量预报成果，并在强降雨洪水期间每小时更新预报信息；每周四 12 时前，提交依据当日 8 时做出的未来 10 d 日均入库流量预报成果；每月底前 3 d，提交下月的月均流量预报成果。

四、调度方案

(一)优化方案

落久水库防洪调度优化，以目前执行的经验性补偿调度规则为基础，结合柳江流域水情预报情况，采用经验性补偿调度、预报调度等防洪调度方式进行防洪效果计算与分析。调度方案见表 4-67。

表 4-67　落久水利防洪调度方案

方案	调度规则	是否考虑预报	调度方式	落久控泄流量
方案 I	涨水段且 $Q_{柳州} \geqslant 21\ 000\ \mathrm{m^3/s}$	否	经验性补偿调度	$500 \sim 2\ 500\ \mathrm{m^3/s}$ 分级控泄
	退水段且 $Q_{柳州} \leqslant 10\ 000\ \mathrm{m^3/s}$			加泄 $2\ 000\ \mathrm{m^3/s}$ 腾库至 142.0 m
方案 II	涨水段且 $Q_{柳州} \geqslant 21\ 000\ \mathrm{m^3/s}$	否	经验性补偿调度	按单台发电机组额定流量 $84\ \mathrm{m^3/s}$ 控制
	退水段且 $Q_{柳州} \leqslant 10\ 000\ \mathrm{m^3/s}$			加泄 $2\ 000\ \mathrm{m^3/s}$ 腾库至 142.0 m
方案 III	涨水段且 $Q_{柳州} \geqslant 21\ 000\ \mathrm{m^3/s}$	考虑 24 h 预见期	预报调度	按单台发电机组额定流量 $84\ \mathrm{m^3/s}$ 控制
	退水段且 $Q_{柳州} \leqslant 10\ 000\ \mathrm{m^3/s}$	否		加泄 $2\ 000\ \mathrm{m^3/s}$ 腾库至 142.0 m
方案 IV	预测柳州站出现洪峰且柳州站洪峰流量 $\geqslant 15\ 000\ \mathrm{m^3/s}$，或出现洪峰处于 $10\ 000 \sim 15\ 000\ \mathrm{m^3/s}$ 且落久入库流量不小于 $4\ 500\ \mathrm{m^3/s}$，则控泄落久出库	考虑 24 h 预见期	预报调度	按单台发电机组额定流量 $84\ \mathrm{m^3/s}$ 控制
	退水段且 $Q_{柳州} \leqslant 10\ 000\ \mathrm{m^3/s}$	否		加泄 $2\ 000\ \mathrm{m^3/s}$ 腾库至 142.0 m

注：柳州站退水判别条件为当前时段流量值小于前两个时段流量值。

从 4 个方案的调节效果看，方案 II 优于方案 I，方案 III 除 1994 年、1996 年、2009 年型外其他年型调节效果较方案 II 优，但是仍没有解决常遇洪水的拦洪问题。方案 IV 总体上为最优方案。各方案计算成果见表 4-68。

表 4-68　落久水库各方案降低柳州站水位成果

年型	柳州洪峰/ （m³/s）	落久最大入库 流量/（m³/s）	柳州站水位降幅/m				最优 方案
			方案 I	方案 II	方案 III	方案 IV	
1977	12 600	4 900	0	0	0	0.58	IV
1995	17 300	1 850	0	0	0	0.14	IV
1998	19 600	2 214	0	0	0	0.15	IV
2017	20 600	2 800	0	0	0	0.03	IV
1978	20 600	4 020	0	0	0	0.39	IV
1993	21 200	1 430	0	0	0.15	0.14	III
1976	21 600	4 190	0	0	0.30	0.66	IV
1983	21 600	2 980	0.09	0.12	0.13	0.27	IV
1962	22 100	5 110	0.01	0.03	0.40	0.13	III
2004	23 700	2 330	0	0.06	0.26	0.54	IV
2000	24 097	3 992	0.10	0.16	0.18	0.45	IV
1970	25 900	3 390	0.22	0.35	0.48	0.64	IV
1994	26 500	1910	0.28	0.54	0.05	0.42	II
2009	26 700	2 860	0.06	0.11	0.70	0.35	IV
1988	26 900	2 170	0.14	0.19	0.58	0.38	III
1996	33 700	3 360	0.32	0.59	0.03	0.63	IV

综合上述调洪计算成果,方案 IV 利用落久水库入库水情预报信息与柳州站水情预报信息,动态调整落久水库的启用。调度规则如下:

(1)在柳州站涨水段,当预报柳州站 24 h 后出现该场洪水最大洪峰流量且柳州站洪峰流量不小于 15 000 m³/s 时,或预报柳州站 24 h 后出现该场洪水最大洪峰流量大于10 000 m³/s 且小于 15 000 m³/s,落久入库流量不小于 4 500 m³/s 时,启用落久拦洪蓄水,控泄流量按单机发电流量 84 m³/s 控制,直至水库水位蓄水至 153.5 m;当柳州站洪水流量超过 25 700 m³/s 时,水库水位可进一步蓄水至 161.0 m。

(2)在柳州站退水段,柳州站流量小于或等于 10 000 m³/s、入库流量小于 3 000 mm³/s时,落久水库按入库流量加泄 2 000 m³/s 开始加大泄量腾空至汛限水位 142.0 m。

（二）标准洪水效果

在《落久水利枢纽工程可行性研究报告》成果基础上,根据可研成果推荐的方法计算了柳州站不同典型年 100 年一遇设计洪水过程,计算比较了方案 I（目前执行的调度规则）与方案 IV 的调洪效果,计算成果对比见表 4-69 及图 4-23。

表4-69　各典型年100年一遇洪水落久水库防洪调度计算成果对比

年型	柳州洪峰/(m³/s)	落久最大入库流量/(m³/s)	区间流量/(m³/s)	方案I（可行性研究报告调节计算成果）				方案IV（本次计算成果）				方案IV-方案I			
				利用库容/亿m³	削减后柳州洪峰/(m³/s)	削减流量/(m³/s)	柳州降低水位/m	利用库容/亿m³	削减后柳州洪峰/(m³/s)	削减流量/(m³/s)	柳州降低水位/m	利用库容/亿m³	削减后柳州洪峰/(m³/s)	削减流量/(m³/s)	柳州降低水位/m
1962	32 700	7 360	27 593	2.50	29 533	3 167	1.63	2.50	29 462	3 238	1.68	0	−71	71	0.05
1970	32 700	5 440	30 389	2.00	31 510	1 190	0.60	2.50	31 473	1 227	0.61	0.5	−37	37	0.01
1976	32 298	6 810	27 987	2.50	29 812	2 486	1.28	2.50	29 365	2 933	1.45	0	−447	447	0.17
1978	32 700	7 490	30 331	1.60	31 620	1 080	0.54	2.49	30 999	1 701	0.83	0.9	−621	621	0.29
1983	32 700	5 250	30 717	2.50	31 748	952	0.48	2.45	31 182	1 518	0.74	−0.1	−566	566	0.26
1988	33 588	5 520	30 684	2.50	32 498	1 090	0.54	2.49	32 092	1 496	0.73	0	−406	406	0.19
1993	31 885	6 620	30 232	1.80	30 893	992	0.50	2.46	30 192	1 693	0.83	0.7	−701	701	0.33
1994	32 700	4 790	29 743	2.50	31 555	1 145	0.57	2.12	31 209	1 491	0.72	−0.4	−346	346	0.15
1996	32 700	7 670	29 943	2.50	32 034	666	0.33	2.48	31 869	831	0.39	0	−165	165	0.06
1998	32 998	3 800	31 375	1.60	31 944	1 054	0.53	2.44	31 229	1 769	0.86	0.8	−715	715	0.33
2000	32 704	5 420	30 111	1.40	31 393	1 311	0.66	2.44	30 656	2 048	1.00	1.0	−737	737	0.34

注：方案I可行性研究报告推荐的防洪规则计算成果，引自《落久水利枢纽工程可行性研究报告》。

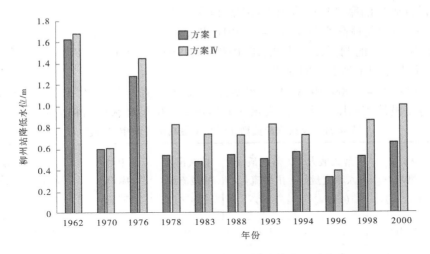

图 4-23　100 年一遇洪水调洪计算成果对比

方案Ⅳ可以将柳州站 100 年一遇洪水平均削减 1 813 m³/s、最大削减 3 238 m³/s、最小削减 831 m³/s;柳州站水位相应地降低 0.89 m、1.68 m、0.39 m。柳州站淹没水位较方案Ⅰ平均多降低了 0.20 m,最大多降低 0.34 m,最小多降低 0.01 m。

通过对比表明,100 年一遇洪水条件下,方案Ⅳ仍然优于方案Ⅰ。

(三)库区淹没

根据《落久水库初步设计报告》,落久水库库区干支流回水计算,汛期按照最大坝址流量-相应坝前水位和坝前最高水位-相应下泄流量(综合线法)两种组合计算;非汛期最大入库流量对应的坝前水位即为正常调度过程中的最高水位(也是正常蓄水位),故只需计算最大入库流量-正常蓄水位一种组合。落久水利枢纽工程推荐方案正常蓄水位为 153.5 m,水库坝前水位-流量组合成果见表 4-70。

表 4-70　落久水利枢纽工程坝前水位-流量组合成果

时期	组合	项目	频率及水位、流量						
			$P=1\%$	$P=2\%$	$P=3.33\%$	$P=4\%$	$P=5\%$	$P=20\%$	$P=50\%$
汛期	最大入库流量-相应水位	$Q/$ (m³/s)	7 550	6 750	6 160	5 940	5 670	3 970	2 720
		$Z/$m	147.75	145.14	144.38	144.30	143.96	142.21	142.00
	最高水位-相应下泄流量(综合线法)	$Q/$ (m³/s)	1 920	1 710	1 490	1 440	1 370		
		$Z/$m	161.00	160.92	156.89	155.49	153.34		
非汛期	最大入库流量-正常蓄水位	$Q/$ (m³/s)	2 880	2 370	2 010	1 880	1 730	849	406
		$Z/$m	153.5	153.5	153.5	153.5	153.5	153.5	153.5

初步设计确定的库区移民范围为:汛期20年一遇洪峰流量5 670 m³/s 相应的坝前水位143.96 m,与坝前最高水位153.34 m 相应的流量1 370 m³/s 回水线的外包线。方案Ⅳ对15种典型洪水的调算计算表明,除1970年、1994年、2009年、1988年、1996年外的其他年型,水库运用不涉及临时淹没。

对于1970、1994、2009、1988、1996年型,柳州站洪峰流量大于20年一遇,与初步设计确定的临时淹没使用原则一致。落久水库典型年运用中最高水位与相应流量见表4-71。

表4-71　落久水库典型年运用中最高水位与相应流量

年型	柳州洪峰/（m³/s）	落久最大入库流量/（m³/s）	落久最大出库流量/（m³/s）	落久出库削减流量/（m³/s）	利用库容/万 m³	最高水位/m	最高水位入库流量/（m³/s）
1962	22 100	5 110	5 110	0	11 426	153.54	500
1970	25 900	3 390	3 390	0	20 101	157.50	944
1976	21 600	4 190	3 240	950	11 418	153.42	883
1977	12 600	4 900	2 000	2 900	11 439	153.43	1 050
1978	20 600	4 020	4 020	0	11 442	153.44	768
1983	21 600	2 980	2 980	0	9 476	151.48	771
1988	26 900	2 170	2 170	0	18 204	157.40	786
1993	21 200	1 430	1 430	0	11 476	153.48	1 100
1994	26 500	1 910	1 910	0	23 777	160.40	371
1995	17 300	1 850	1 850	0	4 627	146.63	325
1996	33 700	3 360	3 360	0	15 632	155.50	415
1998	19 600	2 214	2 214	0	11 464	153.47	888
2000	24 097	3 992	3 992	0	11 475	153.48	441
2004	23 700	2 330	2 330	0	11 463	153.47	653
2009	26 700	2 860	2 860	0	11 595	153.70	788
2017	20 600	2 800	2 800	0	7 467	149.50	172

根据上述典型年水库运用情况可以得出结论,落久水库在几个典型年运用过程中均未超过水库设计洪水位,但是在部分较大洪水典型年原初设报告中水库运用并未使用临时淹没范围库容,而在本方案推荐调度规则水库运用下使用了临时淹没范围库容。

（四）自身安全

初步设计阶段,落久水库以峰高、量大的1996年型洪水为典型,按照柳州水文站洪水过程线、落久设计洪水过程线、水库水位-泄水建筑物泄水能力关系、水库水位-库容关系曲线和拟定的落久水库防洪调度原则(方案Ⅰ)进行洪水调节计算,落久水库设计洪水位为161.00 m,校核洪水位161.30 m,洪水调节成果见表4-72。

表4-72　落久水库洪水调节成果

频率 P/%	入库流量/(m³/s)	调洪最高水位(m)	相应库容/亿 m³
0.05(校核)	10 900	161.30	3.50
0.1	10 200	161.13	3.46
0.5(设计)	8 340	161.00	3.43
1(防洪)	7 550	161.00	3.43
2	6 750	160.82(160.92)	3.39(3.41)
3.33	6 160	156.89(155.92)	2.62(2.34)
5(移民)	5 670	153.34(151.58)	2.05(1.82)
10	4 840	145.98(147.61)	1.25(1.39)
20(占地)	3 970	142.20	0.95
50	2 720	142.00	0.93

注:成果摘自《落久水利枢纽工程初步设计报告》;调洪规则为:从汛限水位142.0 m起调,按两库防洪蓄泄规则调洪,蓄至防洪高水位后,按入库流量下泄;括号内数据为单库洪水调洪方法:从汛限水位142.0 m起调,按单库防洪蓄泄规则调洪,蓄至防洪高水位后,按入库流量下泄。

本次按照柳州水文站洪水过程线、落久设计洪水过程线、水库水位-泄水建筑物泄水能力关系、水库水位-库容关系曲线和拟定的落久水库防洪调度原则(方案Ⅳ)进行洪水调节计算,调洪起调水位采用汛限水位142.0 m,处于 $P=0.5\%$ 设计洪水条件时,水库最高运行水位为160.90 m,小于初步设计值161.00 m;处于 $P=0.05\%$ 校核洪水条件时,水库最高运行水位为161.20 m,小于初步设计161.30 m。

此外,对于柳州站部分典型年型洪水过程,存在时间间隔较近的双峰型洪水,且前后洪峰量级均达到15 000 m³/s。若双峰型洪水过程前锋较小而后峰较大,则实际柳州断面削峰的调洪起调水位应为计入前一洪峰拦洪蓄水后的落久水位。此种情况下落久水库用于调节后续洪水的能力会受到较大影响,甚至无法对后续洪水进行调洪。同时,由于水库下泄能力受到上游来水与库水位的双重限制,若水库入库流量较大,下泄能力不足,则可能产生库水位壅高而危及水库自身调度安全。针对双峰型洪水情况,选取典型年中最不利的1993年型双峰型洪水过程,并根据落久入库流量设计值将入库流量过程放大到 $P=0.5\%$(设计标准)、$P=0.05\%$(校核标准),同时将柳州站洪水过程也放大到相应标准进行模拟调度。按照前峰使用落久防洪库容至142.0 m、153.5 m、161.0 m 三种情况,计算方案Ⅳ调度风险,计算结果见图4-24~图4-26。

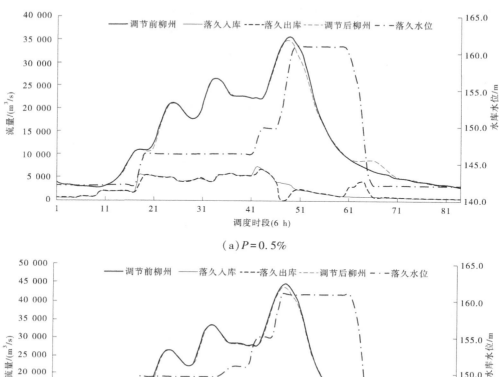

（a）$P=0.5\%$

（b）$P=0.05\%$

图 4-24　1993 年型放大至 $P=0.5\%$、$P=0.05\%$（较小洪峰使用防洪库容至 142.0 m）

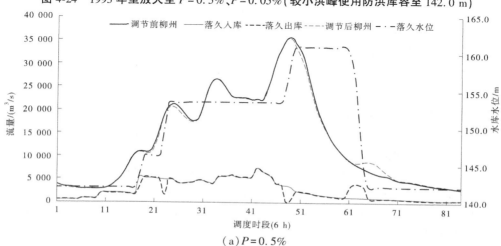

（a）$P=0.5\%$

图 4-25　1993 年型放大至 $P=0.5\%$、$P=0.05\%$（较小洪峰使用防洪库容至 153.5 m）

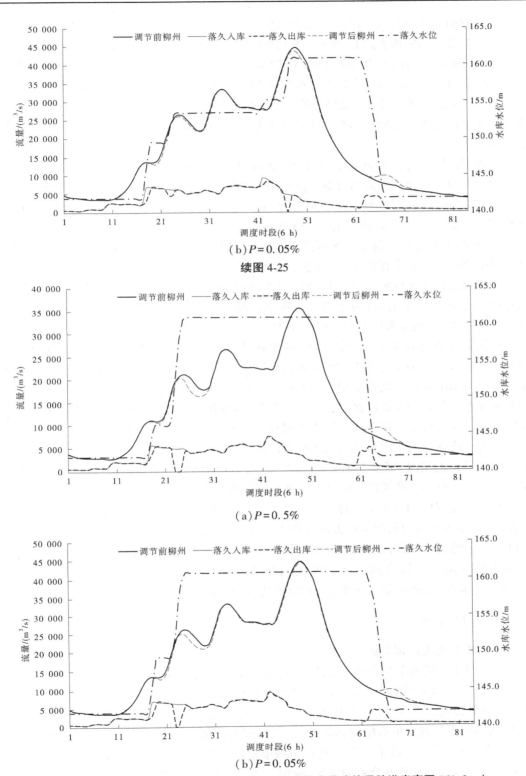

(b) $P = 0.05\%$

续图 4-25

(a) $P = 0.5\%$

(b) $P = 0.05\%$

图 4-26 1993 年型放大至 $P = 0.5\%$、$P = 0.05\%$(较小洪峰使用防洪库容至 161.0 m)

在限制前锋使用落久防洪库容为 142.0 m 对应库容时，相当于不允许落久在最大洪峰到来之前使用防洪库容进行调洪。落久水库泄水建筑物在库水位 142.0 m 时的泄流能力为 3 534 m³/s，在 $P = 0.5\%$ 与 $P = 0.05\%$ 情况下，放大后落久入库流量峰值分别为 7 420 m³/s 与 9 480 m³/s。落久水库水位在 142.0 m 时，在入库流量大于 3 534 m³/s 的情况下就会产生由于泄流能力不足导致的水位壅高。根据调算得出的调度过程（见图 4-24），此种情况下最大入库洪峰时落久并未产生超过 161.0 m 的水位壅高，防洪调度运用满足水库安全要求。

在限制前锋使用落久防洪库容为 153.5 m 以下对应库容时，落久水库 1993 年型放大到 $P = 0.5\%$、$P = 0.05\%$ 后采用方案 IV 进行调度的调度图见图 4-25。落久水库泄水建筑物在库水位 153.5 m 时的泄流能力为 7 988 m³/s。在计算过程中，$P = 0.05\%$ 情况下在大洪峰到来前 42 h 由于入库流量大于 153.5 m 时的最大泄量，产生了由于下泄流量不足引起的水位壅高，库水位上涨了 1.8 m，削减了后续预报削峰时可用的防洪库容。虽然大洪峰调洪削峰时按照方案 IV 所示调度规则，水库水位仍可以控制在 161.0 m，未发生水库水位壅高超过设计洪水位的情况，但是出现水位壅高意味着存在一定的安全风险。因此，若双峰型洪水前锋使用防洪库容蓄洪导致库水位超过 153.5 m，则应谨慎使用方案 IV 规则进行调洪调度，以确保水库自身运行安全为主。

在限制前锋使用落久防洪库容为 161.0 m 水位对应库容时，落久水库 1993 年型放大到 $P = 0.5\%$、$P = 0.05\%$ 后采用方案 IV 进行调度的调度图见图 4-26。落久水库泄水建筑物在库水位为 161.0 m 时的泄流能力为 9 635 m³/s。由于前锋已使用落久水库设计洪水位以下全部水库库容用于调洪调度，因此水库最大泄流能力较大，由于泄流能力不足产生水位壅高的可能性较小。但是典型年洪水过程只能代表特定情况下的入库流量过程，实际调度中仍可能存在大于泄流能力入库流量的情况。若后续大洪峰过程中落久入库出现大于 9 635 m³/s 的情况，则水库无库容可用于拦蓄多余洪水，会产生安全问题。因此，不建议双峰型洪水较小洪峰使用 161.0 m 库水位对应库容。

综上所述，对于 1993 年型的双峰型洪水，本书所提出的调度规则对于柳州削峰无法发挥作用，在所选取的典型年模拟调度中不存在因泄流能力不足导致的水位壅高威胁水库自身安全的情况。但在柳州站洪水过程双峰且洪峰流量均大于 15 000 m³/s，前峰较小的情况下，采用本书提出的落久调度规则防洪收益已经较低，落久水库拦洪蓄水达到 153.5 m 后应慎重使用临时淹没部分调洪库容，以自身水库安全为主。

五、调度保障

（一）成立调度指挥专班

成立柳江流域水库联合调度指挥专班，成员单位有柳州市水利局、柳州市气象局、柳州水文中心、广西水利电力建设集团有限公司麻石水力发电厂、中国广核新能源控股有限公司广西分公司浮石水电厂、广西柳州市古顶水电有限公司、广西柳州市桂柳水电有限公司、广西柳州市红花水电有限公司红花电厂、柳州市龙溪水利水电建设投资有限公司。

根据《柳州市机构改革方案》《柳州市城市超标洪水防御预案》，各成员单位接受柳州市防汛抗旱指挥部及其办公室的领导，承担与防洪调度有关的职责如下：

柳州市水利局负责纳入调度的水库、水电站的防洪调度工作,针对水情预报方案指定联合调度方案,下达调度指令。

柳州水文中心随时掌握雨情、水情,分析其态势,及时准确预报洪峰水位、流量和出现时间,不断优化预报成果。

柳州市气象局负责暴雨情、台风和异常天气的监测和预报,随时掌握天气、雨情,分析其态势,及时准确预报,不断优化预报成果。

柳州市龙溪水利水电建设投资有限公司负责落久水利枢纽工程日常运行、检查、巡查;负责水库下泄流量预警;及时上报水库水雨情信息;负责调度期间防洪调度指令的执行与反馈。

(二)建立信息共享平台

建立统一的信息共享平台。通过信息平台可以全面了解柳江流域水文站实时水位、流量信息,降雨站实时降雨信息及降雨等值线分布情况,参与调度水库坝下、坝上水位及出入库流量和库容使用情况。

(三)健全会商决策机制

建立会商决策机制,会商由柳州市水利局主持,柳州市气象局、柳州水文中心、纳入调度的水库管理单位参加,柳州市气象局汇报当前流域降水情况及后期发展趋势和预报成果;柳州水文中心汇报当前流域河道主要控制站流量、水文情况及后期预报成果;水库、水电站管理单位汇报工程运行状况及面临的主要问题;柳州市水利局根据会商情况提出调度方案。当出现以下情况之一时需要进行会商:①预报柳州站水位超过82.5 m,但尚不能做出柳州洪峰预报,上游继续维持降雨天气,形势不明朗。②预报柳州站出现87 m以上洪水。③柳州站水位处于82.5 m以上,仍继续上涨,尚不能做出柳州洪峰预报,上游继续维持降雨天气。④出现严重险情。

(四)持续开展水情预报

汛期加强水情监测、预报、预警,努力提高水情预报精度和预见期;实施联合调度期间,采取长短结合、逐步细化、滚动更新的方式,提出雨水情预报成果。

(五)开展巡查及预警

在实施调度期间,坚持以水库工程自身安全、不增加库区淹没、不人为制造洪峰,统筹兼顾多方需求、保持库水位平稳变化原则,加强上下游相关单位信息沟通,水库、水电站运行管理单位须加强大坝、库区岸坡等工程的巡查防守,发现问题及时上报、处理;水库泄洪期间,要提前向下游受影响的居民、企业、村庄等通报,做好预警工作,避免水库下泄给下游造成影响。

参考文献

[1] 中华人民共和国水利部. 综合利用水库调度通则:水管〔1993〕61号[A]. 北京:中国电力出版社,1993.

[2] 中华人民共和国住房和城乡建设部. 水库调度设计规范:GB/T 50587—2010[S]. 北京:中国计划出版社,2010.

[3] 中华人民共和国水利部. 水库洪水调度考评规定:SL 224—98[S]. 北京:中国水利水电出版社,2000.

[4] 中华人民共和国水利部. 水库调度规程编制导则:SL 706—2015[S]. 北京:中国水利水电出版社,2015.

[5] 宋萌勃,岳延兵,陈吉琴. 水库调度与管理[M]. 郑州:黄河水利出版社,2013.

[6] 全国勘察设计注册工程师水利水电工程专业管理委员会,中国水利水电勘测设计协会. 水利水电工程专业案例[M]. 郑州:黄河水利出版社,2009.

[7] 易伯鲁,余志堂. 葛洲坝水利枢纽与长江四大家鱼[M]. 武汉:湖北科学技术出版社,1955.

[8] 易雨君,乐世华. 长江四大家鱼产卵场的栖息地适宜度模型方程[J]. 应用基础与工程科学学报,2011(S1):122-127.

[9] 朱远生,翁士创,杨昆. 西江干流敏感生态需水量研究[J]. 人民珠江,2011,32(3):3.

[10] 丰华丽,陈敏建,王立群,等. 松花江适宜生态流量研究[J]. 水利水电技术,2008,39(9):8-11.